兰 州 财 经 大 学 资 助

李晓蓓◎著

道德记忆与
仪式庆典

一个肃南草原牧区的道德图像

人民出版社

目　录

绪　论

第一节　问题提出

一、研究缘起

2016 年 7 月底，笔者又一次来到位于甘肃西部人口较少的裕固族自治县，映入眼帘的是一路以来从西部地区草原的荒漠化到东部地区草原的退化，听到最多的是当地人对草地的感慨："唉，这儿原来可是一片海呀，那儿原来可是一片草原呀。""看，这里的草原大不如前了。"难道东部的康乐草原会成为最后一片草原乐土吗？我们究竟面临着怎样的环境问题呢？牧民与环境的关系究竟会发展成什么样呢？

随着全球气候逐渐变暖以及区域气候的变化，加上人类生产生活活动的加剧，祁连山冰川正在逐年消融，使得森林和灌木丛不断退化，草地大面积沙化，生态环境日益恶化。肃南裕固族自治县位于祁连山北麓，是河西走廊生命线的一部分。该县东西长 650 公里，南北宽 120—200 公里，平均海拔3200 米，由三个不连片的地域组成，依次是西部明花乡为一块，中部县城、康乐、大河乡等为一块，东部皇城镇为一块。这三块地域根据草原类型分别属于海拔 1300—1700 米的明花乡，该地区植被以超旱生植物为主；属于海拔 2300—2800 米的康乐乡和大河乡，该地区植被以旱生、丛生和根茎型禾草以及次生灌木丛为主，是荒漠草原类；属于海拔 2500—4500 米的皇城镇，该地是山地草原类型。该县境内拥有以云杉为主的原始森林近 22 万亩，以山地草为主的优质草场 2460 多万亩，发源和流经该县境内的大小河流共有 33 条，年平均出境水量为 43km³，祁连山北麓 70% 的水源涵养林在肃南境内。因此，肃南裕固族自治县所在地域的自然生态环境对于整个河西走廊以及西北乃至华北地区的生态系统都起着十分重要的作用，在整个中国的生态屏障中也占有举足轻重的地位。

畜牧业在自治县经济中占主导地位，这种经济类型决定了草原对裕固人的重要性，可以说草原的数量和质量直接影响了当地经济发展和生活水平。然而草原的退化、沙化、盐碱化问题日趋严重，整个"三化"草原面积超过了可利用草原面积的 54%。据调查，全县牲畜饲养量 1968 年为 85.26 万个羊单位，1982 年为 107.86 万个羊单位，比 1968 年增加 22.6 万个羊单位，增长率 26.51%，到 2002 年达 143.8 万个羊单位，比 1982 年又增加 35.94 万个羊单位，增长率 33.32%。牧民单纯希望依靠增大畜量来提高经济收入，结果却导致草原退化问题愈演愈烈。其一，超载放牧，导致草原退化面积逐年增加。截至 2015 年，全县退化草地 667 万亩，盐碱化草地 105 万亩，分别占可利用草原面积的 37.79% 和 5.95%。地下水位下降也促使草原退化和盐碱化更加严重。其二，可利用草原退化，草原毒草随处可见，例如狼毒等大量毒草蔓延。羊在草原上长期食用毒草使得羊的体重不增反减。其三，草原的过度利用直接导致牧民收入减少。

由于没有其他收入来源和生存技能，牧民只能依靠更高的存畜量来缓解经济压力，但事与愿违，反而陷入恶性循环。从草的合理使用量上来说，单纯地增加牲畜量并不会提高收益，反而会减少收入。以北方内蒙古草原为例，在大约 0.45 只羊／每公顷收益是最高的，实际生产中的 0.78 只羊／每公顷的放牧强度，其纯收入是非常低的。高载畜率对草场造成了巨大压力，加速了草场退化。

除了严重的草畜矛盾之外，草地退化伴随而来的害虫和害鼠的大量繁殖，进一步降低了草地的载畜能力。每年草原的虫鼠危害面积在 20—26.67 万公顷，严重危害面积 16.67 万公顷左右，牧草损失达 50%—80%。

近几十年来，各级政府对肃南县的草地采取了一系列的保护措施。20

世纪 70 年代初开始三北防护林带的建设，该县每年平均增植林带近万亩。20 世纪 80 年代初开始的草原围栏建设，从石墙到刺丝围栏，再到丝网围栏，截至 2005 年初，该县已拥有围栏草场约 300 万亩。

从 2000 年以来，该县先后实施了"天然草地严重退化区植被恢复项目""天然草地退牧还草工程""黑河流域以工代赈生态综合治理工程"等草地综合治理工程，实现禁牧面积 580 万亩，季节性休牧 720 万亩。大规模定居点建设、移民村建设则力图从根本上改变牧民与草原的紧张关系。从 2004 年开始，该县大力开展以休牧舍饲为主的牧区节水示范项目建设，推广畜棚畜圈建设，扩大休牧规模。虽然以上措施都不同程度地缓解和改善了部分生态环境，但仍旧存在林草植被退化、生态环境趋于恶化、补偿和投入机制滞后、林场生产生活困难、林牧矛盾突出、保护与利用难以兼容等问题，特别是由于待遇、工作环境等因素导致监管人员、监管次数等都存在问题，草原监管人员缺口甚大，致使禁牧区偷偷放牧的情况难以彻底禁止，很难实现设定的科学放牧计划。

从 2016 年开始，大规模的草原生态保护补奖政策开始实施，即甘肃肃南《新一轮草原生态保护补助奖励政策（2016—2020 年）》，力图从经济补偿的角度解决草畜矛盾、改善生态环境，但是如果这个政策结束了，没有补偿金的牧民又该何去何从？这一系列的不确定性迫使我们对当前的状况进行深度反思：

首先，虽然大规模的围封放牧和政策上的多方面保障，对草场起到了很好的保护作用，但禁牧的经验教训告诉我们，单独围封禁牧虽可以恢复草场植被，但往往恢复的植被不只是牧草，还有牛羊不喜食和不能食的毒、杂草。这些毒、杂草在无人为干预和牛羊啃噬的情况下，生命力强于牧草，从而成为围封地的优势种群，导致草地质量不升反降。

其次，虽然牧民得到了现金补偿，但是补偿款是定额的，难以满足牧民对美好生活向往的客观需要。同时，由于牧民长期习惯放牧，舍饲经验少，加之饲料价格不断攀升，都给牧区的牧业发展带来诸多问题。而且，牧区多为年龄较大的人员，文化层次低、生产技能差，致使大部分牧民中存在着对现代产业不想干、不愿干和不会干的现状。虽然培训工作已经开展，但短时间内还是很难适应生产方式等方面的转变。

再次，禁牧是对千百年来的传统畜牧业的根本性变革。离开了传统游牧生活的游牧民族，失去了其民族性依存的土壤，其生活习惯也伴随着生产方式的变化发生着根本性转变：酥油茶和炒面曾经是他们的一日三餐，一家或几家人一起唱歌跳舞曾经是他们最主要的娱乐方式和情感沟通模式。而现如今，对川菜、火锅和咖啡的尝试，使他们的饮食观念和口味发生了巨大的变化；汽车、电脑、空调、DVD、数码相机等高科技产品的应用，改变着裕固族牧民的生活空间。对裕固族的牧民来说，他们慢慢融合到城市现代化的生活节奏里了，但没有其他生存技术的牧民，如何能在当今现代化的浪潮中找到自身的容身之处呢？

二、田野追问

"牧民定居"是近年来我国继"草场承包"之后在牧区实施的一项重要国策。2009 年，我国将牧民定居工程纳入国家发展规划中，被誉为"天字号"工程的游牧民定居工程正式启动实施，国家和自治区政府设立牧民定居专项基金，以高起点、高水平、高效益的标准实施牧民定居工程。扎实开展该工程对解决"三牧"问题、发展牧区经济、增强民族团结、加强生态保护、确保边防巩固及促进社会稳定和长治久安起着十分重要的作用。牧民定居工程建设中明确提出："定居要统一规划、合理布局按牧区'五好'建设的要求，本着大分散、小集中，有利生产、方便生活的原则，各地采取结合当地实际情况的条带式、分散式、村落式、插花式定居等模式，形成多种牧民定居形式，推进牧民定居实施。"

2012 年提出的《全国游牧民定居工程建设"十二五"规划》（公开稿）中提到："实施游牧民定居工程是国家民生工程和安居工程的重要组成部分，是惠及游牧民的德政工程。"国家加大对游牧民定居工程的投入力度，提出了新的目标和规划，从社会效益、经济效益、生态效益综合评价检验实施情况。定居牧民是保护环境、解决资源短缺和发展社会经济的途径之一，转变生计方式也是定居牧民的重要部分。①

　　牧民定居工程的实施，使天然草场得到有效保护，牧民生产生活条件、定居群众的精神面貌不断改善，定居点发生了可喜的变化，牧民自力更生、发展生产的信心和决心明显增强，工程建设成效显著。

　　但是在这些成绩面前，我们也看到了发展过程中的一些不足，例如在当前的核心生态治理思路——"减人减畜"——支持下，新的人口转移计划仍在继续推进，虽然定居点的建设改变了人们的现实生活地点，但并未能实现人们生活的便捷。

　　草原游牧民族千百年来依附草原，怀着敬畏之心护卫草原。他们崇尚自然，顺应自然的选择，逐水草而居，珍爱草原每一种生命，珍惜食物，重视对草原、森林、山川、河流和生灵的生态保护，对生态保护积累了丰富而宝贵的经验。曾经的草原是"风吹草低见牛羊"的、牧民赖以生存的家。牧民除了盖房挖井，很少乱挖、乱开草原，甚至连家人去世也不忍心挖坟掘土；除去洗衣做饭必要的生活用水，不会随意浪费水，不会往河里倒废弃物。即使转场的帐篷搬走了，牧草依然挺立。草原的道德文化是以崇尚自然为根本特质的生态型道德文化。这种文化理念从观念领域到实践过程都同自然生态息息相关，将人与自然和谐相处当作一种重要行为准则和价值尺度。因此，千百年来草原经历匈奴、鲜卑、突厥、契丹、蒙元、清朝几个时期的发展，仍然可以得到很好的保护，而草原赋予草原民族以自信，孕育着一代又一代的草原英雄。

　　如同中国传统的"天人合一"思想一样，牧民与草原的关系本是共生共存，牧民对草原是有其自身的道德责任和历史使命的，而这一切却被活活剥离了。牧民在政治和资本的围攻下，进入了目前我们所遵循的现代化发展路径，并在一个极具"外源性"的西方模式下被评价、被管理。

　　因此，要想从根本上寻找草原牧区的特殊性，一定要从认知根源去寻找指引人们去接纳社会不断发展的精神源泉，它是什么，它又是怎样不断发展

---

① 魏虹：《五大牧区草畜业结构优化与可持续发展能力建设》，中国农业科学院博士学位论文，2005年。

变迁的，这将是决定牧区未来发展潜力的关键。

三、问题探究

在我国当前形势下，要实现国家治理现代化必须要从实现社会治理的现代化入手，而要实现社会治理现代化就要从基层社区入手。当前我国对于基础社会的研究众多，但对于基层社会具体含义的理解却众说纷纭，因此以怎样的方式切入基层社会就成了迫切需要解决的问题。而从我国的行政区划来看，基层社会都是由社区构成的，社区就是基层社会的基本单元，是社会的基层组织，因此通过社区治理来实现基层社会治理是社会治理现代化的合理路径。

当前对于我国的社区治理研究主要集中在城市社区治理和乡村社区治理，相对而言，牧区社区治理的研究就相对较少，但我国要实现的现代化的发展不仅是城市的现代化，还必须是城乡的共同现代化，而牧区作为我国乡村中的独特地区，必须要予以重视，只有实现牧区社区的现代化，才可能实现我国整体全面的现代化。

社区治理的关键是人，对牧区社区而言就是牧民，他们对当地公共事务的认知状况不仅和具体的物质生产生活方式有关，而且与他们的传统道德认知方式之间有着紧密的联系。要想实现社区的有效治理就必须提升社区中主体的有效参与，而要形成主动的有效参与必然要建立一套与居民社区文化相符合的治理方式。而能够形成这种有效治理方式的核心恰恰在于对社区主体的道德认知的把握，这才是一个人或说一个群体的根本性特征，这也才是地区可持续发展的社会基础。面对不同地域的发展特性，牧区应该有自己独特的治理或者发展脉络，这将是从根本上实现因地制宜的基础。

这里，因地制宜的关键是什么呢？如果是各种客观的经济发展因素的话，那各个地域各个地区不过是人类经济发展史的不同环节而已，这并不是决定不同社区不同治理方式的根本。那么就主观因素而言，是什么决定着"我"与"他人"的不同呢？这些根本性的判断依据支撑着人们的日常生活，是人们行为处事的关键，更是决定人们是否能够进行积极的社会参与的基础。它决定着人们如何对待自身、对待他人、对待他物，而人们认可什么、信任什么是推动事件发展的根本动力因。正是道德认知决定着人们的行为方式，影响着"我"与"他人"的区别，古语云"道不同，不相为谋"，思索的标准不同是不可能形成积极有效的共同路径的。因此，在因地制宜的社区治理思路中，明确认识到人们的道德评价体系、人们的不同道德关系所构建的道德谱系认知是极为重要的，也是真正能够从根本上推动"德治、法治、自治"发展的有效路径。

面对草原的变化，在对现有的管理方式进行深度反思的基础上，笔者逐渐认识到了这种从管理到治理转化的必须性，而如何才能真正达到国家对牧区高质量发展的期望呢？还需要将牧民内在的道德认知和外在的生存环境紧密结合，才能寻找到当地牧区社区治理和发展的有效路径。

第二节　核心概念

一、道德记忆

（一）从文化记忆到道德记忆

国外，1952年克鲁伯和克拉克洪合作发表了《文化：概念与定义的批判性回顾》指出，从泰勒1871年在《原始文化》一书中首先提出"文化或文明"，到1952年以前，关于文化的概念就有160多种，时至今日，对于文化的界定仍在继续。

国内，"中国人的文化一词来源于《易传》中的'观乎人文，以化成天下'，后来到汉代，刘向将'人文化成'转为'教化'之义，即是'发挥人的文化素养，扬升道德精神，发扬艺术创造，并进而以这些人文的成就，来教导民众，转化世俗，使成为文明人而尊重人性的社会'。"[1] 后来，文化概念又几

---

① 王筑生、杨慧：《人类学的文化概念与人类学理论的发展》，《广西民族学院学报（哲学社会科学版）》1998年第4期。

经延展。文化概念因研究者不同的研究立场而发生着各种形式的变化。本研究并不致力于文化概念的界定研究，但通过对文化概念界定的简单梳理可以了解到，无论是西方文化还是东方文化都有着悠久绵长的文化传统，这是文化认同的基础。那么这些文化是如何发展的呢？文化是如何保持连续的精神而被不断沿袭、继承以及创新的呢？

毋庸置疑的是，任何一种文化被谈及时，一定是在特定的时空维度中被探讨的，一定是有文化主体存在的。这里就潜在的具有一个延续的背景，文化一经出现就伴随着记忆的痕迹。因此，从记忆的角度讨论文化是一个极为有效的研究视角。同时，记忆与认同之间的互构关系业已成为学界用于分析文化认同现象的一个重要视角，如景军的《神堂记忆》和王明珂的《华夏边缘：历史记忆与族群认同》中都有直接的体现。

德国埃及学专家扬·阿斯曼对文化记忆下了一个这样的概念："文化记忆就是希腊名字摩涅莫辛涅的翻译。因为摩涅莫辛涅是九位缪斯女神的母亲，所以她的名字也代表了一种整体性，即被不同的缪斯神所人格化了的文化活动的整体性。经由把这些文化活动归为记忆的人格化，希腊人不仅认为文化基于记忆而形成，并且认为文化就是记忆的一种形式。"[1]文化和记忆之间的互生关系也构成了对身份的认同问题。

文化记忆理论最早来源于集体记忆。1902年霍夫曼斯塔尔首次使用"集体记忆"的概念。1925年哈布瓦赫出版了具有标志性的著作《记忆的社会框架》，他提出的"集体记忆"理论通常被认为是第一次从社会学的视角对记忆展开系统研究的。哈布瓦赫接受了他的老师涂尔干对心理学视角的批判，反对从个体层面解释记忆的传统。"尽管我们确信自己的记忆是精确无误的，但社会却不时地要求人们不能只是在思想中再现他们生活中以前的事情，而是还要润饰它们、消减它们，或者完善它们，乃至赋予它们一种现实

---

① Jan Assmann, *Moses the Egyptian: The Memory of Egypt in Western Monotheism*, Cambridge: Harvard University Press,1977, p.15.

都不曾拥有的魅力。"① 因此，他提出了集体记忆的概念，即"存在着一个所谓的集体记忆和记忆的社会框架，从而，我们的个体思想将置身于这些框架内，并汇入到能够进行回忆的记忆中去。"② 事实上，哈布瓦赫对集体记忆的研究主要是为了解决涂尔干提出的如何实现集体的欢腾对个体活动的影响。因此，哈布瓦赫的集体记忆强调的是记忆的社会基础。

在哈布瓦赫的基础上，保罗·康纳顿在《社会如何记忆》一书中重点探讨的是"群体的记忆如何传播和保持"③。他指出，社会记忆在"纪念仪式上才能找到，但是，纪念仪式只有在它们是操演的时候，它们才能被证明是纪念性的。没有一个有关习惯的概念，操演作用是不可思议的；没有一个有关身体自动化的观念，习惯是不可思议的"④。

扬·阿斯曼的文化记忆理论就是在这样的一个背景下提出并发展起来的。"以记忆的社会基础为出发点，进一步指出了关于记忆的文化基础。"⑤ 他认为，哈布瓦赫的集体记忆说阐释了记忆和群体之间的关系，康纳顿的社会记忆说讨论了记忆的传承，瓦尔堡的社会记忆说阐述了记忆与文化形式的语言之间的关系，他本人提出的文化记忆理论则试图把记忆、文化和群体这三个重要的维度关联在一起。

因此，可以说"扬·阿斯曼的文化记忆强调的是历史的接受、传承和文化的连续性，以及在现实语境中对世界的解释"⑥。而这种解释本身就是来自

---

① ［法］莫里斯·哈布瓦赫：《论集体记忆》，毕然、金华译，上海人民出版社 2002 年版，第 93 页。

② ［法］莫里斯·哈布瓦赫：《论集体记忆》，毕然、金华译，上海人民出版社 2002 年版，第 69 页。

③ ［美］保罗·康纳顿：《社会如何记忆》，纳日碧力戈译，上海人民出版社 2000 年版，第 1 页。

④ ［美］保罗·康纳顿：《社会如何记忆》，纳日碧力戈译，上海人民出版社 2000 年版，第 5 页。

⑤ Jan Assmann, *Religion and Cultural Memory:Ten Studia*,trans., Rodney Livingstone, California: Stanford University Press, 2006, p.1.

⑥ 赵静蓉：《文化记忆与身份认同》，上海三联书店 2015 年版，第 14 页。

人们的价值判断。因为"文化存在于思想、情感和起反应的各种业已模式化了的方式当中，通过各种符号可以获得并传播它，……文化基本核心由两部分组成，一是传统思想，一是与他们有关的价值"①，所以说，人们所铭记和延续的文化内容是根植于文化记忆中的道德关系而来的。

关于道德记忆的论述可以从杰弗里·布拉斯特（Jeffrey Bluster）和阿维海·玛格丽特（Avishai Margalit）的论述中找到一些最初的论述。杰弗里·布拉斯特（Jeffrey Bluster）的《记忆的道德需要》指出，记忆与人类道德判断直接相关，并且区分了个体记忆与集体记忆中行为和道德责任的关系问题。② 阿维海·玛格丽特（Avishai Margalit）的《记忆伦理学》讨论了记忆伦理学的存在领域问题，并提出了微观记忆伦理学和宏观记忆伦理学。③

在此基础上，向玉乔指出"道德记忆是人类记忆活动的一种重要表现形式，它是人类道德生活经历在其脑海中留下的印记或印象。人类的道德生活经历是他们在'过去'的时间里追求道德和践行道德的所思所想和所作所为"④。费尔德曼（Feldman）提出"道德记忆就是对过去的事件和经验中所包含的道德传统的回忆和链接"⑤。在此基础上，笔者提出道德记忆就是对人们道德生活中的道德关系的记忆，是人们成为自己希望的"人"的实践过程。

在提出道德记忆的概念后，对道德记忆的研究主要集中在向玉乔和刘飞的文章之中，向玉乔提出了对于道德记忆价值维度的探讨，提出了道德记忆和道德生命力之间的紧密关系，并提出道德记忆建构了人类的道德文化传

---

① 赵静蓉：《文化记忆与身份认同》，上海三联书店 2015 年版，第 14—16 页。

② Jeffrey Bluster, *The Moral Demands of Memory*, Cambridge New York:Cambridge University Press,2008，p.6.

③ Avishai Margalit, *The Ethics of Memory*, Cambridge Mass:Harvard University Press,2009，p.10.

④ 向玉乔、刘飞：《人类的道德记忆》，《湖南师范大学社会科学学报》2015 年第 2 期。

⑤ Steven P. Feldman, Moral Memory: Why and How Moral Companies Manage Tradition, *Journal of Business Ethics*,2007，p.72.

统，是唤醒人类对于道德责任意识的唯一途径。① 向玉乔还通过国家治理和家庭伦理的不同角度论证了道德记忆对国家生活和家庭生活的重要性。② 刘飞通过将道德记忆与道德责任概念的辨析，分析了道德记忆对增强道德文化自信的重要性。③

已有研究进一步深化了对道德记忆概念重要性的认识，但是现有研究主要集中在对道德记忆的理论探讨层面，缺乏对道德记忆的经验研究。

（二）道德记忆的研究视域

无论是基于国家还是家庭视角，道德记忆就是人们日常生活中的核心价值体现。而道德记忆要起作用，必然要在人们的日常交往中不断被重申、重述甚至重构才能够得以不断延续。

哈贝马斯在 2017 年新出版的《后形而上学思想Ⅱ》一书中写道："在《交往行动理论》中，我有一个太过草率、太粗糙的假设，即只要有好的理由，就能通过理性形成动机上的凝聚力，在好的理由的基础上，语言交流的合作功能就能起作用，一般来说，这种理性动机可以回溯到基本一致的语言化问题，而最初这种基本一致是由仪式来保障的。"④ 仪式研究成为哈贝马斯交往行动的最初保障，仪式是对凝聚力的直接体现，在仪式行动中充满道德判断。"哈贝马斯的这种修正意味着，他开始相信存在着另外一种基于神秘力量的文化记忆，而这种文化记忆是无法简单地在个体与个体之间的主体间性交往中获得的"⑤。哈贝马斯认为"在姿态性交往中，语言产生了，这个假设

---

① 　向玉乔：《道德记忆的价值维度》，《道德文明》2018 年第 1 期。

② 　向玉乔：《国家治理的道德记忆基础》，《光明日报理论周刊学术》2016 年 6 月 22 日。
　　向玉乔：《家庭伦理与家庭道德记忆》，《伦理学研究》2019 年第 1 期。

③ 　刘飞：《道德记忆与道德责任关系辨析》，《南昌师范学院学报（社会科学）》2019 年
　　第 1 期。刘飞：《道德记忆视域下的道德文化自信》，《渭南师范学院学报》2019 年
　　第 3 期。

④ 　Jürgen Habermas, *Post Metaphysical ThinkingsII*. trans.,Ciaran Cronin, Cambridge UK:
　　Polity,2017，p.16.

⑤ 　蓝江：《从记忆之场到仪式——现代装置之下文化记忆的可能性》，《国外理论动态》
　　2017 年第 12 期。

将我们的注意力转向了仪式实践，将仪式实践视为一种特殊的交往形式，是日常生活交往的补充"①。仪式成为日常生活交往的最初保障。

仪式活动作为人类道德生活的集中体现，是人类道德记忆延续的核心场域，对道德记忆的研究应该在仪式庆典中展开，并深入日常生活中。

二、仪式研究

（一）国外仪式研究

仪式在人类学兴起之初就备受关注，在 19 世纪出现的"仪式"一词，自出现的那一刻起就成为人类经验分类的一个重要概念，它首先被限定在人类的"社会行动"中，对"仪式"概念的理解因研究的内容不同而不同，"它可以是一个普通的概念，一个学科领域的所指，一个涂染了艺术色彩的实践，一个特定的宗教程序，一个被规定的意识形态，一种人类心理上的诉求形式，一种生活经验的记事习惯，一种具有制度性功能的行为，一种政治场域内的谋略，一个族群的族性认同，一系列的节日庆典，一种人生礼仪的表演，等等，不一而足"②。

已形成的对仪式的研究至少有八种分析路径：其一是仪式—神话研究。19 世纪后半期到 20 世纪初期，以爱德华·伯尔内特·泰勒、赫伯特·斯宾塞、詹姆斯·乔治·弗雷泽等为代表的学者，通过对古典神话和仪式的诠释，将仪式作为文化的最初形态。并以此为基础建立历史性机制；而到 20 世纪学者开始关注人和社会的进化，将世界范围的研究纳入结论先行的知识谱系中：比如泰勒对精神存在的信仰，将巫术看作是人类智慧与联想之上的一种能力；弗雷泽将神看作是指导和控制自然与人生进程的超自然力量，对仪式内部意义和社会关系的研究，对现代人类学仪式产生重大影响。

其二是仪式—宗教研究。埃米尔·涂尔干在《宗教生活的基本形式》中

---

① Jürgen Habermas, *Post Metaphysical ThinkingsII*. trans.,Ciaran Cronin, Cambridge UK: Polity,2017, p.14.

② 彭兆荣：《人类学仪式研究评述》，《民族研究》2002 年第 2 期。

将宗教划分为信仰和仪式，其中仪式是连接神圣和世俗的桥梁，这种桥梁的作用主要是将社会集体的表象及社会的强力以神圣的仪式灌输给信仰者，使信仰者在仪式的参与和精神的洗礼中聚合集体的社会强力。

其三是仪式—功能研究。马林诺夫斯基在《文化论》中，将文化现象与功能联系起来，社会中巫术和仪式等都是从满足人们的需求出发的，其实质是人们对社会规范的继承与维护寄托于某种超自然或神圣之物，而巫术和仪式只是其表达和实施的方式；波兰尼在《大转型——我们时代的政治和经济起源》中探讨了仪式的经济功能，通过提出"嵌入"的概念，说明仪式在人们社会中所担负的经济功能；而对仪式功能的颠覆性研究是利奇在其《缅甸高地诸政治制度——对克钦社会结构的一项研究》中强调行为一般同时存在于圣/俗的两个侧面，对于神话和仪式也同样是事物的一体两面。

其四是仪式—角色研究。除了对仪式的功能性进行分析外，利奇也曾就人生仪式中人的角色问题进行过深度研究，如在《从概念及社会的发展看人的仪式化》中，他提出，如果不从时间序列和周期性来探讨一个人与社群之间的角色关系，就无法解释人生仪式中人的行为和意义。仪式中的语言与行为之间是有机联系的，共同构成的过渡性是在通过身份的转换来实现对社会秩序混乱的接纳。

其五是仪式—过程研究。阿诺德·范·杰内普是仪式过程研究的开创者，在《过渡仪式》中将一个完整的通过仪式分为"前阈限仪式""阈限仪式""后阈限仪式"。个体在其一生中要经历出生、青春期、婚嫁、死亡等"通过现象"，个体就是通过这些仪式过程调整人们的行为以适应与他人的社会关系。阿诺德·范·杰内普所提出的这三个过渡仪式的阶段中都蕴含着不同的象征意义，是一个人从开始的稳定状态进入中间阶段的脱离群体的状态，这时候仪式中的主角进入了一种身份的模糊状态，然后通过仪式的过程实现新的身份的认定，并进入另一段稳定状态，所有的角色、身份、意义的转化都是来自仪式过程。阿诺德·范·杰内普在晚年的时候还不忘高度评价自己的这部作品对他一生的影响："坦白地说，虽然我并不太看重我的其他著作，但《过渡仪式》就像我身上的一块肉。它是我彷徨了近十年，犹如内心里突然出现一束光明驱散了黑暗后所带来的结果。"①

维克多·特纳在《仪式过程——结构与反结构》中对仪式在部落群体中地位的阐释，拓展了"阈限"和"交融"的概念，通过"分化—阈限—再整合"的过程分析，突破社会结构的传统静态研究，将仪式放在运动的社会过程中进行考察和分析。特纳的仪式理论遵循社会结构与交融，包括了社会关系所建立起的稳定结构和历史的、具体的个体之间，通过社会结构和交融的不同维度来讨论两者之间的关系。

其六是仪式—象征研究。马林诺夫斯基将原始社会的象征主义从满足人类的交流的功能出发，其必须建立在物质工具媒介的基础之上，达到功能主义在诠释仪式中实现文化与自然的"互文"；恩斯特·卡西尔将语言和象征作为人类文化的基本特征，继而将象征扩展到语言、历史、科学、艺术、宗教、神话等方面；玛丽·道格拉斯认为研究信仰、宗教和仪式必须置于社会组织和社会结构中讨论，位置对仪式有明显的象征意义，由此，"象征符号"合成了一个民族的精神气质和世界观，即他们所认为的"事物真正存在方式的图景"②。克利福德·格尔茨称仪式为"文化表演"，而仪式的表现形式被称为"文化语法"。在仪式的表现现实即文化表演中，格尔茨着重于其间富含符号的各种表达，而仪式所具有的功能就是使文化表演者呈现出符号所承载的象征意义，并予以表达，最终呈现出一种信念。"符号体系构成其他体系（如物理的、有机的、社会的和心理的体系等等）的模型，并在此过程中构成了——以及，在有利的场合下，在人们期待这些体系动作的方式中——（如我们所说的）'理解'结构的方式。思考、概念化、程式化、领会、理解、知道你心里有什么，这些都不是在头脑中莫名其妙地发生的，而是符号化模型的状态和过程与更为广阔的真实世界的状态和过程的匹配。"③

① 转引自张举文：《重认"过渡礼仪"模式中的"边缘礼仪"》，《民间文化论坛》2006年第3期。
② [美]克利福德·格尔茨：《文化的解释》，韩莉译，译林出版社2008年版，第155页。
③ [美]克利福德·格尔茨：《文化的解释》，韩莉译，译林出版社2008年版，第241—242页。

其七是仪式—演进研究。莫里斯·布洛克在《从祝福到暴力》中探究了仪式的历史演进。布洛克认为人类学对仪式的研究可以分还原论者、智识论者或象征主义者，而对仪式与社会和现实政治经济的关系，应该从考察受历史事件的影响而产生的变化中理解，仪式与社会的关系以及仪式的本质等。

其八是仪式—认同研究。在这样一系列研究的基础上，霍布斯鲍姆在《传统的发明》中将仪式作为理解、反思、解构"传统"的关键。因为不论从狭义的具有宗教教义的仪式中，还是从广义的各种事件和行为的仪式中，人类的社会生活中都存在丰富而独特的仪式，这些仪式都是在生活的事务中具体的表现出来的。对不同的仪式的研究，可以分析不同民族和族群的文化特质，以及理解其表现出的不同特点。

近 50 年来，遵循福柯的"知识考古"的解读方式，人们已经将仪式研究放入更大的领域，人们已经不再满足于对仪式中的行为、器物等做物态的认知，而是要对自然本体之中潜伏着的历史叙事进行重新解释。①

（二）国内有关仪式和社会治理的研究

国内学界在 20 世纪初开始了对仪式的最初研究，代表作品是岑家梧先生在《图腾艺术史》中对图腾的研究，他将世界各地的图腾进行分类，并阐述其发生的场所、时间、功能和意义。② 而大规模的民族社会调查是我国对仪式研究的开始，因为从 20 世纪五六十年代开始，在民族社会历史调查的过程中涉及了大量的仪式的资料工作，但当时大部分是描述为主，没有进行深入的仪式分析。

进入 20 世纪 80 年代以来，人类学的研究方法被从西方引进，一大批研究者将西方国家的人类学研究成果宣传到国内，并且使得国内学者接受了这些研究方法。虽然国内学者通过人类学的研究方法开始对我国的仪式行为进行深度的分析和研究，但当时的研究还不能够将仪式和社会进行紧密联系，

---

① 参见 Bell. C, *Ritual Theory, Ritual Practice*, New York & Oxford : Oxford University Press, 1922, p.143。

② 岑家梧：《图腾艺术史》，商务印书馆 1937 年版，目录页。

仅仅就仪式本身的过程、形式等进行了分析，如对音乐、歌舞等。①

进入 21 世纪，国内学者对仪式的研究更加深入，开始对不同类型的仪式进行分类研究，而其中对仪式和自我民族认知的研究开始不断出现在学术研究的舞台。

菅志翔通过对保安族仪式和庆典的考察来看其中所反映出的认同。她提出仪式既是民间社会建构和维持各种关系的重要手段，也是国家建构和维系社会团结和共同体凝聚力的手段。不过她也发现了人们在仪式庆典的诉说过程中会出现的各种困境。②

蒋立松发现，当民族文化被赋予了新的形式、内容，人们的民族情感、对群体的积极态度会被唤醒和加强。他对贵州雷公山腹地民族传统聚居区某一个苗族村的"鼓社祭"仪式进行了跟踪调查。"鼓社祭"是苗族父系血缘关系的强化和纽带，承载了"血缘"与"地缘"双重身份认同的功能，形成了家族、家园、民族的三角整合结构。作为该仪式基础的"鼓社"，随着社会的变迁，已经发生了极大变化，原有的很多功能、组织和形式已经被村委会等基层行政机构所取代，然而"鼓社祭"在多种资本的介入下被重新建构起来，对于强化自身的苗族身份的归属感，培养民族成员对自身群体的"积极的态度"发挥了重要作用，说明了少数民族借助传统文化实践媒体加强认同的努力是可行的，是传统与当下的认同整合。③

周传斌、韩学谋，通过对唐氏家神信仰的考察，试图用人类学的视角诠释河湟地带多民族杂居小镇——唐汪镇，唐氏后人跨越了汉族、回族、东乡族三个民族身份和多种宗教信仰，互动并分享着共同的祖先。周传斌指出，

---

① 杨民康：《贝叶礼赞——傣族南传佛教节庆仪式音乐研究》，宗教文化出版社 2003 年版。薛艺兵：《神圣的娱乐——中国民间祭祀仪式及其音乐的人类学研究》，方志出版社 2003 年版。马盛德、曹娅丽：《人神共舞：青海宗教祭祀仪式及其音乐的人类学研究》，文化艺术出版社 2005 年版。

② 菅志翔：《仪式和庆典中的族群身份表达——以保安族为例》，《云南民族大学学报（哲学社会科学版）》2007 年第 4 期。

③ 蒋立松：《苗族"鼓社祭"中的族群认同整合——以黔东南 J 村为例》，《原生态民族文化学刊》2015 年第 2 期。

仪式是唐氏家族家神崇拜的文化表演，也是维系唐氏家族不同民族身份、宗教信仰的后代对共同祖先的认同以及相互之间身份认同的纽带。不同民族的后裔仍旧按照家族字辈起名字，不同民族的唐氏族人仍互称"当家子"①。

戴建国等人通过对水族敬霞仪式、端午仪式、丧葬仪式的描写和剖析，认为民族仪式在强化认同，强化集体互助的身份意识，实现情感寄托和心灵慰藉方面发挥着重要的作用。②

这些仪式研究的成果进一步推动了人们对仪式与社区公共事务的关系的思考，这将进一步有助于推动对基层社区发展的思考。

（三）裕固族仪式研究

新中国成立前，"国外学者多因偶然原因进入裕固族地区，由此对裕固族文化产生兴趣并进行了一系列调查，调查重点是人种学和民族学资料：代表人物有波塔宁、曼内海姆和海尔曼斯"③。自新中国成立后，国内学者就开展了裕固族研究，但由于历史等原因，当时一些研究成果很多并未公开报道。"文化大革命"期间，裕固族研究一度陷入停滞状态。20 世纪 80 年代裕固族研究迅速发展，一些重要成果随即问世，其中较早的有 1983 年出版的《裕固族简史》，其后出版的《裕固族风情》《裕固族社会历史调查》《中国裕固族》《裕固族民俗文化研究》④ 等都对裕固族仪式，如剃头礼、婚礼、葬礼等做了描述。

在研究论文中，高启安的《裕固族几种礼仪及赞辞》⑤、刘秋芝的《裕固

① 周传斌、韩学谋：《剧场、仪式与认同——西北民族走廊唐氏"家神"信仰的人类学考察》，《西南民族大学学报（人文社会科学版）》2016 年第 6 期。

② 戴建国、李咏：《水族民族认同构建机理分析——民间仪式视角的审视》，《黔南民族师范学院学报》2016 年第 3 期。

③ 钟进文：《近百年的国外裕固族研究》，《西北民族学院学报（哲学社会科学版）》1997 年第 2 期。

④ 贺卫光、钟福祖：《裕固族民俗文化研究》，民族出版社 2000 年版。

⑤ 高启安：《裕固族几种礼仪及赞辞》，《社科纵横》1991 年第 5 期。

族礼仪歌及其功能》①、缪自锋的《裕固族剃头仪式及其文化内涵》②、安玉红的《东部裕固族仪式祝词收集整理研究》③、巴战龙的《裕固族儿童剃头仪式的教育人类学研究》④ 等对裕固族儿童的剃头礼及其教育、文化功能做了分析和研究。

　　研究最为集中的当属裕固族婚礼仪式。《裕固族简史》⑤ 的第四章"解放前裕固族的家庭婚姻和物质文化生活";1984 年的《肃南裕固族自治县概况》⑥;1987 年出版的《裕固族、东乡族、保安族社会历史调查》⑦ 的"家庭与婚姻"小节;1994 年的《肃南裕固族自治县志》⑧;1994 年田自成、多红斌在《裕固族风情》⑨ 的第五部分"婚俗";1997 年刘郁采的《中国裕固族》⑩;2003 年高自厚、贺红梅主编的《裕固族通史》⑪;2004 年郑筱筠、高自厚著有《裕固族——甘肃肃南县大草滩村调查》⑫;2007 年张志纯、安永香主编的《肃南史话》⑬;2008 年安维武主编的《裕固家园》⑭;2015 年贺卫光的《裕固族仪式研究》等,在这些重要文献著作中均介绍了新中国成立前裕固族的婚

---

① 刘秋芝:《裕固族礼仪歌及其功能》,《青海民族研究》2004 年第 3 期。

② 缪自锋:《裕固族剃头仪式及其文化内涵》,《甘肃政法成人教育学院学报》2007 年第 5 期。

③ 安玉红:《东部裕固族仪式祝词收集整理研究》,《西北民族大学学报》2008 年第 4 期。

④ 巴战龙:《裕固族儿童剃头仪式的教育人类学研究》,《河西学院学报》2012 年第 3 期。

⑤ 《裕固族简史》编写组:《裕固族简史》,甘肃人民出版社 1983 年版,第 80—88 页。

⑥ 编写组:《肃南裕固族自治县概括》,甘肃民族出版社 1984 年版,第 38—39 页。

⑦ 甘肃省编辑组:《裕固族、东乡族、保安族社会历史调查》,民族出版社 2009 年版,第 13—30 页。

⑧ 甘肃省肃南裕固族自治县地方志编纂委员会:《肃南裕固族自治县志》,甘肃民族出版社 1994 年版,第 85—87 页。

⑨ 田自成、多红斌:《裕固族风情》,甘肃文化出版社 1994 年版,第 93—119 页。

⑩ 刘郁采:《中国裕固族》,甘肃人民出版社 1997 年版,第 234—295 页。

⑪ 高自厚、贺红梅:《裕固族通史》,甘肃人民出版社 2003 年版,第 184—197 页。

⑫ 郑筱筠、高自厚:《裕固族——甘肃肃南县大草滩村调查》,云南大学出版社 2004 年版,第 156—179 页。

⑬ 张志纯、安永香:《肃南史话》,甘肃文化出版社 2007 年版,第 111—124 页。

⑭ 安维武:《裕固家园》,甘肃文化出版社 2008 年版,第 39—45 页。

俗礼仪，包括正式婚和非正式婚。正式婚主要是明媒正娶婚，非正式婚有勒系腰婚、帐房戴头婚、招赘女婿婚、童养媳婚、小女婿婚和养女婚、兄弟共妻婚等形式，其中帐房戴头婚花费较少，甚至不需彩礼。这些著作还对裕固族正式婚礼的过程进行了详细介绍，裕固族传统正式婚礼仪式繁多而隆重，每个环节都有相应的唱词，包括以下程序：提亲、许亲、定亲、娶亲、戴头、送亲、打尖、踏房、阿斯哈斯、交新娘、打茶、验茶、射箭仪式、冠戴新郎、献羊背、喝酒取乐、双方答谢。

才让丹珍搜集整理的《裕固族婚礼》一文[①]，在西部裕固族民间艺人白斯坦、红珊赤罕、恩情召玛、郭应贵、托瓦等人叙说的各种婚礼习俗的基础上整理汇编而成，把婚庆仪式主要分成订婚、送亲、打尖、猜情、婚礼、新婚六大部分，较完整地记载了唱词、诵词。高启安在《裕固族解放前的婚俗》[②]中重点探讨了原始婚姻形态在裕固族婚姻习俗中的遗留问题，认为新中国成立前使用东部裕固语的人实行"勒系腰婚"和使用西部裕固语的人实行"立帐房杆子婚"，是姑表、舅表兄弟婚姻优先的一种表现。新中国成立后，裕固族传统婚姻形式逐渐消失，开始实行一夫一妻制。

除了对婚礼仪式的分析外，刘秋芝[③]认为裕固族的婚礼歌主要有《带头面歌》《尧达曲格尔》和《酒宴祝词》，此外还有《惜别歌》和《送亲歌》等，整个婚礼过程自始至终穿插着色彩纷呈的歌谣活动；钟梅燕的论文《当代裕固族族际婚姻——以肃南县红湾寺镇和明花乡为例》[④]中对现代裕固族族际通婚及其影响做了研究；王百玲在《裕固族传统婚俗的社会性别分析》[⑤]一文中对裕固族婚礼过程中的性别观念和性别意识进行了深入分析；白玲、张晓武

① 贾雪峰、钟梅燕：《1978 年以来国内裕固族婚姻研究文献综述》，《西北民族大学学报》2010 年第 2 期。
② 高启安：《裕固族解放前的婚俗》，《西北民族学院学报》1986 年第 2 期。
③ 刘秋芝：《裕固族礼仪歌及其功能》，《青海民族研究》2004 年第 3 期。
④ 钟梅燕：《当代裕固族族际婚姻——以肃南县红湾寺镇和明花乡为例》，《云南民族大学学报》2012 年第 3 期。
⑤ 王百玲：《裕固族传统婚俗的社会性别分析》，《西北民族研究》2013 年第 3 期。

的《肃南裕固族婚嫁礼仪文化探析》①、缪自锋的《裕固族的婚嫁仪式及其文化内涵》②、贺卫光的《裕固族婚俗中"道尔朗"的民族学透视》③《裕固族婚俗中的尧达及〈尧达曲格尔〉》④对裕固族的婚礼仪式做了民族志类型的深度研究。

对于裕固族葬礼，除著作描述外，研究论文涉猎极少，高启安的《裕固族东部地区丧葬习俗述略》⑤分析了宗教对裕固族丧葬习俗的影响，介绍了不同丧葬形式及其禁忌。

关于鄂博祭祀的研究，王媛媛的《仪式活动中参与者的行为逻辑研究——基于对裕固族祭鄂博仪式的调查》⑥、钟梅燕的《裕固族鄂博祭祀的当代变迁与社会功能》⑦对裕固族祭鄂博仪式做了社会学、民族学分析。钟梅燕、贾学锋的《试论当前裕固族地区宗教复兴现象及其原因》⑧通过对裕固族地区修建寺塔、重建和新建鄂博、婚丧嫁娶中宗教礼仪的恢复等现象的分析，认为裕固族地区的宗教复兴的原因是认同的加强、民众心理需求和旅游与经济的发展需要。

关于裕固族的剪马鬃仪式的过程介绍主要集中在《中国裕固族》⑨一书中。关于裕固族的春节仪式在《中国裕固族》⑩和《裕固族——甘肃肃南县

① 白玲、张晓武：《肃南裕固族婚嫁礼仪文化探析》，《中央民族大学学报》2007年第4期。

② 缪自锋：《裕固族的婚嫁仪式及其文化内涵》，《山东省农业干部管理学院学报》2008年第2期。

③ 贺卫光：《裕固族婚俗中"道尔朗"的民族学透视》，《西北民族学院学报》1995年第4期。

④ 贺卫光：《裕固族婚俗中的尧达及〈尧达曲格尔〉》，《西北民族研究》1997年第1期。

⑤ 高启安：《裕固族东部地区丧葬习俗述略》，转引自钟进文：《裕固族研究集成》，民族出版社2002年版，第427—429页。

⑥ 王媛媛：《仪式活动中参与者的行为逻辑研究——基于对裕固族祭鄂博仪式的调查》，硕士学位论文，兰州大学，2014年。

⑦ 钟梅燕：《裕固族鄂博祭祀的当代变迁与社会功能》，《中国民族》2010年第3期。

⑧ 钟梅燕、贾学锋：《试论当前裕固族地区宗教复兴现象及其原因》，《青海民族研究》2013年第1期。

⑨ 郭梅、钟进文：《中国裕固族》，宁夏人民出版社2012年版，第180—184页。

⑩ 郭梅、钟进文：《中国裕固族》，宁夏人民出版社2012年版，第185—186页。

大草滩村调查》①中有简单介绍，其中简述了裕固族春节的名称和主要仪式。关于裕固族县庆的研究仅在侯学然《头人、寺庙与国家》②的硕士学位论文中有所提及。

就现有研究来看，裕固族的仪式研究主要是围绕着人生仪式展开的，以探讨仪式的过程和功能为主，虽然贺卫光③提到了鄂博祭祀仪式对于认同的影响，但并没有继续探讨对仪式中的哪些因素产生核心作用。

因此，就现有文献而言，对于仪式的研究还多数停留在仪式本身，并没有将其放入人类道德记忆的整体脉络中，也没有关注到仪式庆典对于牧区发展的影响。本书提出在道德记忆与其重要呈现领域仪式庆典之间建立整体有机结合的分析框架，从而对人们的日常仪式实践中道德记忆对于推动民众积极参与社会事务的影响进行深度的探讨。

第三节　理论脉络

一、道德记忆与牧区德治

虽然文化错综复杂、千头万绪，但任何一种文化都有一个核心主线，如维特根斯坦所言："早期的文化将变成一堆瓦砾，最后变成一堆灰土，但精神将萦绕着灰土。"④ 这个精神就是一个群体的基础，就是魂魄，是能够指导人们文化走向的核心，这就是道德。文化包含道德，而道德决定着文化的方

---

① 郑筱筠、高自厚：《裕固族——甘肃肃南县大草滩村调查》，云南大学出版社 2004 年版，第 302—303 页。
② 侯学然：《头人、寺庙与国家》，硕士学位论文，中央民族大学，2013 年。
③ 贺卫光：《裕固族地区祭鄂博仪式中参与者的行为逻辑分析》，《兰州大学学报（社会科学版）》2016 年第 6 期。贺卫光：《裕固族地区的"莘祭"鄂博祭祀活动调查研究》，《河西学院学报》2016 年第 6 期。
④ [奥] 路德维希·维特根斯坦：《文化和价值》，黄正东、唐少杰译，北京联合出版公司 2013 年版，引论。

向。任何文化都存在对事物的评判，无论对错、好坏、美丑都需要有评判的标准，而这种标准恰恰来源于文化的核心要素——道德，是道德引导着人们进行着各种评判，并进而决定着"我"与"他人"的区别。

在马克思看来，道德是人类存在的标志。他在批判费尔巴哈时通过对实践思想的分析论述了人与社会的关系："人的本质不是单个人所固有的抽象物。在其现实性上，它是一切社会关系的总和。"① 而在马克思的著作中一贯地强调实践性是社会生活的本质，在《1844 年政治经济学手稿》中，马克思进一步提出资本对于劳动及其产品具有的支配权力，进一步揭示出影响社会资本起作用的实质是其背后的权力关系。这种权力关系导致了劳动的异化，"劳动这种生命活动、这种生产活动本身不过是满足一种需要即维持肉体生存的需要的一种手段……生活本身仅仅是表现为生活的手段"②。进而，劳动的异化导致社会生活的非道德性，最终人与人相异化了。③ 马克思提出"通过改变权力支配格局来改变社会关系"④。就马克思思想而言，虽然他没有专门的道德研究论著，但在他的诸多论著中都使用了道德术语进行描述和研究，他正是运用了对实践这一生活本真状态的描述解决了"是"与"应当"的伦理困境，将人们对道德的思考拉回到现实生活中来，而不是理论的学究式研讨。

在涂尔干看来，道德更是在维系社会整合方面有重要的意义，甚至是杜绝社会失范的关键。这和社会治理的核心是非常一致的，都是为了寻求最大的合理性实现社会的正向发展，解决失范问题也是社会治理最终要达到善治的道路中不可逾越的关键一步。涂尔干在《社会分工论》和《宗教生活的基本形式》中都充分地论述了道德对于社会得以维系的基础性作用，他说道："诚然，工业活动拥有自身存在的理由，它们可以适应许多需要，但这些需

---

① 《马克思恩格斯选集》第 1 卷，人民出版社 1972 年版，第 18 页。

② [德] 马克思：《1844 年政治经济学手稿》，人民出版社 2002 年版，第 273 页。

③ [德] 马克思：《1844 年政治经济学手稿》，人民出版社 2002 年版，第 275 页。

④ [德] 马克思：《1844 年政治经济学手稿》，人民出版社 2002 年版，第 278 页。

要却不是道德上的需要。"①进而涂尔干在对失范现象研究的过程中，通过对乱伦禁忌及其起源的分析阐述了乱伦是不道德行为的最严重一种，基于此涂尔干认为："社会的反常化也是由于道德缺席而出现的社会整合危机。"②涂尔干说："无限的情欲像一种道德差别的标志那样每天都显示出来，而这种欲望只能在失常的和把失常当作规律的意识里产生。"③

马克思与涂尔干都看到了由于违背道德的社会行为对社会产生了"病态"的发展方向。马克思将道德与实践紧密结合，涂尔干给出了通过道德规则及其实践来解决社会失范问题的药方。在涂尔干的《职业伦理与公民道德》和《道德教育》中都大量地论述了道德实践对于日常生活改变的可能性。

同样地，韦伯把资本主义经济中的信任作为新教伦理。他认为："权力与何种道德结合，并以其作为合法性基础，形成了不同的社会支配类型——在一定意义上说，这也就是不同的个人与社会关系类型。"④在此基础上，韦伯提出了一种最初的德性思考，即"个体恪守责任伦理，以消弭理性化带来的社会紧张"⑤。

实际上，道德一直是经典社会学家探讨社会问题时的核心，道德的这种核心性和延续性是人们解决社会问题的良方。而道德本身并不是某一个时代或者某一个时期突然产生的产物，对于它的认知也是人类记忆能力的一种体现。

因此，对于道德关系的记忆就是对影响人们进行自我判断的基础的回溯和重申。在这里，社区治理的关键点本应就是对文化的理解和延续，而道德是文化的核心，对于人们道德关系的记忆就是对于"我"与"他人"相同或者相异的基础。在经典社会学家的论述中，道德并非一种自然，而是一种可

① ［法］埃米尔·涂尔干：《社会分工论》，渠东译，上海人民出版社2000年版，第15页。
② 渠敬东：《缺席与断裂》，上海人民出版社1999年版，第21—26页。
③ ［法］埃米尔·涂尔干：《自杀论》，冯韵文译，商务印书馆1999年版，第275页。
④ ［德］马克斯·韦伯：《韦伯作品集：新教伦理与资本主义精神》，康乐、简惠美译，广西师范大学出版社2007年版，第5页。
⑤ ［德］马克斯·韦伯：《韦伯作品集：学术与政治》，钱永祥等译，广西师范大学出版社2004年版，第7页。

不断规训的，可以为社会提供新的可能性基础的规则。通过对道德记忆和文化、社区治理之间紧密关系的分析，足以论证道德记忆对于构建合理有效的基层社区治理模式是具有根基性地位的。

这种道德记忆对于民众日常生活的影响遍布中国历史。众所周知，在中华民族的历史长河中存在着一种根基性的儒家道德思想——"伦常"。孔子言："天下之达道五……君臣也，父子也，夫妇也，昆弟也，朋友之交也"（《中庸·二十章》）。孟子言："父子有亲，君臣有义，夫妇有别，长幼有序，朋友有信"（《孟子·滕文公上》）。这种道德认知能够得以延续和推演必然要依靠于权力格局的认可。在裕固族所在的河西走廊上曾经在历史中居住过很多大学士，河西走廊也曾是僧者们求取真经的必然之路，也是西方社会认识中原地区的开拓之路，通过这条道路儒家学者迁徙而来，他们在这里讲学著书、开凿石窟，构筑了中华民族历史上浓墨重彩的一幕。如公元220年汉帝国的崩溃导致中原地区的混战，长达300多年的大混乱使得中国传统文化尽失。大约公元350年郭瑀慕名来到凉州就是今张掖向大学士郭荷求学，据《晋书·本传》记载，郭荷"明究群籍，特善史书"。郭荷死后，郭瑀为老师守孝三年后继续向深山走去，并将老师讲授的知识融会贯通地不断讲授给慕名而来的弟子们。当时，汉朝的破灭以及中原的动荡与杀戮，使得作为汉朝官学的儒学遭受了重大打击，但河西儒学却独树一帜，异常繁荣。郭瑀在马蹄山下教授学生，同时开凿石窟。他们当时并不知道，自己只为安身立命而修建的石窟将在今天成为中国重要的佛教造像圣地——马蹄寺石窟群，同时也成为那个时代河西走廊上儒家与佛教两大文明交汇的见证。除此之外，河西走廊上的武威文庙是仅次于曲阜孔庙和北京孔庙的全国第三大孔庙建筑群。相传最早建于前凉时期，这也是儒家文化在河西走廊传播繁衍的印证，此后尊儒重教的文风在河西走廊更加绵延不绝。这些对在河西走廊居住着的牧民产生着深刻的影响。这种状况一直持续到北魏时期。北魏政权进入河西走廊后，立刻着手将河西走廊的世家大族迁徙到他们的首都平城就是今天的大同，自汉延续至今的河西文化及学术亦随之东渐。河西文化与中原文化、江南文化并列成为隋唐文化的渊源。

　　两千年后，陈寅恪在《隋唐制度渊源略论稿》中，针对河西文化做出了这样的评价："惟此偏隅之地，保存汉代中原之文化学术，经历东汉末、西晋之大乱，及北朝扰攘之长期，能不失坠，卒得辗转灌输，加入隋唐统一之混合之文化，蔚然为独立之一源，实吾国文化史之一大业。"

　　费孝通在《乡土中国》中对乡村社会提出了一个"差序格局"的分析框架。费孝通所研究的乡村社会恰恰是一个典型的熟人社会，这种社会模式和当下的裕固族村落有很多的相似之处。费孝通提出"从自己推出去的和自己发生社会关系的那一群人里所发生的一轮轮波纹的差序格局"①，这就是"差序格局"。在提出差序格局后，费孝通继续说道："我们儒家最考究的是人伦，伦是什么呢？我的解释就是从自己推出去的和自己发生社会关系的那一群人里所发生的一轮轮波纹的差序。……在自己为中心的社会关系网络中，最主要的自然是'克己复礼'，'壹是皆以修身为本'——这是差序格局中道德体系的出发点……社会范围是从'己'推出去的，而推的过程里有着各种路线，最基本是亲属：亲子和同胞，相配的道德要素是孝和悌……向另一路线推是朋友，相配的是忠信。……（进而）一个差序格局的社会，是由无数私人关系搭成的网络。这网络的每一个结都附着一种道德要素，因之，传统的道德里不另找出一个笼统性的道德观念来，所有的价值标准也不能超脱于差序的人伦而存在了。"② 这些论述都阐述出费孝通研究中道德的根基性。

　　儒学大师梁漱溟直接从道德视角来探讨人与人之间的关系，在梁漱溟看来，中国人当时重视人与人之间的关系，是一种"伦理本位"③。"话应当看是谁说的，离开说话的人，不能有一句话。标准是随人的，没有一个绝对标准，此即所谓相对论。"④ 这里也体现出伦理与具体不同的社会治理息息相关。梁漱溟指出："在经济上，皆彼此顾恤，互相负责；有不然者，群指

①　《费孝通文集》（第五卷），群言出版社1999年版，第334页。
②　《费孝通文集》（第五卷），群言出版社1999年版，第335—336、341、344页。
③　《梁漱溟全集》（第三卷），山东人民出版社2006年版，第81页。
④　《梁漱溟全集》（第三卷），山东人民出版社2006年版，第95—96页。

目以为不义"①；在政治上是"政治皆伦理"②；在社会信仰方面，"道德代替了宗教"③。

通过对国内外社会学家思想的分析足以证明道德记忆在人类发展的历史长河中所起到的根基性作用，它也必然将是人类社会向前发展过程中所不可忽视的核心凝聚力之所在，更是未来社会发展方向的指引者。

道德是牧区德治的核心，是人们建立社会秩序的基础，人们对道德的记忆就是对秩序的记忆和遵守，这样才能从根本上实现民众对道德认知的内化。十九大报告提出的"自治、法治、德治"的三治融合发展思路就是对乡村振兴的具体策略，就是对牧区社区治理提出的具体方向。这其中的德治恰恰是链接法治与自治的基础。因为任何人在任何时候都会面临如何和自己的家人、亲人、朋友、邻里、社区、社会乃至国家发生关系的道德判断和道德选择，这些一点一滴的道德认知就会形成一张无形的道德图像，人们建构着这些道德认知又同时被这些道德认知所制约，进而形成了有效的道德生活，构建了最基础的社会秩序。

对于牧区德治而言，这其中存在着两个方向的合力发展。其一，人们在日常认知中从生活中的点点滴滴中孕育着道德、发展着道德，并不断影响更多的人，从儿童的教化到成年人的践行，再到社会的责任与使命。这是一种自下而上的道德建构模式。其二，从国家层面，国家提出对于全体民众都应践行的社会主义核心价值观，并歌颂我们的道德楷模，惩罚违反道德的行为，构建了一个道德的发展方向。这是一种自上而下的道德建构模式。衔接这两种模式的核心就是人们的道德记忆，就是道德记忆将人们的道德认知从自身联系到国家，从自我联系到他人，并且形成了有效推动地区治理和地区发展的基础。

---

① 《梁漱溟全集》（第三卷），山东人民出版社2006年版，第83页。
② 《梁漱溟全集》（第三卷），山东人民出版社2006年版，第85—86页。
③ 《梁漱溟全集》（第三卷），山东人民出版社2006年版，第88—89页。

二、道德记忆与仪式庆典

面对道德该如何进行研究的问题，笔者认为，要从人类的行为中去寻找道德内涵，而不是学院式的反思。这种研究方式也恰恰是来源于麦金泰尔对道德的叙事研究方式，"我们必须从关于各种各样的道德实践、信念与观念体系的历史和人类学中学习。道德哲学家仅仅通过反思他或她及其周围人们的所言所行就能够研究各种道德概念——牛津的理论风格——的观点是无益的。"①

道德的研究一定是在具体的场域中展开的，仪式庆典恰恰就是一个重要的实践场域。更为重要的是，仪式一经产生之后，就具备了自己的使命："唤醒某些观念和情感，把现在归为过去，把个体归为群体。"② 在涂尔干研究体系中，仪式的意义就在于对道德力量的呈现。③ 仪式就是道德记忆展开的核心场域。

事实上，"礼仪的起源与道德的起源是同步的，礼仪的发展与道德的发展也是同步的，与此相应，礼仪道德作为一种特殊的道德形态。它的本质特征与普遍的道德形态是一致的"④。仪式作为礼仪中最为重要的部分自然是人类道德的最直接体现，它承载着人们处理人与自然、人与人、人与社会的关系的实际行动，是人们一系列有道德指向的行为复合体。

伽达默尔更是对仪式与道德的关系进行了深入的分析，并将仪式研究的重要性推至一切研究的基础，"仪式是比语言更深的实践层次，因为它不仅像语言或对话那样，要遵守学到的规则或达到规定的目标，而且它实际上还培养了人的正确感。在一个仪式中出错就是无礼，仪式中养成的行为的分寸

---

① [英] 阿拉斯代尔·麦金泰尔：《德性之后》，龚群、戴扬毅译，中国社会科学出版社1995年版，第34页。

② [法] 埃米尔·涂尔干：《宗教生活的基本形式》，渠东、汲喆译，上海人民出版社1999年版，第498页。

③ 彭兆荣：《人类学仪式的理论与实践》，民俗出版社2007年版，第94页。

④ 蒋璟萍：《礼仪的伦理学视角》，中国社会科学出版社2007年版，第62页。

感就是所谓正确性的基础。这种正确感不是什么圣人先验的规定，也不是当局有意的灌输，而是在生活实践中自然产生和形成的生存习惯。正是这种在人类相互关联、相互影响的共同存在模式中产生和形成的合适感或正确感，使人得以克服或压制动物无法克服的本能，能够相互合作地共存在一起，而不是像动物那样，仅凭本能乌合在一起（Mitsamt）。这是人类团结的基础。"①在伽达默尔看来，人们正是通过仪式来认识道德规范，也是在仪式中实践道德规范的。道德中的规范和德性②紧密融合在一起，从被动地服从转变为主动地选择。"规范和价值观渗透着情感，粗野的、原始的情感因为与社会价值的联系而变得高贵起来。令人厌烦的道德约束转换成'对美德的热爱'。"③仪式是连接个体与社会的桥梁，是道德记忆不断重申和自我调整的场域。

仪式庆典就是通过实现道德的约束力在人们的道德记忆中不断展演的过程。仪式与道德记忆的这种本质的联系指引着笔者从道德记忆的视角出发，分析裕固族仪式过程中人们基于道德记忆而形成的道德行为对人与自然、人与人和人与社会之间关系的影响。

伴随着社会的发展变迁，仪式的形式可能会发生各种各样的变化，但其中所承载的基本道德原则是不会发生根本变化的。"集体欢腾之际，人们相互交流观念，彼此强化着共同的集体情感，由此所爆发出来的强烈力量将人们从经验凡俗的世界提升到了另一个超越而又神圣的理想世界"。④仪式的研究视角可以将日常生活中的道德认知在集体的欢腾中呈现、强化，再生产，并在仪式中实践着这些道德认知，形成可以指导人们日常判断的道德基础。正如特纳所言："当一种仪式无论出于何种原因确实发挥了作用的时候，

---

① Hans-Georg Gadamer ."*Rituale sind wichtig*". über Chancen und Grenzen der Philosophie. Der Spiegel.21.2.2000. s.305. 转引自张汝伦：《伽达默尔和哲学》，《安徽师范大学学报（人文社会科学版）》2002 年第 5 期。

② 陈文江、李晓蓓：《少数民族道德生活的内涵与特征》，《道德与文明》2013 年第 2 期。

③ [苏] 维克多·特纳：《象征之林：恩登布人仪式散论》，赵玉燕译，商务印书馆 2006 年版，第 29 页。

④ [法] 埃米尔·涂尔干：《宗教生活的基本形式》，渠东、汲喆译，上海人民出版社 1999 年版，第 556 页。

位于两极的语义体系便开始交换彼此的特性，特性的交换使得社会的诸多要求成为人们自愿去实现的事物。"①此时，道德记忆就通过仪式的符号、话语、组织和事件进入人们的生活，成为人们自我归属感的基础。

庆典的本质就是仪式，庆典是更为隆重的仪式。对于裕固族来说，县庆就是裕固族的一系列庆典活动，笔者所用仪式庆典的概念包含裕固族原有的仪式活动和新兴的庆典活动。同时，仪式研究绝非简单的就仪式过程的描述，更重要的是包括与仪式相关的故事、传说，以及仪式过后人们所产生的印记感和人们对仪式活动的回忆等，尽可能较为全面地呈现仪式庆典发展的整体状态。

三、研究思路

基于以上的分析，笔者提出通过对道德记忆直接相关的不同类型的仪式庆典进行分类，在此基础上，深入探讨其对牧区社区德治和牧区发展的影响。道德记忆就是对人们道德生活中的道德关系及其秩序的记忆，它通过仪式庆典得以不断彰显并融合于人们的日常实践活动中，是人们成为自己希望的"人"的实践过程。麦金泰尔基于历史维度，从伦理道德视角对道德传统，尤其是正义传统的合理性进行了体系性研究②，但尚缺乏对道德传统如何存在的深度研究③。而道德传统的根据恰恰在于人们记忆中的道德关系，这种关系恰恰通过人类与宗教、首领、他者以及集体有关的仪式庆典中得以延续，对于这些仪式庆典中的道德关系的展示，能为人们展现出一个活生生的独特地域文化景象。

人类对于道德和宗教的记忆之间有着共同的渊源，一种思维方式倘若要被看作族群文化的组成部分，就必须要由群体的成员共同享有，只有信仰价

---

① ［苏］维克多·特纳：《戏剧、场景及隐喻：人类社会的象征性行为》，刘珩、石毅译，民族出版社 2007 年版，第 51 页。

② ［英］阿拉斯代尔·麦金泰尔：《谁之正义？何种合理性？》，万俊人译，中国当代出版社 1996 年版，第 457 页。

③ 冯丕红、李建华：《论道德传统》，《南昌大学学报（人文社会科学版）》2016 年第 3 期。

值才能有效地指导人们去发现共有程度最高的文化特质，而宗教正是族群文化认同中真正能够持久的基质，它与族群意识紧密结合在一起。不同的宗教信仰和道德实践往往形成了区分"我们"与"他们"的重要符号。① 因此人和神的关系问题是道德记忆的起源。

然而，尼采的一句"上帝死了"②，终结了神对人的道德规训位置，"超人"顺应而生，成为首领和模范，在人们的道德体系中充当了神的位置，实际上这是对"首领"崇拜的缩影。人们从对神的敬畏来到了对"超人"的模仿，人类通过各种仪式去模仿和重现大写的"人"对于人类的规训，"仪式不是日记，也不是备忘录。它的支配性话语并不仅仅是讲故事和加以回味，它是对崇拜对象的扮演"③。人与首领的故事成了道德记忆的第二部乐章。

接着尼采的分析路径，福柯在《词与物》中提出"人也死了"。在福柯这里，人已经丧失了人与神的直接依赖关系，人是在具体实践中的人。基于此，福柯遵循着道德谱系的思想，对道德进行了深入分析，提出这一谱系路径就是我们如何成为"我们自己的行为的道德主体"④ 的过程，而这一过程恰恰是在人与人以及人与集体的互动过程中实现的。

借用福柯道德谱系学的研究路径，本书不是"寻求识别所有知识或所有可能的道德行为的普遍结构，而是寻求使我们成为我们现在的偶然性"⑤，而这个所谓的"偶然性"就是由仪式庆典中的道德记忆所决定的。按照福柯的

---

① 李晓蓓:《民族道德生活的呈现空间研究》,《甘肃理论学刊》2015 年第 2 期。
② [德] 弗里德里希·威廉·尼采:《上帝死了》,戚仁译,上海三联书店 1997 年版,第 1 页。
③ [美] 保罗·康纳顿:《社会如何记忆》,纳日碧力戈译,上海人民出版社 2000 年版,第 81 页。
④ Foucault , Michel.*What is Enlightenment? In The Essential Works of Michel Foucault.1954–1984*. vol.1: Ethics: Subjectivity and Truth . ed. Paul Rabinow. trans., Robert Hurleyet al. New York : New Press .1997.p.318.
⑤ Foucault , Michel .*What is Enlightenment? In The Essential Works of Michel Foucault.1954–1984*. vol.1: Ethics: Subjectivity and Truth . ed. Paul Rabinow. trans., Robert Hurleyet al. New York : New Press .1997.pp.303-319.

观点，一个群体去认识"我是谁"的过程，就是一个群体努力使自己成为"我"的行为的道德主体的过程，就是人们怎样通过自己的努力使自己成为自己希望的人的过程，而这种希望不是凭空展开的，它一定是在人们的道德关系中。道德关系"需要时间，这是一项来之不易的努力，慢慢地变得根深蒂固，需要不断的重申和重新制定；它很容易损坏或丢失"①。

道德记忆遵从于人与神、人与首领、人与人和人与集体的关系构成了人们当下道德行为的前提。依据道德记忆而形成的仪式庆典中的道德行为就是人们对道德传统的回忆和连接，也是重申和重构的基础。这将是进行牧区德治的基础，也将是肃南牧区能够具有取得实质性进展并保持长效性的基本保证。

第四节　研究方法

一、多点民族志

"多点民族志"（Multi-sited Ethnography）是由乔治·马库斯（George E. Marcus）在 20 世纪 90 年代中期发展而来，强调民族志研究中的流动性，强调在民族志研究中将本土的研究对象置于一个世界体系场景中描写与分析。在研究方法上提出，一个田野观察者不该局限于某个特点的调查点，而需要实践多个地点、场景。多点民族志认为，在当代社会，传统民族志太注重对单一地域或社区的关注，地方性知识不是在一个限制的地方建构的，而是由多个地方构成的。

基于多点民族志的理论架构，以及裕固族地区存在东西两种不同语言及使用群体的特殊情况，本书选取了肃南县四个地点开展研究，包括康乐乡大草滩

---

① Steven P. Feldman. *Moral Memory: Why and How Moral Companies Manage Tradition.* *Journal of Business Ethics*.2007.p.72.

村、县城红湾镇、大河乡西岔河村和明花乡湖边子村。大草滩村和西岔河村草地资源丰富，草场质量好，是使用东部裕固语的裕固人的聚集地之一，以牧业为主；红湾镇为县政府所在地，是经济、政治和文化中心，定居点相对集中，城镇人口多，兼有两种裕固语的使用者；大河乡西岔河村是靠近县城的西部裕固人聚集区，也以游牧业为主要生产方式；虽然湖边子村也是使用西部裕固语的裕固人聚居区，但是和西岔河村的生产生活方式不同，该地靠近酒泉市，离县城较远，处在巴丹吉林沙漠边缘，相较之下，地理环境较差，生产方式主要以半农半牧为主。

多点民族志的方法更有利于对研究地的社会状况进行全面的掌握，在寻求共治共建共享的基础上，选择社区治理的有效途径，既要兼顾民族地区发展的一致性，也要了解民族地区自身的独特性。只有将共性和个性的研究相结合，才能对该地区有一个多方位的全局把握，因此多点民族志的研究方法有利于对问题的全面分析和掌握。

二、文献研究

文献研究法指依据理论、目标和现实需求，对有关文献成果进行检索、分析整理或重新归类文献的研究活动，它能解决专门的问题。文献法是一种突破时空的限制，开展介入性、间接性的科学研究方法，广泛应用于各个学科。

裕固族人中使用裕固语言人数的不断减少，以及接受现代教育时间的延长都造成了很多与裕固族仪式相关的故事在日常生活的传承过程中受到挤压而出现断层，因此对田野调查进行深入分析的同时，还需要对已有文献进行仔细梳理。本书在田野调查的基础上，通过对文献的分析，对大量传统故事和诵词进行分析和整理。而这些故事和诵词本身也都是民族文化记忆的典型体现，是体现道德教化的一种重要方式。通过从众多的传说、故事、诵词、仪式中找寻道德生活的变迁，脉络及其具体勾连机制，进而寻找现实生活中变迁轨迹的民情基础。

三、深度访谈

深度访谈法是社会学和人类学常用的实践方法，通过一对一地对调查对象开展直接的、深入的、较长时间的访问，以了解被调查者对某一问题的想法、感情和思想趋向。本书作为记忆研究的一种，对于传统的仪式庆典的描述需要借助于大量的访谈资料来勾勒出人们传统的仪式生活和其中所蕴含的丰富道德图景。

综上所述，本书所采用的方法主要为多点民族志、文献研究和深度访谈，结合哲学、伦理学、社会学、民族学以及人类学的相关领域对裕固族地区仪式庆典中的道德记忆进行深入、细致的分析，并通过道德记忆的回溯和链接来形成对裕固族地区社区未来发展方向的研究。

第五节　田野图像

一、裕固族概况

1. 族称

在裕固族的历史上民族称谓几经变动，对于只有语言而没有文字的民族来说，族称的变动直接影响着人们对自己民族的认知。1981 年高自厚撰写的《裕固族族称研究》[①] 中就统计了 39 种之多，但这还不包括近几年在各种出版物上出现的"西番""尧呼尔""西喇尧呼尔""西拉固尔""尧和尔""撒拉畏吾尔""撒里畏""西拉玉固尔""西喇古儿""黄维吾尔""尧熬尔"等等。这主要是由于翻译和学者使用习惯的不同造成的。裕固族现在自称"尧呼尔"。[②]

---

① 高自厚：《裕固族族称研究》，转引自杨进智主编：《裕固族研究文集》，兰州大学出版社 1996 年版，第 149—150 页。
② 李天雪：《裕固族民族过程研究》，民族出版社 2009 年版，第 47 页。

2. 族源和历史演变

关于裕固族的族源，现学界较为一致的观点是裕固族族源为回纥（回鹘），作为一个独立民族出现的重要历史事件是东迁入关。在长期的迁徙过程中，古代回鹘和蒙古族、部分藏族、汉族相结合而形成了裕固族。

"从 13 世纪的六七十年代，忽必烈'命宗王将兵镇边檄襟喉之地'，一部分蒙古部落进驻撒里畏吾地区游牧戍边起，到 16 世纪初明朝廷将设在撒里畏吾地区的关西诸卫东迁入关，这一时期是裕固族形成的最重要时期。"[1]

明洪武三年（1370 年），明王朝为了巩固边陲，派遣特使持诏谕镇守撒里畏吾尔人游牧地区的元宗室宁王卜烟帖木儿，后又封卜烟帖木儿为"安定王"，并陆续在撒里畏吾尔人与蒙古族杂居的地区，也就是在甘肃嘉峪关以西设立军事性卫所，即：安定卫、阿端卫、曲先卫、罕东卫、赤斤蒙古卫、哈密卫和罕东左卫，史称"关西七卫"[2]。

关于诸卫东迁的原因，学界已经有所讨论，如范玉梅认为是由于政策的失败、外部的侵袭、宗教原因以及自然灾害；高自厚认为是明朝与蒙古贵族、蒙古贵族之间的斗争、伊斯兰东进以及自然灾害造成的。

在裕固族的叙事歌《说着唱着才知道》中有这样关于东迁的描述：

"西至哈至是我祖先的故乡，许多年前那里灾害降临，狂风卷走牲畜，沙山吞没帐房。……灾难降临的时候，敌人又跑来侵扰牧场……我们笃信佛教的祖先，为抵御异教徒的侵略……都为民族的生存打仗……走过了千佛洞、穿过了万佛峡，尧呼尔从西迁到祁连山，这是明朝洪武年间的事。"[3]

因此，大体可以认为导致诸卫东迁的主要原因是自然灾害、外族侵袭和宗教信仰的异族影响，诸卫在抵御异族失败后开始东迁。但因这种迁徙并非一个整体性的迁徙，各卫的迁徙时间和路径也不完全一致，所以造成了裕固族地区居住的分散性和不连贯性，以及裕固族内部语言和服饰的差异。各卫的东迁时间和地点大致为：

---

① 裕固族简史编写组：《裕固族简史》，甘肃人民出版社 1983 年版，第 44 页。
② 杨建新：《西北少数民族史》，民族出版社 2003 年版，第 578—579 页。
③ 裕固族简史编写组：《裕固族简史》，甘肃人民出版社 1983 年版，第 45 页。

　　安定卫，1406 年迁移到甘肃、青海和新疆的交接地带；阿端卫，1377年设卫不久，朵儿只班发生变乱，部众到处漂泊；曲先卫，受到吐蕃人和蒙古部落的侵袭多次迁移；沙洲卫，1446 年开始向内迁徙，居住在今天甘肃河西地区的甘州；罕东左卫、赤斤卫，正德年间迁于"肃州之南山"，由于资料缺少和考证不足，迁徙时间大概是从 1406 年到 1528 年期间。① 嘉靖七年（1528 年）关外诸卫已东迁入关，均安置在肃州附近以及甘州之南山一带。② 当时明朝对于诸卫的安置政策是"分散安插"，被安置后的撒里畏吾尔经过了短暂的稳定时期。

　　清朝时期，在《清实录》中将裕固族称为"西赖古尔黄番"，并记载着准噶尔向西赖古尔黄番收税，③1696 年，清朝平定准噶尔叛乱，西赖古尔黄番主动请求归于清朝，并再次内迁。1698 年，清朝把西赖古尔黄番人 6079人、黑番人 1169 人、噶尔丹部共 179 口，一起安置于祁连山腹地，游牧于祁连山南北。④ 后封"大头目"厄勒者尔顺为"七族黄番总管"，至此这个民族进入稳定时期。

　　1930 年起，裕固族地区先后置于国民党地方军阀马步青和马步芳的统治下，他们实行民族压迫政策，将裕固族聚居的地方分别划归酒泉、高台、张掖等县政府管辖，在肃南地区利用封建部落制度统治人民。⑤

　　新中国成立后，部落制度彻底被废除，新的社会制度建立起来了。1954年成立自治县后，自治县下设立区、乡基层政权，人们也逐渐从部落意识转变为民族意识。

　　3. 语言

　　裕固族有两种自己的语言：一种是在裕固族西部使用的属于阿尔泰语系

----

①　王海飞：《文化传播与人口较少民族文化变迁》，民族出版社 2010 年版，第 39—40 页。

②　裕固族简史编写组：《裕固族简史》，甘肃人民出版社 1983 年版，第 44 页。

③　参见《清实录》第 176 卷，中华书局 1986 年版。

④　参见《亲征平定朔漠方略》，第 30 卷，中国藏学出版社 1994 年版。

⑤　裕固族简史编写组：《裕固族简史》，甘肃人民出版社 1983 年版，第 53 页。

突厥语族的西部裕固语，过去被称作"撒里畏兀儿语"或"尧乎尔语"等；另一种是在裕固族东部地区使用的属于阿尔泰语系蒙古语族的东部裕固语，过去被称为"西喇玉固语"或"恩格尔语"。现在东西部两个地区内部仍用自己的民族语言进行交流，但是伴随着青年一代所接受的汉语教育越来越多，人们也普遍习惯将汉语作为通用语言来学习和使用。

作为中国独特的突厥语之一的西部裕固语受到了国内外专家的深度研究。就该语言所在语支而言，巴斯卡阔夫（Baskakow，N. A.）"根据突厥语的历史及其语言学上的主要特征把西部裕固语归入突厥语族东匈语支的维吾尔—乌克斯语族，哈卡斯次语组"①；马洛夫（Malow，S. E.）根据语言特征所进行的分类法认为，西部裕固族是回鹘文献语言的"嫡语"。② 捷尼舍夫（Tenišew,E. R.）认为 9 世纪裕固族和古代回鹘部落一起东迁到中国境内，西部裕固语受到了汉语、蒙古语、藏语和梵语的影响，成为一种经过强烈混合后而形成的语言。③ 我国语言学家陈宗振、雷选春认为西部裕固语在语音、词汇、语法方面都有显著特点。④ 除此之外，关于西部裕固语的亲属语言的分析也较多，如突厥语、维吾尔语等。但是"由于西部裕固语处于同亲属语言相隔离的状态，这种语言环境遂使西部裕固语的语音结构比较稳定地延续下来"⑤。

但是，虽然西部裕固语虽然与同亲属语言保持了隔离的状态，却受到了非亲属语言的影响，这种非亲属语言就是汉语。受汉语影响，西部裕固语在语音、词汇形式和词汇借用方面都发生着很大的改变，使得不了解和使用裕固族语言的其他人也会时不时地听到一些汉语的常用语。马洛夫出版的《裕固语》中汉语借词达到了 11.3%⑥。

---

① 林莲云：《撒拉语裕固语分类问题质疑》，民族语文 1979 年第 3 卷，第 182—190 页。

② 林莲云：《撒拉语裕固语分类问题质疑》，民族语文 1979 年第 3 卷，第 182—190 页。

③ Tenišew,E. R.（with Todaewa,B. X.）:Jazyk želtyx ujgrow, Moscow,1966,p.40.

④ 陈宗振、雷选春：《西部裕固语简志》，民族出版社 1985 年版，第 3—4 页。

⑤ 钟进文：《西部裕固语描写研究》，民族出版社 2009 年版，第 29 页。

⑥ 转引自陈宗振：《西部裕固语中的早期汉语借词》，《中国突厥语研究论文集》，民族出版社 1991 年版，第 39 页。

同时，由于使用西部裕固族语言的西部裕固人自身居住地的变迁、经济生产生活方式的变化，以及受政策的影响等，他们与非本民族民众的交往越来越密切，对于共同使用语言汉语的使用率越来越高，进而导致西部裕固语的使用人数和使用范围在不断缩小。

对于另外一种东部裕固语而言，最早国外学者就认为其是"一群完全蒙古化了的突厥人"[1]。他们是"在某个时候说突厥语的，把重音放在词末，后来才渐渐的改用了蒙古语"[2]。陈宗振认为："说东部裕固语的人在历史上是元代以来统治撒里畏兀儿地区的元宗室或其他说蒙古族语言的部落，以及某些改用蒙古族语言的突厥部落。"[3]

尽管伴随着各民族不断交融和发展的需求，使用东部裕固语的人也在减少，但是和西部裕固语使用范围稍有不同的是相对于西部地区而言，东部地区的牧民较多，特别是生活在康乐镇附近的裕固人由于牧民所在地理环境较为偏远，所以很多在牧区长期居住的中年妇女仍旧是以东部裕固语为主。笔者在大草滩村所居住的牧民家中的女性就是一个典型的代表。在她40多年的生活中只使用裕固族语言进行日常生活交流。不过，伴随着国家森林公园的建设以及国家对于牧区治理方式改变，促使大量的牧民搬入定居点居住，这种多元化的发展趋势必然会进一步推进人们对汉语的使用。

针对两种语言在使用范围和使用人数上的减少，诸多学者和当地政府提出了对语言的保护政策。在幼儿园到小学阶段开展了裕固族学习。县城的公立幼儿园的裕固语老师是一位来自东部裕固族的姑娘，公立小学的裕固族语言教师是来自西部裕固族的。在和这两位老师的深入访谈中，我深切地感受到了她们对自己语言的热爱，但是也听到了对于学生缺乏语言环境的担忧。特别是在小学阶段，当对语言的要求提高时，只会听而不会说的情况比比皆是。由于东西部语言之间无法直接沟通，以及生产生活和人际交往的需要，

[1]　Malow,S. E. Jazyk eltyx ujgurow. slower I grammatika. Alma Ata,1957,p.4.

[2]　Kotwic z. La Langue mongole. parle'e par Les Ouigours Jaunes prèsde kan-tcheou. RO16.1953. pp.435-465.

[3]　陈宗振：《关于裕固族的族称及语言名称》，《民族研究》1990年第6期。

当下在裕固族地区主要使用的生活用语是汉语。

二、田野点区位背景

现今肃南裕固族自治县隶属甘肃省张掖市，是中国唯一的裕固族自治县，地处河西走廊中部、祁连山北麓，东西长650公里，南北宽120—200公里，总面积2.38万平方公里。截至2010年，当地裕固族总人口为14378人。肃南裕固族自治县包括红湾寺镇、康乐镇①、大河乡、明花乡、皇城镇五个裕固族聚居区和祁丰、马蹄两个藏族乡以及一个白银蒙古族乡。而五个裕固族聚居区除红湾寺镇、康乐镇、大河乡连在一起位于肃南县中部外，其他两个乡镇分布于肃南裕固族自治县的东西两侧。东边的皇城镇位于肃南县城东南325公里处，南与青海省门源回族自治县毗邻，北接武威市和永昌县，东连天祝藏族自治县，西靠山丹马场，东西长约95公里，南北宽约72公里，总面积约为3972平方公里。西边的明花乡地处河西走廊中部，巴丹吉林沙漠南缘，东北与高台县毗邻，西南与酒泉市肃州区接壤。东西长70公里，南北宽36公里，总面积1704.8平方公里。平均海拔1381米左右，属内陆沙漠气候，沙漠区占总面积的三分之一，年平均气温7.6℃—8℃，有东西两个内陆湖和大小不等的数片湖滩。草原总面积188万亩，其中可利用面积131万亩，境内草原植被属沙漠草场和荒漠草场。

为了更全面地分析裕固族地区德治的基础，也为了能更好地获取较为全面的田野资料，就需要对裕固族进行整体性的思考。笔者通过空间布局分析和裕固族在肃南县居住的东、中、西分布特点，选择了康乐乡大草滩村、县城红湾镇、大河乡西岔河村和明花乡湖边子村四个田野点。

首先，选择了东部地区的康乐乡大草滩村，该村村民操东部裕固语，

① 康乐镇在2004年被开始一直被称为康乐乡，直至笔者最初进入裕固族地区时仍是康乐乡。2016年11月22日，早上9时在原康乐乡政府门前举行了"康乐乡撤乡改镇揭牌仪式"，当地新闻宣传"撤乡设镇标志着康乐步入了快速发展的新阶段"，但是就所含辖区地点没有任何变化，所以在笔者的大量论述中会根据事件所发生的时间不同而使用康乐乡或康乐镇，其所指是一致的。

以游牧经济为生，同时该村也曾经是裕固族最大的藏传佛教寺庙康隆寺所在地。

其次，中部地区选择了肃南裕固族自治县政府所在地红湾镇，该地是整个县的政治、文化中心。

再次，西部地区基于两种不同的自然环境和生产方式，选择了操西部裕固语靠近县城的以放牧为主的大河乡西岔河村和靠近酒泉的以半农半牧为主的明花乡湖边子村。

1. 康乐乡大草滩村

康乐乡位于肃南县东部，地处祁连山北麓中段。东靠本县马蹄藏族乡，西接本县大河乡，南与青海省祁连县毗邻，北与临泽县倪家营镇、甘州区甘浚镇接壤。全乡东西长约47公里，南北宽约69公里，总面积2079平方公里。下辖13个行政村，有裕固、藏、汉、蒙古、土、回、东乡7种民族，共计1441户3632人。境内驻有省农垦系统宝瓶河牧场和市寺大隆林场。2016年11月撤销康乐乡建立康乐镇。2016年，全镇经济总收入达7293万元，较上年增加498万元；农牧民人均纯收入达14707元，较上年增加1006元。

大草滩村位于肃南裕固族自治县城红湾寺镇东部80公里处，东邻红石窝村，西接巴音村。境内总地势西南高、东北低，水草丰茂，物种丰富，平均海拔3000米左右。主要山峰有：海拔3870米的鲁布藏顶；海拔3634米的东牛毛山；还有包熬图、兰肖尔顶等海拔4000米以上的山峰。该村裕固族人口占86.2%。①

2. 肃南县城红湾镇

红湾寺镇位于东经99°37″，北纬38°50″，地处河西走廊中段、祁连山北麓，平均海拔2300米。境内风景优美，地势西高东低、南高北低，四周群山环抱，是一个山间谷地，也是隆畅河、东柳沟河、西柳沟河的交汇处。其中隆畅河从镇中流过，境内长度9.9千米，把全镇分隔为东西两半。气候属高寒半干旱大陆性气候，昼夜温差大，干燥少雨。冬春长而寒冷，夏

---

① 该部分资料来自田野调查中得到的地方志数据。

秋短而凉爽，全年平均气温 3—6℃，年平均降水量 66—600 毫米之间，降雨主要集中在 7 月至 8 月。红湾寺镇是肃南裕固族自治县人民政府所在地，也是全县经济、政治和文化中心。1985 年 4 月建镇。全镇东西长 3.5 公里，南北宽 1.5 公里，总面积 5.2 平方公里。辖红湾、隆畅、裕兴 3 个社区居民委员会，居住着裕固、藏、汉、回、蒙古、土、满、保安等 11 个民族 4096户 9095 人。辖区内有市、县属部门、单位 127 个，驻军部队 5 个，个体工商户 214 户。2016 年城镇居民人均可支配收入达 22931 元。①

3. 大河乡西岔河村

大河乡地处河西走廊中部，东西长 90 公里，南北宽 70 公里，总面积 3329 平方公里。全乡平均海拔 2660 米，年日照时长 2680 小时，无霜期 90—120 天，年平均气温 3℃，年降水量 150—300 毫米。主要山峰有榆木山、黑山顶、九墩沟梁、大山、冰沟顶、石居里沟、红石嘴中梁、西红疙瘩等。主要河流有隆畅河、大河、摆浪河、水关河、西河、石灰关河、马营河等。东靠康乐乡，西依祁丰乡，南与青海省祁连县接壤，北与高台、临泽县为邻。草原类型大体属草原草场、草甸草场和半荒漠草场，草原面积 352 万亩，可利用草原面积 297 万亩，占总面积的 84.4%，全乡现有耕地 4171.19亩。矿藏资源境内主要有煤、祁连玉、蛇纹岩、铜、金、石膏、石灰石等。全乡森林面积约 11 万亩，野生动物有白唇鹿、獐、野牛、大头羊、青羊、熊、豹、狼、猞猁、雪鸡、兰马鸡等，生长着雪莲、大黄、羌活、野党参、柴胡等多种中药材，并盛产蘑菇、发菜。2016 年全乡经济总收入 8770 万元，其中农业收入 480 万元，牧业收入 4567 万元，其他收入 3723 万元，农牧民人均纯收入增加 1093 元，达 15274 元，比上年增长 7.45%。

西岔河村位于大河乡西北 18 公里处，全村共有 156 户 454 人，劳动力218 个，耕地 803 亩，各类草场面积 54.5 万亩，其中禁牧草场面积 24.8 万亩，草畜平衡面积 29.7 万亩。饲养大小牲畜 27225 头/匹/只，其中牦牛 2432 头，细毛羊 16147 只，2017 年经济总收入达 785 万元，人均纯收入达 14500 元。

---

① 该资料来自肃南裕固族人民政府网，http://www.gssn.gov.cn/ztzl/dqzl。

该村是远近有名的"生态文明村"。①

4. 明花乡湖边子村

明花乡地处河西走廊中部，巴丹吉林沙漠南缘，东北与高台县毗邻，西南与酒泉市肃州区接壤。东西长 70 公里，南北宽 36 公里，总面积 1704.8 平方公里。平均海拔 1381 米左右，属内陆沙漠气候，沙漠区占总面积的三分之一，年平均气温 7.6—8℃，有东西两个内陆湖和大小不等的数片湖滩。草原总面积 188 万亩，其中可利用面积 131 万亩，境内草原植被属沙漠草场和荒漠草场。2016 年底全乡共有人口 1497 户 3640 人，其中农牧民 1360 户 3416 人。居住着裕固、汉、藏、蒙古、土、回、哈萨克、彝、柯尔克孜族 9 种民族，其中裕固族 2059 人，占全乡人口的 56.6%；汉族 1213 人，占总人口的 33.32%；藏族 347 人，占总人口的 9.53%；土族 15 人，占总人口的 0.4%；蒙古族 2 人，哈萨克族 1 人，回族 1 人，彝族 1 人，柯尔克孜族 1 人。2016 年底，全乡经济总收入达 10724 万元，比上年同期净增 4680 万元，农牧民人均可支配收入由 2015 年底的 11524 元增长到 2016 年的 12370.82 元。

湖边子村位于明花乡西北部，巴丹吉林沙漠边缘，靠近酒泉市，距 312 国道 22 公里。全村 65 户 213 人，裕固族人口占 99%。传统经济以畜牧业为主，现以半农半牧经济为主。现有草原面积 46 万亩，饲养各类牲畜 3900 头（只），耕地 1493 亩。目前该村的草场退化沙化严重。②

---

① 该资料来自实地访谈中所获得的乡村描述性资料。

② 该资料来自肃南裕固族人民政府网，http://www.gssn.gov.cn/ztzl/dqzl。

第一章　道德记忆中的神圣世界：人与神

"作为历时最为久远、分布最为普遍、影响最为深广的人类现象之一，宗教与人的世界紧密相联。人类文明的各个部门，人类活动的各个方面，从哲学思想到文学仪式，从政治经济到文化教育，从道德伦理到惯例习俗，从科学理论到音乐美术，无论是社会的价值取向和共同素质，还是个人的心态结构和行为模式，都同宗教有着起初是浑然一体，尔后又相互渗透的关系。"① 对于裕固族而言，宗教的影响深入人们日常生活的方方面面，人们的诸多记忆都和宗教有着紧密的联系。作为人类信仰的基础，宗教在日常生活的变迁中给予人们精神的支撑，进而影响人们的行为和评判。对于一个群体而言，宗教会成为群体的终极价值目标，对于个体而言，宗教会潜移默化地成为个体生活世界选择的主导价值观。"对于人生和人性的信仰，相信人生之有意义，相信人性之善；对于良心或道德律的信仰，相信道德律的效准、权威和尊严。又如相信德福终可合一，相信善人终可战胜恶人，相信公理必能战胜强权等，均属道德信仰。"② 人们正是在这样的体系内选择自己的生活，规训自己的行为，进而形成能够影响个体乃至群体的道德记忆。

而作为游牧民族的裕固族从出生的那一刻起就是在迁徙中感受人生的，对于宗教生活最直接的体现就是人们口口相传的故事、传说、仪式，就是这种蕴含着浓厚的道德传统的记忆支撑着人们解释各种行为和现象，给予人类心理安慰，形成共同记忆，凝聚共同认知。在裕固族的发展历程中曾经有三

---

① ［法］玛丽·乔·梅多、［法］理查德·德·卡霍：《宗教心理学》，四川人民出版社1990年版，总序。

② 贺麟：《文化与人生》，商务印书馆1988年版，第92页。

个宗教信仰，分别是萨满教、摩尼教和藏传佛教。其中萨满教和藏传佛教的影响最深且持续至今，但摩尼教的记忆较少，而且没有留下具体的印迹，仅仅是模糊的回忆，所以笔者在这里就以萨满教和藏传佛教对于裕固人的影响来看裕固人是怎样记录着人与神之间的关系，并不断通过这种记忆来传承和延续自己的宗教情怀。当然，在延续的过程中，宗教虽然影响着人们生活的方方面面，但也受到了各种因素的影响而在不断调整自身，进而适应社会。延续与变迁成为一对永恒存在的关系影响着宗教在日常生活中的发展，影响着人们对神的道德记忆、对人与神关系的重申和重述。

第一节　历史悠久的萨满教信仰

一、传说故事中的萨满教

萨满教是自发产生的一种原生性宗教，它来源于人们的原始信仰，流行于中国东北到西北边疆地区使用阿尔泰语系满—通古斯、蒙古、突厥语族的许多民族中。"萨满"一词是满—通古斯，意指"巫"，就是萨满教的巫师，萨满教也因此得名。裕固族的"萨满"是被称作"也赫者（或祀公子）"的成年。萨满教是世界性宗教，其包含内容较为广泛。"目前，学术界都公认萨满教是一种流行范围较广、产生时间比较早的原始宗教。但作为神灵之间的使者——萨满的出现则是比较晚的事。广义的萨满教应该包括萨满出现以前的自然崇拜、图腾崇拜、祖先崇拜等一系列原始崇拜。"[1] 据考证，裕固族在东迁之前就已经开始信奉萨满教[2]，萨满教长期影响裕固族民众的日常社会生产和生活。

虽然，现在裕固族地区主要的宗教信仰是藏传佛教，但是萨满教的影响

---

[1]　钟进文：《裕固族宗教的历史演变》，《西北民族研究》1991 年第 1 期。

[2]　杨富学：《回鹘萨满史上的萨满巫术》，《世界宗教研究》2004 年第 3 期。

仍旧存在，在很多的民间仪式中体现了一种萨满教与藏传佛教融合的趋势。萨满教所信仰的自然神、图腾等通过仪式、故事、唱词等形式被保存至今，人们通过仪式、故事、唱词中的内容来明白是非对错、来进行道德评价，并且通过这种道德评价来评判其他人的日常行为。因此，可以说萨满教对于裕固族民众的影响深入生活的方方面面，是人们日常道德记忆的基础，也是人们行事的标准，所以详细地深入分析裕固族的萨满教相关仪式、故事和唱词是理解裕固族牧民生存状态的基础。在融入大量现代文明之前，这一系列的内容所包含的价值判断就是裕固族人道德生活的根基。

在裕固族地区流传着一个有关于萨满教与裕固人关系的故事，名为哈么嘎阿亚①的故事：相传很久很久以前，有个叫哈么嘎阿亚的悬崖陡壁下，住着一个穷苦可怜的老奶奶和她的养子。老奶奶名叫曲拉尔其，是大杜曼的祖母，养子名叫尔藏。这个叫哈么嘎阿亚的悬崖非同一般，四周不靠边，像一个红木梳子倒立着，神奇壮观，四周水草丰美，四季鸟语花香，彩蝶飞舞，气候宜人。因这里美丽富饶，许多恶人不知多少次掠夺此地，但后来他们都被令人毛骨悚然的天灾赶走，每当夜幕降临时，天空一阵风云，晴天响雷，地动山摇，牛大的红石头从悬崖上滚落而下，砸得人畜血肉四溅，无法生存，只得悄然离去。后来因曲拉尔其的帐篷有顶无裙，只好斜挂在悬崖陡壁上避风遮雨，奇怪的是，曲拉尔其母子住在这里却安然无事。有一天清晨，阳光射洒在血红的悬崖顶上，一丝银线莹莹发光，曲拉尔其定神一看，一股泉水从悬崖顶上铺散在壁石上银光闪烁，一束绚丽的彩虹塔悬在她的帐篷顶上，给她带来了吉祥。又是一个夏天，人们随着季节的变换，游牧到了雪山下、清凉的草场上，曲拉尔其母子无能力搬迁，只好仍在哈么嘎阿亚度过暑热的夏天。一个阳光明媚的早晨，曲拉尔其像往常一样早早起来喝完早茶，准备出门挤羊奶。当她掀起门帘走出帐篷时，奇迹出现了，在她那可怜的羊群旁卧着一头奶牛和牛犊，曲拉尔其使劲揉揉眼仔细看时，奶牛起身后

---

① 参照田自成：《裕固族民间故事集》，香港天马图书有限公司2002年版，第120—122页，以及田野调查资料整理所得。

向着她哞叫，那奶牛毛如长穗，红棕如金，那小牛犊同样美丽神奇，曲拉尔
其高兴得热血沸腾，转身踉踉跄跄地朝帐篷跑去，一头扎进帐篷，眼前金光
四射，一副金箍圈奶盆放在她的眼前，这一切使她感到忐忑不安，她用颤抖
的双手捧起金箍圈奶盆，走出帐篷，双膝跪在神奶牛腹下，把奶盆夹在膝
间，双手祈祷一样伸向奶牛腹下，灵活的拇指、食指催促着酥软的奶头，那
两股圣洁如雪的奶汁飞流直下，眨眼的工夫，奶盆已满满当当，曲拉尔其放
下奶盆，把自己的额头轻轻地叩在牛腹上，这是牧人表达对牲畜养人的感激
之情，当她扶地而起时，顿时天转地旋，全身颤抖得无法控制，牛在颤，血
红色的悬崖在颤，曲拉尔其看到自己的儿子时，就招手让他把她扶进帐篷。
在慌乱中，曲拉尔其把奶盆摆放在了左上方（尧熬尔人把灶具放在右上方），
叩头祈祷说："你若是神附体，就让我儿子接受，因我苍老无力，你若是妖
魔，快走你的路。"当她叩完头时，看见在她的帐篷横杆上落下了一只美丽
无比的红眼蓝鸟，显得十分疲惫不堪，老人用微弱沙哑的声音问道："你是
神吗？"红眼蓝鸟抖抖羽毛提提神说："我是天神派来给尧熬尔人送神的，因
为你们在东迁的路上，历尽千辛万苦，你们的神随着无数东迁途中死亡的人
而远去了。"蓝鸟接着又说：

> 我从八字墩落地，一路风尘仆仆，千里迢迢赶到这里；
> 从山顶上取得勺子（萨满教诵经时用的工具）；
> 从香炉台取得香烛；
> 鸡心疙瘩取得信物；
> 亚子边取得枕头；
> 榆木山石河过的夜；
> 神山顶上取得神水。
> 一切萨满教用的东西我已经给你备齐。

老人听完神鸟的话，把胸前的头面取下来挂在儿子的脖子上，神鸟说，
"智瓦得艾"（裕固语音译，意为谢谢），就从横杆上一头栽了下来，曲拉尔

其母子哭喊着："汗迭恩尔（裕固语音译，意为我的天呐）！"但鸟魂已去，曲拉尔其双手托起美丽的神鸟，儿子端着圣洁的牛奶，用右手无名指沾上鲜奶朝天洒去，送着神鸟魂，一步一步把鸟送上了悬崖顶。从此，杜曼的后裔就成了世袭的艾迟（萨满），而哈么嘎阿亚和格艾迟从此而得名，就从那时起，被遗忘多年的萨满教又回到了尧熬尔人的部落。

这个故事曾以不同的形式在裕固族民间流传，在故事中表现出裕固族人和天之间的紧密联系，是上天的神一直保护着善良的裕固人，神变化成人最需要的动物，帮助人的生活，而人对动物也充满了感激之情。故事中"把自己的额头轻轻地叩在牛腹上，这是牧人表达对牲畜养人的感激之情"表达了人对于动物、对于神的感恩，对于自己生活支柱的感恩，也表达了记忆中人与神、人与动物之间的道德关系，视神为保护者，视动物为守护者的情感。在神的指点下，人类学会了占卜，进而才能够趋利避害，通过各种方式帮助裕固人渡过灾难，是神给了人类精神的归宿地。

萨满教没有专门的经典教义，也没有固定的庙宇和机构，高山、河流、树木、草原、房屋都可以作为其祭祀的场所。在故事中直接体现出最早期的萨满教阶段是以自然神为主要崇拜对象的，将不可驾驭的自然体、自然理演化为神。人们最初是直接将自然体，如火、雷、水等人格化，认为它们本身是有意志和具有生命的，后来将动物等也加以神化。

（一）自然崇拜

自然体对于裕固族来说就是生命的来源，在《九尊卓玛》①中讲述到："在很古很古的时候天地一片混沌。在陆地上，既无江河湖海，又无飞禽走兽。在天上生存着天主和众神。其中有一个名叫九尊卓玛的大神想创造人类及万物。但他不知道该如何做起，于是去问学识更高的九尊扎恩大神。九尊扎恩给他一本包罗万象的无字天书。并对九尊卓玛说：'书中有十个知道世间任何事情的神仙，他们能回答你的一切问题。'九尊卓玛根据书中神仙的指点

---

① 武文：《裕固族神话中的原始宗教"基因"于民俗中的遗传》，《民间文学论坛》1991年第 4 期。

去创造万物。不久，人类出现了，地上应有的一切都出现了……"

这个创世神话突出体现了裕固族人对天神的崇拜，天神就是主宰一切的力量。这种天与神同体的描述在很多其他的故事中都有所展现，如《杨安续录》①故事中的男主人公就是天神转世投胎来拯救草原民族的。"相传在很早以前，草原上有一个名叫阿卡桥东的人，此人心术不正，经常放咒语，念黑经念得上得罪了三十六天，下惹怒七十二煞。上天为惩治邪恶，派天神转世投胎，拯救草原人民。"

在《复活》②故事中，起到帮助和惩罚作用的力量也是天神。"很古的时候，有一对兄妹，由于父母早亡，所以他们相依为命。后来哥哥娶了一个嫂子，她行为凶狠，先逼走了妹妹，后又将哥哥害死。几年后，妹妹由于对哥哥的思念而回家看望，结果家中一片废墟。正当她哭得死去活来的时候，突然来了一位天神老奶奶，说到'你哥哥被你嫂嫂害死了，尸骨被凶兽吃尽了，你要想见到你的哥哥就必须杀死凶兽，讨还尸骨。'在老奶奶的指点下，妹妹杀死了凶兽，讨回了尸骨。她每天祭祀亡灵，一直过了七七四十九天，她哥哥果然重返人间。他们不仅有了很多牛羊，而且还有一只看门狗，据说，这只狗是天神惩罚嫂嫂，让她来为兄妹服役赎罪的。"

这些故事中都体现出裕固族先民通过天神的帮助和惩戒来完成自己的道德判断，是人们道德记忆的直接体现。通过天来认知人们的日常行为，进而展开道德判断，惩恶扬善，将自己的道德判断和惩罚意愿神性化。正是这些传说、故事支撑着仪式的展开，人们对萨满教的来历，对人与天的关系就是在这样的故事展开中通过仪式的呈现而不断将当下的生活与道德传统进行连接。

（二）动物崇拜

"动物是人不可缺少的、必要的东西，人之所以为人，要依靠动物。而

---

① 贺卫光：《裕固族文化形态与古籍文存》，甘肃人民出版社 2002 年版，第 153 页。

② 武文：《裕固族神话中的原始宗教"基因"于民俗中的遗传》，《民间文学论坛》1991年第 4 期。

人的生命和存在所依赖的东西，对于人来说就是神。"①对马的崇拜是最早被裕固人称颂的，这是源自人们对天的崇拜。在裕固族地区有这样的一种说法广为流传："腾格尔汗通常是骑着白马降临人间的，故而，如果裕固族牧民的马群中看到一匹纯白色且有种种异样的特殊的马时，就要用'察汗胡苏'（意为'白水'，是鲜奶'苏'的别称）和'哈拉胡苏'（意为'清水'）给它沐浴，并在马鬃上系上鲜艳的彩绸，标志着这是腾格尔的坐骑，凡人不能乘骑。遇到战争和灾难时，萨满就从这匹马的嘶鸣声和鼻息声中来判断吉凶祸福。"②通过故事中对于马的热爱，人们回忆到传统仪式中作为吉祥器物的白马，它成为沟通人与天的灵物，人们对马的热爱和尊重就是基于人们道德记忆中的人与自然的关系，这种关系进而也直接体现在过去人们的日常生活之中。

对马的喜爱在裕固人的回忆中频频出现：自治县首府坐落在隆畅河畔，那时只有几幢土木结构的房屋，几百口人。隆畅河东岸长满了河柳和白桦的山坡是牧马的旷野，那里遍布沼泽地和芨芨草。居住在县城的干部们仍然保留着马背民族的习俗。他们观察一个人总是很注重这个人的骑术如何、坐骑如何。那时候，每当下乡的干部或牧民从隆畅河峡口进入时，他们总是精神抖擞地扬鞭策马而来，一个个矫健的尧熬尔骑手马蹄声清脆，扬起尘雾。县城的人们总是走出来云集河畔观看、欣赏这些风光潇洒的汉子们。每次在驰骋的骑手们中，总是会有一匹最优秀的遛蹄马（走马）从众多骑手中如箭一般射出，最优秀的遛蹄马总是扬起狮子般的长鬃，像一颗耀眼的流星一样沿河畔驰骋而来，在如战鼓的马蹄声中，人们总是啧啧称赞。而那肤色黑红的优秀骑手稳坐鞍头的飒爽英姿更是令人赞叹。很快地，到处都会盛传这某某骑手的一匹好马的种种轶事。③现如今县城的城镇化发展，柏油马路的铺设，使得县城已经没有了马儿欢腾的场所。今天，马对于裕固人来说，更多的是作为赛马竞技或者旅游玩耍而存在的。

① ［德］费尔巴哈：《宗教的本质》，商务印书馆1999年版，第153页。
② 张志纯：《甘肃裕固族史话》，甘肃文化出版社2009年版，第136页。
③ 铁穆尔：《裕固民族——尧熬尔千年史》，民族出版社1999年版，第159—160页。

　　以前去鄂博都要骑马的，马是我们的交通工具，现在都开车了。养马的人也少了，我家的马主要是用来在马场滩搞旅游用的。①

　　以前我家养马、也养牛，需要驮水拉东西，现在不用了，都打井了，羊也被赶着就去喝水了，就不养了。②

　　牛作为裕固族人生活的主要伙伴也是他们崇拜的对象之一，有一则神话故事《东海神牛》③就讲述了人们对于神牛的思念之情。"相传在很早以前，东海子里出了一头神牛，体格高大雄伟，毛色青中透蓝，吼声如雷，远传几十里路外，每年立夏后就听到吼叫声，到冬至吼声方才消失。自从这头神牛出现之后，神牛吼叫声少的这一年，是风调雨顺，牧草茂盛，牧业发达。如果是神牛吼叫声多的这一年，整年干旱缺雨，干旱的年份，神牛昼夜吼叫，是告诫这里的人们：天旱人动，人旱不怕旱，可是居住在这里的人们，并没有理解神牛的这番苦心，遇到旱年，就责怪是神牛的吼声造成的。一年，立夏以后神牛就昼夜吼叫，仔细听来，叫声中带着哀鸣。这一年是罕见的旱年，冬天不落雪，夏天不下雨，胡杨晒得卷了叶，牧草晒得拧了绳，瓦蓝的天上不见一点云丝，偶尔飘来一点云，就被一阵狂风吹跑了。这里的裕固族牧人，愁得吃不下饭，睡不着觉，个个脸上愁眉不展。年轻的裕固族猎人认为是神牛的错，于是除掉这头神牛。结果神牛被打死后，神牛的吼叫声终止了，可年复一年的旱情却没有减弱，直到后来，这里的人才意识到神牛的好处和它吼叫的苦心。现在，一遇到旱年，上了年纪的老人还常常想念着东海神牛。"

---

① 被访谈人：大草滩村民 WYX，访谈地点：被访者家中，访谈时间，2015 年 7 月 19 日。

② 被访谈人：大河乡西岔河村民 HJC，访谈地点：被访者家中，访谈时间，2017 年 10 月 5 日。

③ 田自成，杨进禄主编：《裕固族民间故事》，肃南县文化馆民间文学集成编辑组 1990 年，第 17—18 页。注：在田野调查中，也在与 TYY 老人的访谈中知晓此故事，但是描述的没有田自成所撰写的书籍详细，因此引用书中的故事内容。

除了人们所饲养的马、牛之外，裕固人曾经还有对鸟的崇拜，《天鹅湖》中叙述了一个人与天鹅的故事。裕固族小伙子为人善良，乐于助人，虽然生活贫困，但依旧乐观向上。天鹅仙女决定和他成为朋友。天鹅公主以天鹅的身份出现在他的面前，他没有嫌弃天鹅只是一只动物，还常常怕天鹅孤单而来陪它。渐渐地小伙和天鹅就形影不离了。有一天，天鹅被毒鸟袭击了，被吃得只剩下了骨头，小伙子赶到后抱起天鹅的骨头痛哭起来。结果，天鹅的骨头变成了一把神奇的天鹅琴，给小伙子带来了骏马和美丽的姑娘。带着这把神奇的天鹅琴，他们一同走遍了美丽的大草原，帮助了更多善良的人们。后来，这个小伙子就和美丽的姑娘一起过上了幸福美满的生活。

动物对于草原民族本就如朋友、如手足，裕固族的大量神话传说中都讲述着有关动物的故事，动物也以各种形式出现在首领的故事中。但如今，这些故事仅仅存在于书本上和少数非物质文化遗产的传承人的记忆中，笔者尝试在调查期间就这些故事的内容进行询问，但所知之人已寥寥无几。伴随着故事的丧失，其所蕴含的道德记忆也在不断被多元化的教育体系所代替。

二、记忆中的"点格尔汗"

1958 年以前，在裕固族地区还广泛流传着一种名为"点格尔汗"的敬天仪式。在仪式中，天被裕固人称为"点格尔（或腾格尔）"，"汗"是指"可汗"，"点格尔汗"（de η ïr xa n）就是天神的意思。不论是讲东部裕固语的还是讲西部裕固语的人都敬奉"点格尔汗"，其中东部地区将萨满称为"额勒其"，西部称为"也赫哲"。一般敬奉"点格尔汗"仪式在春秋两季举行，一次是在农历正月，此时几乎家家户户都要请萨满在家中敬奉"点格尔汗"，"他们通常在一根细毛绳上面缠上各种牲畜的毛穗和各色布条，下端挂上一个小白布袋，里面装有带皮和脱皮的五谷杂粮，将之供奉在帐篷内的上方左侧"①；另一次是在农历六月初六，由萨满主持，多是在有水源的地方诵经祈福。两次活动仪式都较为隆重，是裕固族早期非常重要的宗教仪式之一。

---

① 杨进智主编：《裕固族研究论文集》，兰州大学出版社 1996 年版，第 292 页。

敬奉"点格尔汗"仪式的基本程序为："在地上铺一毯子，上面摆九小堆粮食成花状，每堆粮食上放一盏酥油铜灯。九个铜灯摆成三角形，灯缠绿、白、蓝三色布条。毯子的上方摆一个小方桌，上供一个芨芨草扎成的草墩子，中间插着缠有布条的柳枝。祭祀时，点燃酥油灯，让其慢慢地燃烧，散发出香味。准备一只绵羊（禁用山羊），由专人或也赫哲（ehlzhi）一刀刺入羊腹，立即伸手掏出羊心，名为'攥羊心'。然后将羊头割下，连同跳动的羊心一起置于盘中，放在酒灯和草墩之间。随后用开水烫羊拔毛，取一半羊毛，塞入芨芨草墩中间。接着也赫哲开始祭祀，手持一把勺子，内放奶子、酥油，并不停地向上扬洒；口中念念有词并绕着地毯、小方桌和供品转圈子，众人跟随其后。也赫哲念毕经，随即将酥油灯推倒，仔细察看灯花，并根据灯花预测这家一年中的吉凶祸福。仪式完毕后，羊心、羊头送给也赫哲作为酬谢，羊身一劈两半，一半由家人分享，一半送给请来的邻居亲友。祭祀后的第二天清晨，由家人将芨芨草墩送往本家族中的固定地方。七天后将草墩中所插柳枝上的布条取回包好，敬供在神龛上方。每逢转移牧场、搬迁帐篷时，用一条干净的毯子，把'点格尔汗'包好，放到一个较高和洁净的地方。待驮子搭好后，再把'点格尔汗'放到驮子的最上面。到了目的地，他们仍要把'点格尔汗'放在高处，待帐篷扎好，先将'点格尔汗'放好，再搬其他东西。"[1]

在举行仪式的过程中萨满会念《招神》歌[2]：

> 一炷香请东方骑青马驾青旗青脸大王，
> 二炷香请南方骑红马驾红旗红脸老爷，
> 三炷香请西方骑白马驾白旗白脸先行，
> 四炷香请北方骑黑马驾黑旗黑脸玄坛。

---

[1] 《裕固族简史》编写组：《裕固族简史》，民族出版社 2008 年版，第 95 页。

[2] 田自成：《裕固族的原始信仰萨满文化刍议》，载自甘肃省肃南裕固族自治县文联主办的《牧笛》2014 年第 3 期。

在点格尔汗的仪式中，可以看到裕固族人对天的重视，对天神力量的认可，天神是既有上下的不同也有方位的不同，而恰恰是对位置的描述表现出了道德记忆中的等级秩序。这种等级秩序的认知和建立不仅表现在人们对萨满仪式的记忆中，也存在于人们对萨满的回忆中。

虽然关于萨满的性别有很多种说法，多数的描述是萨满（或东部称为额勒其，或译为艾勒其；西部称为也赫哲、喀木；汉语称为祀公子、师公子、师奔子）为男性，但在裕固族的民间传说和民族故事中却有这样子的描述："最初的'也赫哲'是因为天神（汗点格尔）附魂在一个正在打酥油的老奶奶身上后，成了'也赫哲'的。从此，老奶奶便开始有了法术，用'跳神'的方式为裕固人驱鬼、治病。所以，最初的'也赫哲'都是女性。"① 这就是哈么嘎阿亚故事在人们脑海中的记忆。

在裕固族作家铁穆尔的《裕固民族尧熬尔千年史》中讲述着萨满作法时的表现："在高呼声和咚咚的鼓声中，女萨满艾勒其穿着拖地的白色丝绸长袍来了，她那乌黑的头发随风飘散在肩头，她随着自己的歌声旋转起来，她的歌声是那么哀婉悲伤，她的舞姿是那么优雅无比，她的舞步是那么从容豪放。她那有如松鼠尾巴般的乌发，她那长睫毛下驼羔般的黑眼睛，都令人们如痴如醉。而另一个健壮高大，手持刀剑的男萨满艾勒其吟唱着萨满歌曲，他引吭高歌犹如虎啸，时而咆哮如熊如虎，时而又念念有词，仿佛乌鸦喜鹊鸣声喳喳，接着又好似那大虫巨蛇爬过草地的萧萧之声……她歇斯底里、神魂颠倒地狂舞，他的粗糙的羊毛褐色长袍在旋转时发出呼呼声，长袍上系着的铜镜、腰铃叮当作响。他像冲杀在战场的古代武士。男萨满和女萨满像风暴和妖魔，仿佛在向那多灾多难的岁月挑战……这些都是老人们对于自己民族遥远回忆的叙述。"②

---

① 张志纯：《甘肃裕固族史话》，甘肃文化出版社 2009 年版，第 133 页。此段描述来自马洛夫在 1911 年记录了名叫桑尼什喀普的祀公子的介绍。

② 铁穆尔：《裕固民族尧熬尔千年史》，民族出版社 1999 年版，转载自田自成《裕固族的原始信仰萨满文化刍议》，载自甘肃省肃南裕固族自治县文联主办《牧笛》2014 年第 3 期。

　　在这些民间传说和故事中，萨满是以女性或是男女都有的状态存在的，这一现象实际上和其他民族的萨满是一致的，早期受到母系社会的生产关系的影响，女性从事这样的职位是十分可能的，如满族在近代以前萨满都是由女性承担的。那么为什么当下大多数人的记忆中萨满是成年男子呢？在多次的访谈中终于听到一位苏奶奶说道："那时候男人说不能在女人面前磕头，后来就有了男人了。"① 虽然时间已经无法考证，但那时候在裕固族人的认知意识中已经存在男尊女卑的道德评价痕迹了。

　　在后来人们对萨满的记忆中不仅包含男女地位的等级观念，还包含了对身份地位认知的等级观念："裕固族也赫哲平时从事畜牧业生产劳动，若有人请他去主持祭祀或治病驱灾时，他才携带一些神器前往，从事宗教活动。也赫哲一般没有特殊的服饰，与众不同的是在任何时候都留着长发，长发披在背后，上面系着红、绿、蓝等色布条。平时也不能随便梳洗头发，否则会失去法力，只有到了每年农历除夕，才能梳洗一次。也赫哲与普通人一样，可以娶妻生子，建立自己的家庭。也赫哲举行各种宗教仪式时所用的神器繁多，主要有神灯、神杆和祭品勺，有时还使用神鼓。神杆用手指粗细的柳枝做成，柳枝上缠有各种牲畜的毛穗及各色布条，杆上还有许多用刀刻成的用以标明也赫哲身份高低的刻痕。举行宗教仪式时，所用神杆的不同数目，标志着请也赫哲家主人的社会地位。一般大头目家用 13 个神杆，其次是 9 杆、7 杆、5 杆等，且均为单数。神灯为酥油铜灯，灯内放有用红、蓝、白等色布条做成的灯芯。祭品勺用木头削刮而成，勺中间有一个突出的疙瘩，勺柄细而较长，柄上有标明也赫哲级别的刻痕。正在学习做也赫哲的人，一般不能使用祭品勺。"②

　　不同的人在仪式中会享有不同的祭祀物品，甚至是不同的祭祀方式，在仪式的举行过程中，其地位尊卑已经凸显，并且在人们的记忆中生根发芽，进而影响着人们日常生活的道德评判。在老人的描述中，"也赫哲"也是有

① 陈宗振：《雷选春的裕固族中的萨满——祀公子一文中也有相同的记载》，该文转引自杨进智主编《裕固族研究论文集》，兰州大学出版社 1996 年版，第 249—262 页。
② 张志纯：《甘肃裕固族史话》，甘肃文化出版社 2009 年版，第 134 页。

明确的级别区分的。不同级别的也赫哲不仅所使用的神器有所不同，而且更为重要的是，他们所能从事的法术也是不同的，级别越高则法术越高，能力也就越强。也赫哲的传承最早是挑选青少年中有志者，后来由于也赫哲能够给家庭带来一定的经济收入，所以在任者大都将自家子弟培养为也赫哲。要成为也赫哲也需要一个长期的学习过程，要经过若干年的时间。等条件成熟时，需要召集一个传承仪式，由当地人来参加，据老人回忆，在仪式过程中："老也赫哲要把他的神灯传给新也赫哲，新也赫哲要当众施展法术为前来的群众治病或表演自己的拿手绝技。"① 虽然裕固族地区后来信仰了藏传佛教，萨满的地位降低了，不及部落头目、喇嘛活佛，但是由于萨满能从事一些治病、消灾等满足人们心理需求的活动而一直被人们所认可。同时，萨满的知识较为丰富，也能讲很多民间的古老传说而一直被敬重，直到 1958 年以前，裕固族地区仍有萨满从事祭祀、治病、驱鬼等活动。但到 20 世纪 70 年代以后，由于老萨满的去世，以及没有新的萨满产生，导致了裕固族"也赫哲"的失传。在田野调查的过程中，还能听到人们说某位村民的父亲或者爷爷曾经是萨满，后来就不在了等描述。

在祭祀天神的崇拜中，裕固族建立了自己最初的秩序体系，无论是上下、左右、老少、男女等秩序体系都是在最初的祭天过程中形成的，这样一个祭祀仪式形成了人们共同为一个民族的道德记忆。同时也融入每个家庭，将集体认知强化于家庭认知之中，潜移默化地影响着一代又一代人的道德认知观念。这一仪式过程在裕固族的东西部地区都有所记载，特别在西部裕固人的记忆框架中"也赫哲"也有对海子祭祀的记忆，这也是西部人对"水"的感情的最直接表现。

三、记忆中的"留神羊"

在裕固族人的记忆中，动物崇拜不仅仅存在于故事传说中，人们在现实生活中也为动物留有神的位置。在神对人深刻的影响下，裕固人很早就开始

---

① 张志纯：《甘肃裕固族史话》，甘肃文化出版社 2009 年版，第 134 页。

流行一种留神羊或者神牛的仪式习俗，其目的在于为一家牲畜祈求平安，也有地方称为"选神羊"或"放生羊"的仪式。在留神羊仪式开始前，主人家要准备好五色布、酥油和奶水。主人先将五种不同颜色的布各选取一截捆在一起，然后主人钻进羊群中，选出一头羊，把它抓出来交给阿卡或是家族中辈分较高的男性长者。之后，阿卡一边对着羊诵经，一边在羊头上、羊角上以及鼻子上各抹上酥油，抹完之后阿卡再在羊头、羊身上浇奶水。羊开始颤抖身体，对于主人来说，这表明羊展现出来愉悦快乐的心情，愿意承担神羊的责任。最后阿卡在羊的左肩部绑上五色布做上标记，仪式结束。主人从此后会对这只羊精心照护，不能宰杀，也不能卖，直至它自然死亡。人们相信放生一头羊，来年会是丰收年。

不过，这种仪式过程现在主要存在于人们的记忆中，或者一些影视作品中，人们对于神羊仪式仅仅存在一个模糊的记忆，而这种记忆也只是通过口口相传而得来的。

> 听老人说是请个阿卡来念个经，然后就选好了。既可以是公羊也可以是母羊，念完经之后阿卡会给神羊系上五色布，剪羊毛的时候，缠着五色布的那一撮羊毛不能剪。这头神羊只能自然死亡，不能杀。[1]

> 我还真的没有参加过。我只是听长辈们讲过些，现在留神羊这项我们基本很少了。就是听长辈们讲，要请阿卡从羊群里选一只公羊，应该是长得比较威武的那种，然后请阿卡念经，之后这只羊不能剪毛，不能宰杀，任它自生自灭，意思是这只羊是敬给山神的，是神的圣羊了，希望山神保佑六畜兴旺，风调雨顺！我知道的大概就是这些了，但我们这代几乎已经没有这种仪式了。[2]

---

[1] 被访谈人：大草滩村牧民 DZG，访谈地点：被访者家中，访谈时间，2015 年 12 月 25 日。

[2] 被访谈人：西岔河村牧民 GCR，访谈地点：被访者家中，访谈时间，2017 年 8 月 15 日。

> 我都记不太清楚了，选好一只羊，再就是煨桑，请阿卡念经，给羊身上绑上彩色的布条，还给抹上酥油。绑的过程中主持的那个人也会不停地说颂词。神羊是献给山神的，祈求畜群平安。选神羊时，给它头上抹酥油，身上洒点水，如果羊使劲地抖动，表示山神很高兴。①

裕固人在过去的生产生活过程中往往是通过这种方式来保佑羊群和牛群，这个仪式是裕固族萨满教中动物崇拜的一个典型表现。但现在这个仪式的举行方式已经非常个人化，根据家庭的需要，也会存在简单的放生活动，但已经基本不举行什么仪式了。往往放生后的牛或者羊都会不再接受管理而自生自灭。

> 乡政府那里前段时间就有一只神羊呢，已经很久了，但是谁都不敢动。也不知道是从哪里来的，有时候就一动不动地躺着，不知道怎么办呢。没人敢动，人们对这个也还是"怕"呢。②

这里的所谓的"怕"事实上就是敬畏，就是基于它所代表的"神"，是道德记忆中的人与神的关系的最直接体现。这种仪式的过程给予了动物以神的位置，也就承载了人与神之间的界限。但仪式的消失也就意味着日后这种所谓"怕"的情景都不再出现，这种记忆中的人神关系也将持续缺位；仪式中本应体现出的一系列道德教育的场景也必然缺失。

既然萨满教的"点格尔汗"仪式和"选神羊"仪式在人们的日常生活中要么消失要么去仪式化，那么裕固族其后所信仰的藏传佛教仪式活动在当下是怎样的一个发展状态呢？

---

① 被访谈人：大草滩村居民 CHL，访谈地点：被访者家中，访谈时间，2015 年 12 月 20 日。

② 被访谈人：西岔河村牧民 HJX，访谈地点：被访者家中，访谈时间，2017 年 8 月 16 日。

第二节　神圣世界的当代认知

一、宗教的传入

早在公元 7 世纪初，佛教在漠北回纥汗国时期已传入回鹘中。佛教和摩尼教的传入时间相差不久，甚至佛教传入时间还更早一些。但后来特别是宋代以后藏传佛教的影响在回鹘人中越来越大。唐宋时期，被公认为裕固族直系祖先的甘州回鹘和黄头回鹘都信仰佛教。元朝皇帝忽必烈对于藏传佛教的尊奉也推动了回鹘中藏传佛教的发展。在元代时就有大量佛经被译为回鹘文，"从藏语翻译过来的文献有 16 种，其中，密宗文献 14 种，大乘文献 1 种，论部 1 种。"[①]

明代关西七卫时期在祁连山地区已经是藏、回鹘、蒙古等民族杂居相处的状态，撒里畏吾儿人中已经出现一些藏化的人名，也有很多撒里畏吾儿会说藏语。

清代裕固族地区开始大规模地发展信众和建立寺庙。此时兴建了黄藏、康隆、经窑、青龙、长沟、水关、莲花、明海、红湾等 10 余座寺院。直至清末，藏传佛教已经在裕固族地区取得了最具影响性的地位，其在发展过程中不断吸收本民族的原始宗教内容，将藏传佛教和萨满教活动融合，兼容并包地吸纳大量信众。而且受到藏传佛教的影响，萨满法师如"也赫哲"也并不排斥阿卡[②]，在藏传佛教传入之后的一些萨满活动中，如"点格尔汗"中，如遇占卜中有不利之事，萨满会要求祈求之人去阿卡那里寻找帮助；在"祭祀鄂博"仪式中，主持人已经从萨满转变为阿卡，治病消灾等萨满的大量工作已经由阿卡来承担，可见两种宗教在裕固族地区的融合性很强，也较为普

---

① 　牛汝极：《敦煌吐鲁番佛教文献与回鹘语大藏经》，《西域研究》2002 年第 2 期。

② 　注：在裕固族地区称呼寺庙中的喇嘛为阿卡。

遍，甚至有藏传佛教影响更大的趋势，出现了"什么寺院属什么家"① 之说。

肃南裕固族自治县成立后，到 1958 年以前，该地区的藏传佛教影响还是较大的。数据显示，1955 年裕固族宗教职业者有所增加，达 351 人。②1958 年时寺院共 10 座，僧职人员有 308 人，其中喇嘛 6 人，普通僧人 150 人，学徒 152 人。③

二、寺院重建扩建

十一届三中全会后，伴随着党的民族、宗教等政策的恢复，裕固族民众开始重建寺院，恢复当地的宗教活动。1986 年康隆寺被自治县人民政府批准开放为宗教活动点。同年，长沟寺、明海寺经县政府批准开放，当地群众对寺院进行重修。1989 年明海寺建成吉祥天母殿、经堂，之后又进行扩建。④

（一）裕固族曾经规模最大的寺院——康隆寺

关于康隆寺建寺的由来是通过《西藏取经》⑤ 这一故事被记载和流传的：

相传，有一年，裕固族草原上疾病蔓延，瘟疫流行，一场灾难像乌云一样笼罩着草原。为了祈求平安，消灾灭病，家家都敬奉"点格尔汗"。但祭天敬神的仪式搞了一遍又一遍，可流行的瘟疫像无情的魔鬼，无时不在吞噬着草原人民。有的人家的小孩死光了，有些人家的孩子成了孤儿，有些人家全部死绝了。草原上到处是一片凄凉又悲惨的景象，为了顾全人的性命，家家

---

① 注：景耀寺（五个家）、青隆寺（罗儿家）、红湾寺（西八个家）、水关寺（贫郎格家）、明海寺（亚拉格家）、长沟寺（亚拉格家）、莲花寺（贺郎格家）、康隆寺（大头目家）、黄蕃寺（又名黄藏寺、古佛寺、后迁到夹道称夹道寺，属曼台部落）、大隆寺（杨哥家）。

② 肃南裕固族自治县概况编写组：《肃南裕固族自治县概况》，甘肃民族出版社 1984 年版，第 3 页。

③ 刘郁采：《中国裕固族》，甘肃人民出版社 1997 年版，第 316—317 页。

④ 贾雪峰、钟梅燕：《20 世纪 50 年代以来裕固族藏传佛教信仰变迁及原因探析》，《世界宗教文化》2013 年第 5 期。

⑤ 田自成：《裕固族民间故事集》，香港天马图书有限公司 2002 年版，第 210—212 页。

图1—1 康隆寺，摄于2014年

户户的牲畜都被放出圈而听天由命。裕固族大头目面对着他的人民死亡严重、百业凋零的局面而一筹莫展，整天吃不下、睡不着，唉声叹气。一天，大头目的妻子实在忍不住了，就对大头目说：头目啊！您现在是七族黄番的总管，当官要想到人民，您的百姓死的死，亡的亡，家家户户祭天敬神请"也赫哲"，现在连"也赫哲"也快死光了，您得赶紧想办法挽救您的百姓。

大头目听了妻子的一番唠叨，似乎下了决心，立即让小扎马传各部落头目、辅帮、守备、千总速来议事。经头目会议商议，认为原信仰的点格尔汗已不灵验，不能保裕固族人畜平安。决定放弃原来的信仰，改信佛教，即喇嘛教格鲁派。经过一番筹备，各部落筹集好驼牛一百头，选派了虔诚的信徒，准备了拜佛求经的一切事物，备齐了一行人的衣食住行，大头目亲自带领，向遥远的西藏进发。不知翻过了多少雪山，也不知涉过了多少河流，不知历尽多少艰险苦难，才走到西藏大昭寺，求取了两部经，一部叫干支尔，据说是专研究历史的经典；一部叫易目，这部经有二十大包。佛爷被裕固人民千里迢迢拜佛求经的虔诚所感动，又赐给一件法宝，这件法宝取名叫东。取得经典之后，取经一行把经视为命根子、无价宝。为了拯救灾难深重的人民，他们昼夜兼程，想早一天赶回家来。他们翻越冰川雪山，遭受了暴风雪的袭击，他们攀山崖，涉险流，斗狼虫，驱虎豹，排除了千难万险，一百头驼牛，有些赶乏了，有些死了，只剩下了三十头，历尽了六个春秋，才把经取了回来。

取回经之后，就选定在大头目家部落一片景色秀丽的清净之地修建寺院，三年竣工，起名叫康隆寺，寓意是康熙年间建成，从此裕固族人民要隆盛兴旺。康隆寺在裕固族寺院里规模最大、建寺较早，大经堂可容五百余僧众同时诵经，寺院有活佛、法台、僧官、提经、僧人和班弟近百人。为纪念裕固族大头目亲赴西藏取经，在寺院里为大头目建了衙门，寺院的重大活动都要请大头目参加，住在他的衙门里，昼夜有班弟伺奉。

寺院建成之后，将经典、法宝藏在经堂的阁楼之上。寺内僧众整日诵经敬佛，从此后喇嘛教格鲁派成为裕固族的主要信仰，而康隆寺自然成为主要寺庙。

康隆寺位于现肃南裕固族自治县康乐镇大草滩村，此地曾是黄番安江大头目王伊克多额世袭生活和管理的草原。该地森林茂盛、风景秀丽，河流丰富，有黑河和隆昌河经过。该村左右有两座山，分别是东、西牛毛山。据当地的阿卡告诉我，在大草滩村东边的东牛毛山被称为神山。

康隆寺在裕固族藏传佛教的信仰过程中是规模最大、影响最广的寺院，是几代黄番头目受清朝政府御赐龙袍和官帽之地，因此也是裕固族宗教、政治、文化中心，是名副其实的王家寺院。裕固族兴建的寺院中除了红湾寺和康隆寺外，其余寺院均属于青海互助县的佑宁寺管辖，康隆寺直接接受青海塔尔寺的管辖，可见其地位和影响。

> 曾经的康隆寺非常辉煌，建筑风格偏向于汉藏特色，寺庙中最为重要的是本尊神贡布法王，只能在正月十五的庙会上才能见到。①

---

① 被访谈人：大草滩村 SCH，访谈地点：被访者家中，访谈时间：2017 年 7 月 10 日。

现今的康隆寺是在原址旁重新修建的。2015 年 8 月，在康隆寺旁约 200 米处搭建了围栏，标明此地为康隆寺原址，碑文记载：康隆寺遗址简介：康隆寺始建于清康熙年间，藏文称"且高贡巴"，意为马头寺，辖属 6 个部落的 10 座寺院，规模居首。建筑兼有汉藏特色的宫殿式，由纲措扎仓、居巴扎仓、错钦扎仓（禅宗院、天文数学院、密宗院）三大建筑组成，还有 7 位活佛的行宫、吉祥大白塔、菩提塔等建筑。

康隆寺经堂（错钦都康）中央有通天柱，为三层歇山式屋顶，共 81 间。建筑布局十分严谨，屋顶有鎏金法幢、金顶、宝瓶、法轮和金鹿；顶层供奉着裕固族的牛毛山战神、康隆寺护法贡布法王和吉祥天母；各经堂内供奉有释迦牟尼佛、宗喀巴、三世佛、莲花生大师等镀金半身坐像；唐卡"吉祥天母""大日如来"十分珍贵；寺院的壁画也是色彩绚丽、形象生动；藏经不但数量多，而且弥足珍贵，特别是《甘珠尔》《丹珠尔》、泥金书写的《超度经》等最为珍贵，据说是从西藏请来的。

这些碑文上的记载可以佐证村民的说法，可见当时康隆寺的繁盛。据不完全统计，该寺院在最鼎盛之时僧人达 300 多人。

1937 年 3 月红西路军和马步芳军队交战中，大火烧毁了寺院，火烧了七天七夜，殿堂僧舍付之一炬。

1939 年艾洛千户多方筹措资金并亲自指导于 1941 年重建了两层 25 间的大经堂，1942 年 6 月正式开光。1958 年又全部被毁。1985 年左右，国家批准重建康隆寺，并曾拨款在康隆寺原址旁修建了 3 间厢房。修好后，群众开始来此烧香。里面设有煨桑台，供奉佛像、班禅大师像以及从青海请来的"唐卡"等。由于规模过小，也伴随着党的民族宗教政策的落实，1995 年几位老人推荐艾长军担任筹委会副主任筹建康隆寺，2003 年筹建基本完成，于 2004 年农历九月开光。①

2011 年 8 月肃南县文物局组织人员对康隆寺大经堂（错钦都康）进行

---

① 郑筱筠、高自厚：《裕固族甘肃肃南县大草滩村调查》，云南民族出版社 2004 年版，第 368 页。

了发掘清理，清理出了多尊泥质宗喀巴像、罕见的藏文字母纹饰瓦当、珊瑚、较为完整的筒瓦、板瓦、滴水、烧焦的木板和锁扣连在一起的铁锁、灰白色的基础石条等。2015 年肃南县政府拨专款由县文物局负责对遗址进行了保护。

康隆寺现在主要是由附近村落的人前来供奉，早已不见了昔日的辉煌，虽然康隆寺所在地康乐镇大草滩村现在仍旧是附近村落中人数最多的村落，但是伴随着国家对祁连山生态保护工作的开展，一系列退牧还草工作的推进，很多牧民已经离开了自己的牧场来到了乡里或者县城居住，专门前往康隆寺祭祀的人逐渐减少。

（二）裕固族现在规模最大的寺院——红湾寺

红湾寺的建立过程真是几经波折，从建立者要创建寺庙之初的几处选址、修建、被毁，再到经过动物的指引寻找福地的过程，都展现出裕固族民众与各种动物共存共生的生活状态和当时人们对于藏传佛教的皈依与期待。这些过程被呈现在红湾寺传说《红湾寺的由来》① 中：

"从元朝起，喇嘛教传入裕固族地区，到了清朝时期喇嘛教成为裕固族的主要信仰。从清代顺治年起裕固族地区相继建起了喇嘛寺院。八格家部落最早想把寺院建到松木滩东沟，经过一番筹备，选定吉日破土动工，就在这天，阴云密布，电闪雷鸣，一阵紧似一阵的暴雨就像天上开了窟窿一样朝下泼来。念经的僧官被浇成了落汤鸡，修建的工匠无处避雨、无处躲藏。暴雨之后，又是一阵冰雹，把一行人撵下山来，雨过天暗，修寺院备的料，一些被洪水冲走，一些被冰雹砸坏，平整后的地基被冲毁，挖的墙基沟被淤塞，一切都前功尽弃。这真是天怒人怨。僧官只好重新选择建寺地址。一天清晨，活佛骑了一匹枣红色的高头大马，出了西柳沟，朝着隆畅河边的红湾走来，走着走着，看见一条花蛇追着一只白兔，白兔跑跑停停，忽左忽右，一直在马前窜来奔去，活佛骑马跟了过去，走到红湾山根的一块平地上，白兔

---

① 该故事来自访谈资料中，基本内容与田自成：《裕固族民间故事集》，香港天马图书有限公司 2002 年版，第 239—240 页的内容相符。

图1—2 红湾寺，摄于2018年

和花蛇突然消逝了。活佛在白兔消逝处下马，极目远眺，红湾四周高山起伏，形成一块盆地，红山湾处，坐西北向东南，东南方山峰白雪银光闪闪，山下松柏常青，波涛滚滚的隆畅河从盆地中间穿过。活佛就势坐在兔蛇消逝处，仔细一想，玉兔前面引，小龙（蛇也叫小龙）后面领，兔龙消逝处，必是佛祖点化的风水宝地，四周山清水秀，冬暖夏凉，真是风水宝地。活佛看好地方，做出决定，把寺院迁到了红湾，因地名叫红湾，寺院建起后就定名为红湾寺。"

　　该寺始建于清朝乾隆年间（1736—1790年），距今已有260多年的历史。红湾寺曾先后多次遭到了破坏，几次迁移寺址，发展历经劫难。红湾寺最早建于县城城南公路段以南1公里处，因部落征战被焚毁。寺院被毁后，信众自发筹资，在西柳沟楼儿山下复建寺院。到了清末时期，该寺院又在与外界的冲突中被毁。第三次移址的红湾寺建于1909年，由青海省互助县却藏喇嘛亲自选址修建。寺院香火最旺时，有僧人200多人。现今的红湾寺是2009年5月第四次重建后的红湾寺，而且仍在持续扩建中。

　　县城自从成立就是作为政治、文化中心而存在的，伴随着县城的城镇化发展，以及牧区的退牧还草政策，很多的裕固人来到了县城生活。红湾寺自然成了人们祭祀祈福的首选圣地。

（三）其他寺院

长沟寺别名"巴郎日朝"，位于大河乡西岭村，为亚拉各部落佛教寺院。清雍正十一年（1733年）勘址兴建，历经53年始告完工。新中国成立初期有僧侣30多人。2003年在原址新建宗教活动点。现长沟寺已完成扩建，新寺规模将远胜于过去数倍。

明海寺别名"冰草寺"，位于明花乡南沟村。建于清代顺治年间，清同治四年（1865年）毁于战乱，1919年重建，属经窑寺分寺，由长毛喇嘛管辖，亚拉各家僧俗民众敬奉香火。1986年和1994年先后修复。2011年春明海寺新大经堂正式动工，并于次年5月4日举行隆重的开光仪式。

沙沟寺别名"噶丹达吉朗"，位于皇城镇河西村。始建于明万历年间，寺院多次被毁而又重建，1986年在原址新建寺院。

贡克德聚贡巴别名"德聚寺"，意为"皇城十部寺"，位于皇城镇北极沟。2006年4月由皇城十族裕固族群众筹资，修建寺院、佛塔、嘛呢康各一座，于2008年10月1日开光。

板达喇康别名"关灵寺"，位于马蹄藏族乡芭蕉湾村。建于清道光二十年（1840年），1864年毁于兵燹，后由白头目部落修复。1905年建纳琼护法殿，供奉着纳琼护法神长矛，部落有重要事务请纳琼降谕。2007年重建。

经窑寺别名"金窑寺""景窑寺"等。位于大河乡境内榆木山碴子河畔。该寺最早为石窟建筑，建于清顺治年间（1644—1661年），由亚拉格家和五个部落供施。1723年被毁，1741年重修，后又被毁，现仅存石窟。

莲花寺别名"海子日朝"，位于明花乡黄土坡村。始建于清末，为裕固族藏传佛教寺院之一，系水关寺分寺，由贺郎格家副头目所辖地区僧俗民众敬奉香火，后被毁。

水关寺别名"慈云寺"，位于大河乡西岔河村。建于清光绪年间（1875—1909年），由贺郎格家正头目所辖地区僧俗民众敬奉香火，后被毁。

青龙寺别名"豪跃尔盖·凯都""罗尔家寺"，位于康乐乡隆丰村。原名罗尔家、杨哥家部落的寺院，僧人最多时达 400 多人，1864 年至 1937 年多次被毁，后部分修复，后被毁。

西沟寺别名"西藏寺"，位于祁丰藏族乡观山村西沟。据传，原址在托勒地区，几经辗转，于明神宗万历年间迁至观山村西沟，隶属西藏山丹寺，寺院鼎盛时期有僧众 300 余人，1958 年被毁。

佘年寺别名"佘年日朝"，即佘家佛寺之意。故址在祁丰藏族乡甘坝口村半坡。建于明万历年间（1573—1620 年），属东纳藏族佘家部落，后被毁。

目前，裕固族主要信仰藏传佛教，现有新建的康隆寺、明海寺、长沟寺、红湾寺和德聚寺，目前共 5 座寺院，僧人 10 名左右。

三、寺院仪式功能的悄然变化

（一）寺院的主要仪式

据老人们回忆，较大的几个寺院，每年要举行四次佛事大会，会期虽不尽相同，但一般是在农历正月十五日、四月十五日、六月十五日、十二月二十五等。

> 正月大会是这儿一年中最大的聚会，过会时，寺院炸馃子、做馍馍、宰羊，阿卡还把红枣撒在过会的人群中，表示吉利。这一天男女老幼都要穿新衣服到寺院去烧香、点灯，还要跳那种"福"舞，就是不说话的那种，以前头人也会参加的。现在还举办酥油花（即用酥油与几种不同的色彩和面捏成）灯会，展出各种各样的花卉、人物、脸谱，鸟兽之类的。[1]
>
> 四月大会（也称"娘乃节"，是斋戒日），寺院的喇嘛要闭斋，禁闲谈、忌食荤菜、辣椒、葱蒜，只喝些酥油茶。开斋那天群众都到寺院去，僧人首先漱口后，吃一种用大米饭拌酥油拧成的开斋团

---

[1] 被访谈人：大草滩村 SCH 和 LT，访谈地点：被访者家中，访谈时间：2017 年 7 月 16 日。

子，然后，凡到寺院的人都吃一点斋团子。①

其他的活动也差不多，主要就是诵经、点灯之类的。一般距离哪个寺院近就去哪个，也不固定，只要是藏传佛教的寺院就行了。我记得2016年农历六月十五的时候康隆寺举行过佛事活动，还供奉了酥油灯，不过，去的人也不多。②

宗教活动规模有不断缩小的趋势，跳弟姆、晒佛、制作酥油花等原有传统活动日渐式微乃至销声匿迹。不过近几年，由于肃南县红湾寺的扩建改造，吸引了一些民众前来参加，如每年正月十五法会一般都会有信众前来红湾寺进行点酥油灯、祈福、煨桑等活动，但仪式较为简化。还有2017年5月2日至4日黎明（农历四月初七至初九）举行的四月大会，也就是"娘乃节"，其目的在于为世界和平与人民安居乐业而祈福，其主要内容是颂韵六字箴言、朝觐供奉寺庙、转经轮、闭斋和煨桑等，也同样吸引了一些当地信众参加。除此之外，还有规模较大的活动为"燃灯节"，是为了纪念藏传佛教格鲁派宗喀巴大师的圆寂日，在每年的农历十月二十五日举行。

但是"遇到寺院开光等大型活动时由于缺少僧人，只好到邻近的马蹄、沙沟等寺临时请人来参加"③。如2016年7月7日（农历六月初四）上午9点在红湾寺举行了宗喀巴殿上梁仪式；还有2017年8月15日（农历六月二十四日）上午7点在红湾寺宗喀巴千佛殿（这座殿堂是金刚上师罗藏丹巴活佛带领信教爱心群众捐赠修建）举行的开光仪式中，都需要从其他邻近寺院请来僧人协助主持。

虽然红湾寺的宗教活动有不断繁荣发展的趋势，但是其他寺院受到地理位置的影响，信众的寺院活动参与度并不高。不仅如此，实际上去寺院进香对于诸多民众而言是为了实现自己现实的生活目的。"在肃南，裕固族对藏

① 被访谈人：大草滩村MSJ，访谈地点：被访者家中，访谈时间：2017年7月26日。
② 被访谈人：大草滩村LT，访谈地点：被访者家中，访谈时间：2017年7月16日。
③ 贾雪峰、钟梅燕：《20世纪50年代以来裕固族藏传佛教信仰变迁及原因探析》，《世界宗教文化》2013年第5期。

传佛教崇信而不迷信，人们不再把出世成佛视为毋容置疑的生命归宿，他们的目光逐渐由彼岸拉回到此岸，信教的目的现实多了。"①

> 我知道的（寺院活动）就是去拿那种烧的东西呗，就是要用那个啥，反正我也不知道，就是专门烧的圆的那种，里面是一个洞，架的火，就是必须用柴或者柏枝那种东西加火，然后我们就是去烧，烧的东西就是炒面、酥油、枣、糖，还有葡萄干，那些东西拌的一种散的东西，撒在火上，还有就是纯牛奶，就是那种卖的袋装的就可以，特仑苏那种袋装奶，还有就是酒，就这些东西。然后它是弧形一种东西嘛，就里面架的火，我们就在外面这个台子上就洒这些。有的就穿民族服装呐，没有的就不穿。就是类似于你们上香的那种，就好像那种祭祀的时候供吃的给他，我们不会供吃的嘛，但我们这种就跟你们的那种意思差不多。然后就是寺院有那些经筒，然后就转那个东西，我们一般都转的是三的倍数。那个就是平安，就是对自己有好处的那种，具体是啥我也不知道，就是我们有那个念经的珠子，就念珠，转小经轮，就像青海的那种，有的老奶奶就拿着那个小经轮转嘛，还有我们走着去寺院转那个转经筒，那都是一个意思。可能就是顺的意思吧。②

随着越来越多的人离开牧业，到达定居点，前往县城的寺院变得非常方便。今天去裕固族曾经规模最大的康乐寺的人已经不多了，并且人们去寺院的目的也更趋于私人化，对寺院的记忆更多的是来自自己生活的切实需要。神的位置在人们的道德记忆中更多的在于庇护虔诚的人们实现更好的生活。

（二）寺院的日常景象

由于红湾寺位于县城之中，因此平日中拜佛的人较多，但是多是来这里

---

① 唐景福：《甘南、肃南地区藏传佛教的现状调查》，《西北民族研究》1999 年第 2 期。

② 被访谈人：县城居民 WXY，访谈地点：被访者家中，访谈时间：2017 年 12 月 19 日。

旅游的人，或者平时距离寺院较远而来到县城的信众，每日必来的信众在我的田野期间并没有观察到。在与寺院的管理人员聊天中得知，他们认为一般人们有现实需要才会来。而相较于红湾寺，康隆寺地理位置比较靠近山区而且位于裕固族的村落中，其日常景象更能呈现当地本民族民众的信仰状态，所以笔者以康隆寺的六月初一为例来呈现当下的日常宗教活动。虽说是日常活动，但对于藏传佛教而言，初一与十五是很多信众需要进香之时，如阿卡所言："可以日日敬香一支，如果嫌多嫌麻烦，那就初一、十五敬香；如果还嫌多嫌麻烦，那就初一敬香。"

当天适逢农历六月初一，一大早我就在寺院外等待前来进香和拜佛的民众。在寺院的大门上记录着四个时期人们对寺院的捐赠情况。

从时间和金额上来看，康隆寺接收到的民众捐款并不算多，这应该和村里人所说的"现在寺院活动很少举行"有直接的关系。

在参观和等待期间，笔者迎来了到康隆寺拜佛的民众。最早来的是一对青年男女，据了解他们并非本村人也并非裕固族，是其他地方的藏族，之所以来到这里是因为他们当时在为村里修路。两人要准备结婚了，所以到寺院里来点灯祈福。接近中午时，一个身着红色背带裤的孕妇来到了寺庙，是为她即将出生的孩子祈福求平安的。笔者主动上前和她聊天，她也非常热情地邀请笔者去她家中做客。在聊天中得知她名叫 CHL，在肃南上班，孩子快要出生了就来到阿娜①的家里，孩子的爸爸还在工作，要过几天才能来。

来到 CHL 的家中，发现阿娜正在院子门口使用裕固族的传统方式来织褐子。周围的亲邻坐在周围，一边聊天一边干活，不时地也搭把手帮点忙。这里之所以被笔者称为亲邻是因为裕固族人口较少，以前是以部落为中心居住的，现在从原来的部落转变成村落，但人还是那些，所以很多都是亲戚关系，就算不是直亲，但三代之内一定是有直接的亲缘关系的，所以这里和其他民族村落里的邻里关系不完全相同，是典型的亲人社会。

阿娜和 CHL 热情款待了笔者，并介绍了关于裕固族传统生活中的织布

---

① 注：裕固族人对于母亲的称呼。

技术。聊天的时候得知，CHL 是县城里教东部裕固族语言的老师，阿娜是村里为数较少的会诵裕固族古老诵词的人之一，经常被邀请去参加一些仪式活动。阿娜很喜欢本民族的仪式和活动，更难能可贵的是，她能部分地唱出东部裕固族地区最重要的叙事诗歌《沙特》。这个叙事诗歌是裕固族最古老民风的直接体现，现在已经没有人能完整地演唱出来了。这个情况在我后来住在小艾家时从他父亲的说法中得到了证实。

热情洋溢的 CHL 一家向笔者展示着本民族的照片和书籍，让笔者感受到了这家人对民族传统文化的热爱。阿娜告诉笔者裕固族原来的道德规范要求都体现在了这些诗歌和故事中，现在会的人已经越来越少了。孩子们又很忙也没有时间学，快要失传了。她说："有很多的人生道理都在这其中呢，孩子们也慢慢都不知道了。你看村里现在也就只有几家人有我们传统的织布机了，慢慢地都没了。我们也很矛盾，不让孩子去学校学习是不行的，可是一去学校就不说裕固语了。我们这里有些孩子在上幼儿园以前都会说裕固语的，也都能听懂。后来就不说了，慢慢就不会了，再后来都听不懂了。很多孩子上学后放假的时候就天天抱个手机。"阿娜对民族传统文化快要消失的现状表现出了她的担忧，因此，她还是比较欢迎我们这些到当地去学习和了解的学者的。

离开 CHL 家后，时间已经到了下午 5 点，笔者再次回到了寺庙门前，等待着前来礼佛之人。此时，寺院的大门已经上锁，门上贴着开门人的电话。康隆寺里现在已经没有住在寺庙的阿卡了，阿卡只有在有佛事活动的时候才会来，平时和自己的家人一起住在康乐镇的定居点上。因为，裕固族地区的寺院是允许僧人成亲的，所以僧人都有妻有子。经过打听笔者来到了开门人的家中，他是一位 55 岁的老人，恰巧也是 MSJ 的弟弟。当笔者问及今天有多少人来到寺院时，他说只有那对藏族年轻人和 CHL。他说："现在去寺院的人越来越少了，没什么事情大家都不去寺院的，除了佛事活动外，去寺院做的最多的事情就是点灯祈福了。"正在聊天之时，他的电话响起，是有人想要进入寺院参观而打来的电话。笔者随同他再次来到寺院门前。

只见两辆白色越野车停在了寺院门前附近，车上的人在车旁等待开门人的到来。访谈中得知这些人是到肃南旅游的，在康乐镇上听说裕固族曾经最大的寺院就是这里的康隆寺，所以在进入县城之前，一行人驱车来到这里。他们在寺院里转了转，拜了拜佛，问了问唐卡和点灯之类的事项后就匆匆离开赶往县城了。笔者也在结束一天的寺院观察之后回到了 MSJ 家中。

现在寺院已经成为人们的心理寄托，需要时会去寺庙里敬香点灯，为自己和家人祈福。相比较而言，去红湾寺拜佛的人会多一些，但也主要是由于旅游业的发展使得很多旅游者会前往寺院，当地民众也是在自己有需要的时候或者是寺院有大型活动的时候前往，已经不会非常严格地遵循宗教中的每一个活动时间了。

四、宗教仪式的生活化

（一）煨桑仪式

煨桑产生的时间较早，虽然对于具体的产生时间没有定论，但人们普遍认为已经有数千年的历史了。在原始宗教仪式活动中就可以探寻到煨桑活动的踪影。在早期原始社会中，人们对自然可谓一无所知，所有对外界的认知和了解都是基于对神祇的敬畏，人们希望通过具体的沟通活动实现与神灵的连接，祈求对现实生活的庇护。藏传佛教传入裕固族地区后，煨桑仪式更是和藏传佛教的其他活动融为一体。

为了迎接远方的朋友，裕固族人会在好友进门之前在家门口进行煨桑，以驱赶污秽。"人们相信在焚烧植物时，所产生的那种烟雾，特别是焚烧枝叶时所产生的烟雾，能够净化污秽。祛病免灾有两种方式：'参'可以免除病痛，而灾祸要用煨桑（即烟雾）来净化。净化仪式中焚烧柏枝所产生的香气是专门敬奉山神的最普通的供品。但供奉所使用的词'桑'与净化仪式使用的词是相同的。'烧桑'是净化之意。"①裕固族最早的煨桑之意也源于此。

而现在煨桑之意更多的是在于祈福。在初一、十五的清晨，很多居住在牧区的家户早早就在家门口开始煨桑，以祈求平安吉祥。

---

① 图齐：《喜马拉雅的人与神》，向红茄译，中国藏学出版社 2005 年版，第 152 页。

　　大草滩村在农历四月十一日会祭鄂博，首先会煨桑。说一些祈福的话，祈求风调雨顺，六畜兴旺，祈求无病无灾，家人平安之类的。平时初一、十五的也会在家中煨桑，主要也是祈福。①

　　煨桑时我们一般说裕固语："噢，金子般的日月，丝绸般的苍天，酥油般的山神，请保佑芸芸众生，远离病痛苦难，远离是非矛盾，保佑三畜平安"，大概的意思是吉祥如意，六畜安康之类的。②

　　煨桑仪式通过对柏树枝的焚烧产生烟雾，人们相信这些烟雾能通达神灵，表述对牲畜、家人等的美好祝愿，神灵的恩泽会在烟雾缭绕中得以传达。藏传佛教传入后，为了迎合大家的日常信仰习俗，吸收了煨桑的祭祀仪式，并加入了佛教自身的祭祀理念。每个寺院都会有专门煨桑的场所，甚至在有的寺庙，如康乐乡的康隆寺，不仅在寺院内部有煨桑台，在寺院前的山坡上更是搭起了一个专门煨桑的场地。每当初一、十五和佛事活动之时，清晨村里会有人去该地点煨桑，浓烟在山岭之间袅袅而上。伴随着祈福的浓烟，人们开始了各种祈福、求神的仪式活动。

（二）请宝瓶仪式

　　宝瓶就是保平安的仪式，是请僧人念经祈福的一种活动。没有什么时间的严格要求，是否举行完全是按照家里人的意愿。2015 年 8 月 13 日早，当笔者去 MSJ 家里拜访的时候，看到一大早家中的女主人便开始煨桑，就询问是否今天有什么重要的事情。女主人告诉笔者，"每天都要煨桑的，但今天确实还有个事情呢。今天我家要请阿卡去请宝瓶。"笔者高兴地提出是否可以参加，女主人没有回答我，所以笔者就再次询问了男主人 MSJ，他非常乐意地答应了笔者的要求，并告诉笔者等阿卡来了后我们就一同前往。

　　上午大约 10 点，阿卡来到了 MSJ 的家中，大家并没有着急前往，而是先在沙发上坐下后聊了一些村里和家里的家常。大约 11 点，我们跟随阿卡

———————————

① 被访谈人：大草滩村居民 HCR，访谈地点：被访者家中，访谈时间：2015 年 8 月 20 日。

② 被访谈人：康乐乡居民 HCY，访谈地点：被访者家中，访谈时间：2015 年 11 月 20 日。

拿着宝瓶（大米、小米、豆、金、银的物品，）炒面、奶、米等去往后山。大草滩村的定居点是依山而建的，爬上山后看到一片郁郁葱葱、生机勃勃的草原景象。阿卡告诉笔者："你现在所在的位置的东面的山叫做东毛牛山，是我们的神山，我们的鄂博就在那座山上。那座山地势比较陡峭，车是上不去的，要爬上去呢。"再往前走了一会儿就来到了 MSJ 父母的墓前后，笔者看到的是两面小旗帜，旗帜前面居中的位置有一块大石头。MSJ 告诉笔者："我们裕固人是不立碑的，我就在父母的坟墓前做个记号。"笔者立刻询问，是不是村里所有人的墓都在这座山上啊？他否认了笔者的猜测，他说："墓地是要阿卡算的。"这时阿卡说道："我们 MSJ 家的墓地可是一块风水宝地呀！"阿卡和 MSJ 都笑了，可以看出阿卡和这家人的关系是很好的。

正在笔者思考之时，MSJ 在墓地的东北方向挖了一个小坑准备用于请宝瓶，事实上就是将带来的宝瓶埋在这个地方。阿卡穿着好僧人的服装，准备好转经筒和佛珠，盘坐在准备好的场地上，手拿宝瓶慢慢放在面前。接着阿卡拿出了经文后开始祈福念经，MSJ 的大儿子走过来跪在阿卡前聆听阿卡的念经祈福。MSJ 在整理好墓地周边的杂草和一些其他物品后，也来到阿卡前跪着聆听阿卡念经。过了一会儿，MSJ 的妻子也来到了墓地，同样跪在阿卡前聆听阿卡念经和祈福。MSJ 的大儿子还没有结婚，所以没有媳妇一同前往。小儿子在牧场上放牧，小儿媳有孕在身，因此都没有过来。

阿卡念完经文后开始将带来的米向四面撒开，说着一些保平安和祈福的话语，也包含一些要求儿女们孝敬老人、铭记祖先之类的话语。之后阿卡就把宝瓶放入了坑中，并在放好的宝瓶上撒上奶和米，亲手用土将宝瓶封上，盖上土和石头。一家人向宝瓶磕头、撒米。至此，仪式活动结束。

后来 MSJ 告诉笔者，宝瓶内的物品最多高达 100 多种呢，不过只是听老人说过，但是没有见过。"一般需要的时候就会请宝瓶，也没有具体的要求。"

人们的日常生活就在这祈福和消灾的两极保佑中不断延续和重复。宗教仪式以保佑和消灾的方式进入人们的日常生活，并且更多的以一种为解决现实生活问题的状态而存在。

第三节　热闹虔诚的祭祀鄂博仪式

在裕固族众多的宗教仪式中，最具特色的仪式就是祭祀鄂博，在这个仪式中可以感受到萨满教和藏传佛教的融合，更可以感受到作为草原民族的裕固人对自然的热爱。"鄂博"（裕固语称"傲碯"或"奥烈"），是裕固族先民对山神的称呼，但现在鄂博不仅是山神的代表也是天神的代表，是裕固族最隆重的祭祀活动之一。据笔者初步调查，目前肃南县境内有大小鄂博50多处，其中主要祭祀的有20多处，几乎村村都有自己祭祀的鄂博。同时笔者也发现，现在的鄂博祭祀中以素鄂博为主，荤鄂博① 却极为少见。笔者有幸在2015年农历二月初二，见证了西部裕固人聚居区明花乡湖边子村的祭祀荤鄂博的全过程。

一、仪式过程的实地考察

祭祀鄂博的一周前，第一组的成员——全部为家庭中的男性聚在一起对整个鄂博活动进行商讨和策划，安排祭祀物品和费用的分担事宜。

在祭祀活动的前一天，人们就要准备好祭祀的幡杆、哈达、羊、香、锅、柴火、煨桑用的柏树枝、酥油、青稞、曲拉、奶子、茶叶、烟酒等各类物品。其中幡杆是由柏树修剪后制作而成，杆头绑上五色布，一般从上到下分别为蓝、白、红、绿、黄，蓝色象征着蓝天，白色象征着白云，红色象征着山川，绿色象征着草原，黄色象征着大地。

除了这基本装饰外，由于裕固族信仰藏传佛教，因此幡杆上也会绑上写好经文的绸带。伴随着民族文化的变迁，裕固族的祭祀鄂博仪式已经从传统的萨满教仪式发展为兼容萨满教和藏传佛教的裕固族特有仪式活动，因此有些鄂博祭祀仪式会邀请当地寺庙中的阿卡来为仪式活动颂唱经文，但笔者参

---

① 注：荤、素鄂博是以在祭祀过程中是否屠宰牲畜为区分，主要祭祀动物为绵羊，在东部的康乐乡大草滩村也曾宰杀过牛来祭祀。

加的此次活动中并没有邀请当地的阿卡。

清晨，人们就早早从四面八方赶往鄂博祭祀的地方。家家都来人，少则每户一人，多则全员出动。以前由于交通不便，很多距离鄂博较远的牧民要提前好几天骑马前往鄂博祭祀点，现在人们都是乘坐摩托或者汽车前往。

到达鄂博所在地后，人们纷纷拿起幡杆插在距离鄂博不远处，等待选拔可以佩戴羊头的最高大、最漂亮的幡杆。

与此同时，村里的长者依据回忆制作着荦鄂博祭祀用羊，其制作方法非常特别，称为攥心羊：将选好的一只绵羊牵至场地中央，由专人一刀刺入羊腹，并迅速伸手掏出羊心，将正在跳动着的心放入托盘中摆在鄂博前的祭祀品中，并将羊血洒在鄂博上。待献心后，人们都把羊头插在最高大的幡杆之上，并将全部的幡杆插到鄂博上，同时拿起白色石块堆在鄂博的底部。传说白色的石块是山神的盔甲，而祭鄂博插幡杆，意为给山神送去战斗武器，让山神更好地保卫祭祀者人畜平安。在男人们插放幡杆之时，女人们则在进行着煮羊的工作，大家共同协作剥羊皮、切羊肉、灌血肠、煮羊肉。

准备工作就绪后，人们开始祭祀祈福。在播放的诵经声中，在煨桑的浓烟中，人们将带来的各种祭品倒入火中供奉祭祀。之后人们按顺时针方向围着鄂博转圈磕头，并给鄂博系上洁白的哈达，嘴里不停地高喊"拉加老"等词，并颂唱着一些诵词，意为祈祷神灵能够保佑赐福。

《煨桑诵词》包括：噢——金子般的日月，丝绸般的苍天，酥油般的山神，郭牟沙志华、默志华、奂旦兰布（神）保佑芸芸众生（平安）。让（他们）远离病痛苦难，远离是非矛盾，保佑三畜平安，洪水上出现桥，悬崖山出现梯子。噢——（请）珍爱生命，珍惜命运，珍爱灵魂，珍惜福分，（像）亲眼看到的一样，像亲手撒的一样，请多多珍爱三畜，（请）珍爱宝石般的生命，珍惜富足的生活。噢——没草的地方生长绿草，没水的地方生出泉水，热的时候出现荫凉，冷的时候出现温暖，主意往满意（的地方）想，事情往成功（的方向）发展。让善的兴旺，让恶的抑制，区分黑白，划分好坏……

诵词体现了对生命的珍惜，对美好生活的向往，这里对"让善的兴旺，让恶的抑制"更是直接将仪式与价值判断相联系，从而规训人们的日常生活。

最后的活动是将已经煮熟的羊肉端上，由全体参加仪式的人共同分享。据老人们说，吃了这种羊肉，可以使人们在一年中平安吉祥、万事如意、身体健康。人们围坐在一起唱歌、喝酒、吃羊肉，共同期盼着一年的美好生活。整个仪式过程中没有人去负责步步安排，但一切都井然有序，每个人各司其职，在仪式中，人与人之间、人与自然之间和谐有序。

二、祭祀鄂博仪式的道德记忆

一提到祭祀鄂博，在当地无人不知，但为什么要祭祀鄂博呢？这个答案只能在老人的记忆中得到回应。

在调查中，老人们往往对祭祀鄂博的原因还记忆犹新："我们以前（在信仰藏传佛教之前），是没有寺院的，只有大山之间的鄂博。因为腾格尔汗常以山岳为代表，山高大俊俏、雄伟神秘，是通往天上的路，也是神灵居住的地方。所以祭祀鄂博，就是向腾格尔汗、向居住在山上的诸神们祈祷。"[1]

关于鄂博的来历，在神话传说中我们也可以找到其中端倪："一说祭鄂博就是祭天，用石头垒起的鄂博是天帝要人们修造的登天的路梯。那些经常为鄂博垒石头的人，死后就能升天，成为天上的神；一说鄂博就是山神，传说，九头妖来到草原，山神与他拼命厮杀，九头妖法力广大，他九个口一起张开，箭就铺天盖地而来，山神怕伤了人畜，急忙用自己的身体去阻挡，顷刻间，山神身上中箭一百单八支。山神给牧民们托梦说，九头妖还会来，大家赶快给他做上护身的盔甲，于是大家用白石头给山神做了护衣披在他身上，从此，山神再也不惧怕九头妖，一直站在山冈上守护着草原。"[2]

在祭祀鄂博仪式中，幡杆被誉为祈福之路，承载着人们对神灵接近的期望，幡杆的展示和比较正是现实生活中层级认知的缩影、人们道德认知的基础，是群体道德规范的基础。幡杆由各个家庭自愿准备的，在准备过程中幡

---

① 被访谈人：湖边子村 TYY，访谈地点，被访者家中，访谈时间：2015 年 3 月 22 日。

② 武文：《宇宙建构的奇妙幻想——裕固族创世神话漫议》，《民族文学研究》1996 年第 1 期。

杆的颜色、高矮，所绑的经文、彩带等各不相同。在制作过程中，每个家庭会按照自己的理解对通向鄂博之"路"进行自己的阐释。在此次仪式过程中的幡杆比较环节，被选中的最高大、最漂亮的幡杆是由一个三世同堂的大家庭准备的，这家人中有村里的老支书两口，有远在嘉峪关赶回来参加仪式的女儿一家，也有在当地唯一一个开了农家乐的儿子一家。家庭的认知和社会地位直接影响了他们对幡杆准备的重视度，承载着家人美好祝愿的幡杆也同时承载着村落社会结构的特征。

幡杆的意义就展现为了人们对它的诠释、行动中基于不同家庭生活经验的实践操作和它与整体中其他象征符号的关系，它的各部分从整体的系统中获得意义。作为仪式的一个部分，它指向仪式的目的，同其他环节共同营造一个整体的情境，使得每一个自身意义的表达和仪式的整体意义表达趋于一致。幡杆表达了人们对未来生活的向往，呈现了家庭中全部成员对它的寄托，承载着家庭规范的完整性，众多的幡杆聚集在一起把整个社会中的每个家庭连接在一起，共同的根基和相互协作的规范使得人们的意愿达到一致。

这种一致性的体现就在于仪式把人们的现实期望和社会的基本规则浓缩在了一个场域之内。而在这一场域之内，幡杆作为体现整个仪式的重要象征符号，把人们的情感需要和社会的规范原则极佳地融合在了一起。"事实上，用两级的术语来进一步概念化支配性象征符号的解释意义是可能的。一套与普通的人类情感经验有联系的、极具有生理学特征的所指对象丛聚在一极，一套控制社会结构的道德规范和原则的所指对象则丛集在另一极。"[①]

幡杆这一"简单的象征符号既表现强制性的东西，也表现人们所欲求的东西，此时道德和物质有着紧密的联系。在仪式表演令人兴奋的情境中，在参与者的心灵里，欲望极和规范极这两种品质会发生互换；前者通过与后者的联系，肃清了它幼稚和退化的特性，而规范极则蕴含着与其情境相连的愉

---

① [美] 维克多·特纳：《象征之林》，赵玉燕、欧阳敏、徐洪峰译，商务印书馆2006年版，第53页。

悦效果"①。由仪式纽带衍生出来的、控制了人类社会关系的规范和价值，构成了道德秩序的"母体"，并且理想地具有裕固族人所认为的一切道德品质。仪式符号和现实生活被紧密联系起来，人们的现实欲望和道德规训在此刻融为一体。

"仪式中人的身体操演是一种身体实践，可以把习惯和认知结合起来。"② 固定化的操演所形成的重要作用就是要使得操演者保持记忆的习惯，并且使得群体形成的共同记忆更具有说服力和持久性。

在仪式过程中，穿着裕固族传统服饰的儿童在玩耍中记录着家人们的一切，模仿着大人们的行为，询问着这其中的缘由。这种不断强化的行为印记指导着孩子们的道德认知，在不断重复的仪式行为中被铭记。

在仪式过程中，伴随着男人们插入新幡杆的同时，女人们开始了煮羊行为。插入幡杆和羊肉制作成为体现两性社会地位不同的真实印证，这种认知在仪式过程中对个体行为产生了极大的强化性，年轻的几代人在仪式过程中寻找着自身的位置，模仿和传承着父辈或母辈的行为和角色。

在仪式过程中，我们看到了裕固族文化中的"赛"精神，通过自身的努力在展示幡杆中凸显出自己的独特性，以赢得最高的荣誉。据说以前的祭祀鄂博活动后会有赛马、摔跤等活动，而这一切都在展示着草原民族的道德文化生活。

在仪式过程中，人们不会做任何可能亵渎神灵的行为，人们不会你争我抢，不会逾越本分，共同的合作表现得尤为突出。在宰杀祭品时，人们按照年长者的要求有序合作；在插入幡杆时，男人们共同协作；在制作羊肉时，女人们互帮互助；在供奉祭品时，男女老少共同系上洁白的哈达，抛洒着对未来的祝愿，祈求着一切的和谐与美好。

"我们对现在的体验，大多取决于我们对过去的了解；……有关过去的

①　[美] 维克多·特纳：《象征之林》，赵玉燕、欧阳敏、徐洪峰译，商务印书馆2006年版，第53页。

②　[美] 保罗·康纳顿：《社会如何记忆》，纳日碧力戈译，上海人民出版社2000年版，第81、108页。

形象和有关过去的回忆性知识，是在（或多或少是仪式的）操演中传送和保持的。"①仪式通过共同的道德记忆来传递人们对未来的美好祝愿，是基于道德认知中关于人与神的关系的基础。祭祀鄂博仪式是一种行动行为，是由人们的行为主观意愿促进的，仪式的目的就是参与者的目的，这是以自由为前提的仪式活动。每个人自愿地参与到活动之中，通过自己的主观活动增强使命感，促进仪式的完成。

祭祀鄂博仪式的规模都是以村落为单位的，在这样一个熟人社会里，群体的内聚力通过仪式的展演而进一步强化。每年一次的时间频次使得祭祀鄂博仪式成了一年中最重要的活动，间隔了一年的时间足以使得各个家庭有足够的时间来充分地准备，这也使得该项活动能够被足够的重视，每个家庭所承载的道德责任也更容易被传承。按照时序重复举行的仪式上所展示的一切行为和道德秩序也向非仪式的行为和心理不断渗透，通过仪式体现的文化价值不断地重复造成了一种再现"神圣"的魔力，因此"仪式能够把价值和意义赋予那些操演者的全部生活"，并且在操演中长久地延续下来。②仪式是现实生活的高度浓缩，人们在日常的社会结构中遵循着的道德秩序会在仪式的场域内重现，而这种重现又是有意识的道德强化，把规范性的认知印入每个人的头脑，把按照道德从事看作自身的要求，从而指引着每个人的日常生活。道德在日常生活的行为之中，它通过仪式强化于社会的成员，通过传承印记于每个人的生活中，通过表现作用于人们日常生活的全部过程之中。

三、祭祀鄂博仪式的变迁

近些年来，不时有老人抱怨年轻人对于鄂博祭祀的意义知之甚少，而往往更注重聚会化的仪式程序。在笔者的访谈过程中，的确存在这样的现象，甚至有人认为祭祀鄂博是在祭祀祖先，忘却了仪式本该呈现的对大自然的道

---

① ［美］保罗·康纳顿：《社会如何记忆》，纳日碧力戈译，上海人民出版社 2000 年版，导论，第 4 页。

② ［美］保罗·康纳顿：《社会如何记忆》，纳日碧力戈译，上海人民出版社 2000 年版，第 50、81、108 页。

德记忆，对鄂博祭祀仪式意义及煨桑诵词等的遗忘致使仪式所本身承载的丰富道德内涵在记忆中不断淡化。

近年来，人们对于鄂博的记忆因为仪式的中断而缺失。但从故事中大量描述的人与神和人与动物的关系，可以看到动物在人与神之间实际上充当了桥梁的意义是较为普遍的，或者可以在某种意义上说，荤祭鄂博更接近于裕固族先人的祭祀仪式。而在笔者的田野点中，明花乡是一块距离县城最远、距离酒泉最近的地域，这种边界上的地理位置更加需要自我认同的强化。按照巴斯的边界理论而言，处于边界上才更能感受到作为一个特殊群体的独特性，所以在能够重新讲述自己的时候更希望以最为传统的方式去讲述自己。因此现在的荤祭鄂博或者"半荤半素"①的祭祀鄂博仪式只有在明花乡出现，也是有其深刻的自我认同的背景的。它所试图承载的更多的是基于道德记忆中神—动物—人之间的关系，进而更突出当地人与裕固族先民之间的亲密关系。

现在，除明花乡有祭荤鄂博的形式外，其他地区的祭祀仪式大多是素鄂博。在祭祀过程中，除了宰杀羊作为祭祀用品之外的其余程序基本一致，人们也会带着各种食物在祭祀鄂博后聚餐，对于年轻人来说，祭祀鄂博更多的是一种村落的聚会活动，而且伴随着裕固人城镇化的发展趋势，也并不一定去自己的村落鄂博祭祀，而往往采取就近祭祀的方式。在大河乡也出现了以家庭为单位的鄂博和以部落为单位的鄂博，祭祀鄂博的群体也开始多元化，各个民族的朋友共同前往鄂博祭祀地点进行祈福活动也是当下的普遍状态。

第四节　道德记忆与神圣世界

人类的创世神话无不与宗教相关，而宗教，无论是在有文字记载或是无

---

① 贺卫光：《裕固族地区的"荤祭"鄂博祭祀活动调查研究》，《河西学院学报》2016年第1期。

文字记载时期，都是在与道德生活要求进行激烈对话的过程中出现和发展的。宗教传统促进了人类的道德发展和自我理解。正如一些 19 世纪思想家所说，宗教不能简化为道德，因为宗教解决了各种人类的利益和关切，审美倾向、历史或科学的好奇心，以及思辨和仪式倾向都在宗教信仰中得到体现。但没有人可以否认道德问题在最充分的意义上是宗教生活的核心方面。

对宗教仪式的回忆和实践正是世俗世界和神圣世界得以联系的基础，它为人类行为确定界限、规训，并给予指引。无论是历史悠久的萨满教还是兴起于公元 7 世纪的藏传佛教，都在影响着裕固人的现实生活，都在人们的现实生活中不断渗透，这些对神的记忆和记录方式都影响着人们对于自己和他人之间关系的基本判断，更是成为人们参与社会事务的行为基本点。

一、道德记忆中的"人与自然"

在裕固人的记忆中，萨满教是神给的，人们又是通过萨满教的萨满来预知神力的。通过仪式过程，人与神可以沟通、联系甚至形成相互支撑的构成力量。在裕固人的生活中，人与天地、人与动物的共存关系一直是一种占据性的意识，存在于人们记忆的最深处。裕固族地区最初的创世神话是和萨满教息息相关的，人类来自树木、大地、山川、河流，这些自然之物孕育了人类。在裕固族经历了多年的迁徙之后，也是鸟、牛等神物为人们送来了萨满的神力。因此，在与萨满教有关的仪式中充满了人们对天神、山神、动物等的重视和爱护，形成了较为普遍的对大自然热爱的道德观念。

在裕固族的传说故事中，藏传佛教的引入是为了进一步解决萨满教未能解决的问题，是为了进一步帮助人们解决生产生活中面对的问题而被求取而得。藏传佛教之所以能被裕固族人民所接受并信仰，是同这种思想和萨满教思想有诸多一致之处的。从最初的兴起、寺院的建立，藏传佛教已经俨然成了裕固族名片上最闪亮的部分。

众所周知，藏传佛教属于制度性宗教，拥有自成体系的教义和仪轨、专职宗教人士以及相对应的宗教组织，神圣和世俗在藏传佛教体系内是有明确的界限的。但对于裕固族人而言，神灵就在身边，就在生活之中，这些思想和习俗为神圣和世俗融为一体预留了空间，即神圣和世俗的关系变得没有那么泾渭分明，神圣世界更多地通过世俗的人与事的接触而影响人们的生活，祈福祝愿、保佑平安成为人们最直接的宗教理想。这种融入方式恰恰和萨满教在裕固族人生活中的状态是一致的，人们可以更好地去融合和包容着两种宗教思想。

无论是哪种信仰方式都在影响着裕固族人的道德养成，更为一致的是都在倡导着人们对大自然的尊重。萨满教和藏传佛教在诸多仪式中能够融合互通，也恰恰是因为有共同的道德评价基础，能够形成较为一致的道德观念，通过宗教本身的权威性特点来影响裕固族民众，从而强化了人与自然和谐相处的道德认知。同时，不仅仅是人与自然，当面对人与人之间的问题时，萨满法师和阿卡都在日常生活中起到了解决纠纷、教育民众的作用。时至今日，当人们家庭中遇到一些问题时还会请阿卡（由于现在已经没有了萨满法师，因此只有当地寺庙的阿卡可请）前来家中调解解决；特别是当遇到关乎民族的纪念仪式时，一定会有阿卡或是藏传佛教的器物出现。宗教仪式正在通过信仰和实践推动着人们的德性养成，成为裕固人道德生活中的一部分，培养着裕固人与自然、人与人之间紧密的联系。这种道德认知和所有草原民族对于自然的热爱是一致的，裕固族民众所热爱的自然是他们与之共同生活的人类环境，其所认可的更是一种对生命的尊重，因此对自然的认可和尊重恰恰凸显出了裕固族民众对自然神、宗教的敬畏之情，这是对草原文化认同的最直接表现。

二、草原人的生态认知

裕固族人生活的地方自然资源丰富，位居河西走廊上、祁连山脚下，他们的生产生活和周边的自然生态息息相关。据说，20世纪50年代末60年代初"自然灾害"时期，就有大量汉族民众来到肃南县，和当地的裕固族人共同生活在这片自然条件优越的土地中。

然而面对自然资源的破坏，生态移民政策不断实行。而实行生态移民的共同认识就是要解决自然被破坏的问题，但是自然是被谁、为什么去破坏的却无人问津。实际上，祁连山生态系统的恶化表现为冰河后退雪线上升，水源涵养林机能下降，这些现象的出现致使祁连山的流水量减少。这种水量的减少直接体现在黑河主流的水量减少，这样就导致了黑河中流地区的地下水水位下降和下流地区河川湖沼的消失，最终导致沙化和沙尘暴。而导致这种后果的最直接原因是人的活动，但这里必须要讨论一下，这里的人是当地的牧民吗？在牧民的认知中，草原的树木、草地都被当作生命一样热爱，如果年幼的孩子在不知道的情况下折断了树枝或者踩踏了草原，父母都会拿他们的手指头比喻为树枝、拿头发比喻成草地，并让他们设身处地地考虑草原的生命力，甚至会通过一些打骂的方式让孩子记住这样的行为是坚决不被允许的。所以这种大规模的破坏自然的活动绝对不会是牧民直接造成的。但是牧民却需要承担这一后果：人与自然的分离，例如封山育林、退牧还草等，为了实现这种治理只能实施生态移民。这就意味着牧民要离开自己出生成长之地，进入一个新的生活环境。

从牧民开始意识到祁连山地区所出现的自然变化时，就有村民推测："按这个势头，不用再过 5 年我们很可能就要被赶出这个地方了。提倡生态保护、森林保护、野生动物保护的政府肯定要我们迁出去。"[1] 村民开始担心自己未来的生活来源。在这个过程中，泥石流和森林害虫都时有发生，更加剧了问题的严重性。因此，国家在面对祁连山保护的重点问题时，本着减人减畜的原则而开展了生态移民。但实际上，牧民并不是自然资源破坏的罪魁祸首。因为，牧民对自然充满着憧憬和强烈情感，这些情感在原始萨满教、祭祀鄂博中都有着非常充分的展现。按照裕固族人自己的话来说："对我们来说，人的寿命也不过百岁左右，而树木的寿命能达到数百岁。我们决不会向比自己长寿的东西出手。"[2]

在肃南寺大隆林场有着这样一个传说："曾经，在寺大隆河西面名为擦甘·答巴干（白峰）的地方有棵非常高的陶孙·哈尔盖（紫衫）。在寺大隆

---

① 参见钟进文：《国外裕固族研究文集》，中央民族大学出版社 2008 年版，第 380 页。

② 参见钟进文：《国外裕固族研究文集》，中央民族大学出版社 2008 年版，第 386 页。

河东面的桦木沟鄂博山里有个叫锡克·淖尔（大湖，汉语中成为天涝池）的湖泊。锡克·淖尔距离擦甘·答巴干数公里远。不仅如此，在锡克·淖尔里能照出陶孙·哈尔盖的倒影。那时候，裕固人的生活很幸福，一到夏天，锡克·淖尔里就飞来'噶鲁'等鸟产卵。甚至裕固族姑娘们把黄油包成球来扔着玩。然而，不知道什么时候，有个坏家伙砍掉了陶孙·哈尔盖，导致锡克·淖尔开始渗漏、最后崩溃。在这之后，裕固人也陷入了贫困潦倒的境地。当时虽然有部落首领和长老们数次动员村民重建锡克·淖尔，但都以失败告终。"①

这个传说中，树、水的状况都直接关乎着裕固人的生死。人们给予了树木和湖泊生命，而且是具有灵魂的神圣生命，破坏自然和杀人一样有罪。由于在道德记忆的深处，人们遵循着这样的道德认知，因此在社会生活实践中，人们很少砍伐树木，甚至有不从小树上迈过等尊重自然的生活实践。这些道德记忆引领着人们将各种"自然"之物人格化，将人与人之间的关系延伸到人与自然的关系。

三、祭祀鄂博与牧区发展

相对于藏传佛教的寺院和转经筒，受萨满教影响而形成的祭祀鄂博仪式虽然没有如此壮观的记忆痕迹，却始终能深入人心，这恰恰是草原民族本身对自然崇拜的道德记忆所形成的传统印记。同时，祭祀鄂博仪式对藏传佛教思想的吸纳也体现出了裕固族人包容和开放的宗教意识。

在裕固族地区的裕固族、藏族、蒙古族、土族等都是藏传佛教的主要信徒，藏传佛教的寺院活动并不能够凸显裕固族自身的宗教独特性，而萨满教和藏传佛教不断融合影响至今的祭祀鄂博活动，却成了裕固族人自我宗教认知的一种标志。祭祀鄂博仪式将神圣与世俗融入自然与人的观念实现了对于裕固族自我认知的强化。这里既有萨满教的浓厚意蕴又有藏传佛教的现实影响，两者融合共同形成了裕固族自我认同中的宗教特色。人们在阿卡的主持

---

① 参见钟进文：《国外裕固族研究文集》，中央民族大学出版社 2008 年版，第 386 页。

下或在诵唱着藏传佛教的经文中祭祀着裕固族自然崇拜中的最高神灵——天神。就其实质而言，这更凸显了裕固族人在道德记忆中对人与自然之间道德关系的深化和延展。

在裕固族地区，鄂博绝大多数是以村落为单位而进行祭祀的，也有小部分以家族或者以部落为单位祭祀的。村落鄂博祭祀的主要群体包括本村里长期居住的村民，从外面赶来的曾经居住过的村落居住者以及各个层面的旅游者和研究者。这个仪式展演的过程，就是一个不断认同和重申的过程，通过一系列的活动来表达自己作为村落成员，作为裕固族一员所具有的独特精神认知。在整个过程中充斥着愉悦的气氛，是一种明确的自我认知过程，所有规训都会被欣然接受并且作为标志而被重视。"当个体共同拥有同样的利益，他们的目的就不仅在于维护这些利益或通过同伴之间的结合来保证自身的发展。甚至说，他们结合在一起，只是为了快乐，他们可以融入同伴之中，不再会感到他们的对手中迷失自己，这种快乐也是共同生活的快乐，简言之，就是用同样的道德目标来引导他们的生活。"[1]

裕固人通过各种不同的形式记忆着天神对裕固族人的规训和庇护，祈求天神对生产生活的保佑，并且在仪式过程中对人与神关系的诠释而形成草原文化最初的道德判断。在仪式过程中，人们凝聚于对天神力量的歌颂中，凸显出草原儿女对自然力量的崇拜，集体参与的祭祀活动和聚餐活动使得人与神的关系在这一刻得以连贯，神的力量融入了人们的现实生活。真正影响着裕固族地区道德认知的宗教力量恰恰是自然神的力量。

在裕固族的宗教仪式中的点格尔汗、留神羊、藏传佛教的日常仪式以及祭祀鄂博仪式中，我们都可以看到自然的力量，实际上宗教仪式中的人们对自然的记忆是影响人们自我认同的精神基础。而已经离开了草原的人们，或未来也将会离开草原的人们[2] 在进入居于草原上的鄂博祭祀地点的时候，关

---

[1] 埃米尔·涂尔干：《职业伦理与公民道德》，渠东、付德根译，上海人民出版社 2006 年版，第 22 页。

[2] 注：在笔者调查期间伴随着祁连山的保护工作，很多地区实行了禁牧区，裕固人在分批次地搬离草场来到定居点居住和生活。

于草原生活的记忆便会直接涌现出来，成为影响仪式活动的核心。这样可以解释为什么在裕固族发展的过程中不停地遇到与其他民族，特别是蒙古族、藏族等草原民族共同融合和发展的情况，恰恰在于共同的自然神力信仰推动了人们互相接纳和认可。

祭祀鄂博活动作为裕固族宗教生活的一部分在影响着裕固族人的道德养成，裕固族的传统萨满教思想和当下的藏传佛教思想不断融合，共同培育着一代又一代裕固人对自然的道德记忆，崇敬自然、热爱生命、和谐共处的思想在一次又一次的集体仪式中被重申和强化。但伴随着旅游业的发展和城镇化的建设，一些新建的鄂博已经远离草原和大山，出现在裕固族风情走廊和县城周边，作为一些裕固族特色名片或者政府工程出现在人们的生活中。由于距离近、交通条件好，一部分裕固人也会去就近的鄂博进行祭祀，但这种鄂博祭祀行为仅仅成了一种祈福活动，它已经缺失了集体的程序化活动，也就缺失了个体在集体中的认同过程。

如同本章开篇所言，延续和变迁是裕固族宗教的最大特征，这和其生产生活活动密切相关，通过道德记忆的追寻，人们既可以看到道德评判在祭祀鄂博仪式的贯穿始终，也可以看到裕固族地区从萨满教到藏传佛教的发展痕迹。无论是萨满教中人类对万物的崇敬，还是藏传佛教中对自然的戒律，甚至是祭祀鄂博仪式中人们对神灵的敬畏，都体现着其中关联始终的人与自然的道德关系，并且在祭祀鄂博的仪式活动中被一次次地体现和重申。裕固族人对人与神的关系以及其所体现的人和自然的关系也恰恰是在这样的意义上，在深入日常生活的实践活动中，不断被重申并被记忆。

无论从何种形式，在裕固族人中人与自然的关系都在被不断地写照着。不论是萨满教的故事、传说、仪式，还是藏传佛教的生根发芽，以及祭祀鄂博的不断延展，都在讲述着人与自然之间的天然联系，这种人与自然的和谐共生的道德记忆同生活在一起的其他民族，如藏族、蒙古族等都是非常一致的。恰恰是这种一致的道德关系认知形成了人们具有明显地域特点的道德记忆，并且不同民族在裕固族聚居区能够和谐发展、共存共荣就是基于人们对问题的认识是一致的，对道德价值的评价体系是一致的。通过宗教仪式的不断深化和发展，人们对自身与草原民族之间的一致关系被不断加深，因此就出现了在笔者访谈中不停地听到裕固族人对于自己同其他草原民族一致性的描述。这种共同的认可就是基于人们在道德上的一致性所能带来的价值评价的一致性。裕固族人就是众多草原民族中的一员，这种道德认知是支撑人们形成共同认可的基础，也是人们可以不断融合的基础。对人与自然的道德关系的认识是人们进行道德判断的基础，是人们记忆深处对自己来源的认知，这种既源于自身又缘于宗教的道德记忆影响着一代又一代的裕固族人来定义自身，评判"自我"与"他者"，草原情结已经融入裕固人生命的道德认知，因此共同生活在草原之中的民族基于相似的环境和共同的宗教信仰就更加容易形成共同的道德判断，并在道德记忆中不断延续，进而对人们的日常生活产生深刻的影响，成为人们所期盼的成长历程中必须铭记的一个重要部分。

对当地民众而言，每个村落都有自己的鄂博，鄂博如同村落文化的象征。每年一度的鄂博祭祀仪式就是对本村落的道德记忆的回溯，是对村落文化的认可。人们积极主动地参与到整个祭祀仪式的活动中来，积极参与整个仪式过程，并主动对鄂博的环境进行整理和布置，这其中首先蕴含着民众对于鄂博所象征的神灵的尊重，也代表着村民对于村落的尊重。村民将自身对自然、神灵以及亲友之间的联系一起呈现于此并将其不断延续，这就是一种基层社区有效治理的表现形式，也是人们主动参与公共事务的基础。在仪式过程中，人们相坐而谈，共同讨论着这一年中所有未来的期望，这正是人们"观照自己"和"直言他人"的场域，也是人们开始承担对自己和他人负责的社区现实领域。通过积极有效的引导方式，人们就可以在每年一次的祭祀仪式中探讨属于自己村落的发展问题，将生产、生活和村落发展有机结合，更将自己对自然、神灵和他人的道德记忆与当下的社区治理现实相结合。

四、宗教仪式与牧区发展

宗教并不是一个独立的且有自身明确界定的领域，现代发展过程中的任何变化都在刺激着宗教的变化。裕固人的宗教认知在不断伴随着现实生活的需要而发生改变，从萨满信仰到藏传佛教无不承载着人们现实生活的变化。

宗教是与人们的社会生活紧密联系在一起的，因此宗教的变迁必然包含在现代化的发展路径之内。

现代生活中的自我问题往往与社会和道德问题交织在一起而困扰着人们对生活本身的看法和对未来的认知，此时，宗教信仰可以给予人们一定的支撑。宗教信仰可以从个人感受和自我思考中获得，也可以从制度化的教导中获得。

纵观历史发展脉络，宗教和治理之间一直有着千丝万缕的联系。在裕固族人的历史生活中，宗教总是伴随在其生产生活之中，人们对自然的热爱造就了动物、植物形象的宗教崇拜，人们对生活质量的追求促成了藏传佛教的引入，自然、生命一直是裕固人宗教生活的基本点。这和草原民族特有的生产生活方式是无法分离的，牧羊人作为草原生活的代名词一直牵引着人们对草原生活的向往。在人们的日常生活中，人们塑造着自身对宗教的认识，并依据故事、传说、教义等内容通过宗教仪式得以延展，将草原民族的道德记忆融入每一个牧羊人的内心。

而实际上有关人类的治理理念最早就来源于这种人类最古老的生产生活方式——牧羊。牧人在放牧时的任务是什么呢？带领牧群、提供食物、照料病患和引导牧群。这一系列的行为和意义可以被称为"牧领"。在早期的古希腊思想中，荷马史诗、毕达哥拉斯学派和柏拉图的作品中都可以看到牧领思想对于国家治理的隐喻性。在这众多思想者之中，柏拉图对于牧羊人的隐喻解读在西方政治思想史上具有浓墨重彩的意义。他在《理想国》中将人类社会分为"幸福时代"和"艰难时期"，并提出幸福时代就是神作为人的牧羊人的时期，凸显了牧羊人对于神与人关系的诠释，彰显了神与人之间的"牧羊人—羊群"的治理关系。

福柯在对西方社会当下的政治治理现状提出反思的前提下，将对治理的认识回溯到柏拉图对牧领制度的分析，印证了牧领思想对人类治理思路的影响，提出了"牧领"是来源于古希伯来的治理艺术，其典型的特点来自牧领是一种作用于运动中复杂人群的权力，是游牧的民族所提供的一种治理智慧；它的核心价值是对羊群的善，其对羊群的存在理由就是行善，这一思想直接推动了西方基督教牧领制度的产生，并最终引导了十六七世纪的政治治理形式的国家理性道路。①

福柯的分析使得我们能够更加清晰地认识到游牧—村落治理与宗教—政治治理之间的本质联系，牧领、宗教与治理三者之间所形成的关系直接影响着现代社会对人的治理行为，也使得人们重新反思人类的现存治理制度。最为古老的治理精神的起源地正是在草原人们生产生活中人与羊群的关系，在此基础上，宗教吸纳了这种治理理念并最终和社会政治治理理念融合。人与自然的关系被再一次地拉近了，草原人对自然、宗教和牲畜的尊重和对社会事务的重视感应该是一致的，是一种可以内化为自身行动性的使命感。对自身和周围一切事务的治理行为应该是作为一个牧羊人的基本责任和人生使命，人们将逐渐认识到自己是具备治理社会的能力的，以社区、村落为单位的宗教祭祀活动既是一个人与自然相回应的有效空间，也是一个人与人的基层社会治理的展开空间。积极有效地对人们的宗教行为和宗教仪式进行引导有助于牧区民众对人与神的道德记忆的不断回溯和重申，有助于人们对自我行为的规训和对他人的治理。

牧区社区治理的形成是推动牧区高质量发展的基础，只有民众通过积极有效的内部推动力才能形成真正的凝聚力。深入剖析裕固族人的宗教情怀后，呈现在人们面前的是他们对自然、草原的热爱，这些才能真正使得他们对保护生物、动物以及一切生灵的责任感和使命感的认知不断内化，并且不断延续。只有在这样的道德记忆中才能推动人们形成主动性的社会秩序，真正向生态型社会发展，构建以生态保障为基础的牧区可持续发展模式。

---

① ［法］米歇尔·福柯：《安全、领土与人口》，钱翰、陈晓径译，上海人民出版社 2010 年版，第 108—127 页。

第二章　道德记忆中的首领崇拜：人与"超人"

尼采在《查拉图斯特拉如是说》一书中，借用查拉图斯特拉之口宣告"上帝已死"，人类出现了道德空位，"超人"顺应而出。尼采是一位一直以来备受争议的道德哲学家，他明确提出的重估一切价值是他对人类最高的自我肯定活动所提出的公式。[①] 在《西方的没落》中，斯宾格勒认为，正是由于尼采的"价值重估"，现时代的精神运动才最终找到了自己的公式。然而，价值重估的前提就是"上帝之死"。

道德的关系从神圣世界和世俗世界的联系进入世俗领域的内部，但他并没有直接地给予具体的人以道德的自由，而是为人类的首领创造了道德空间。人类的道德记忆中增加了人对首领的崇拜关系，这种道德关系指引着人类行动的方向。如果说宗教的力量是一种道德记忆的推力，那么首领的力量就是道德记忆中的拉力，所产生的影响会更深刻、更久远、更内化。

最早的关于裕固族的描述是在 19 世纪末 20 世纪初的探险家们发表的调查报告中，他们都是以他者的身份在寻找和探究裕固族人的各方面状态。G. N. 波塔宁 1884—1886 年在中国西藏东部和蒙古中部考察活动时曾居住于康勒寺一带。"大多数尧乎尔人过着游牧生活，居住在肃州南部和东南部的几个村落中的尧乎尔人过着定居生活，游牧的尧乎尔人和藏人一样，住在黑色帐篷里。"[②] 在波塔宁的描述中，流传于蒙古人和唐古特人中的格萨尔故事在

---

① 莫伟民：《从尼采的"上帝之死"到福柯的"人之死"》，《哲学研究》1994 年第 3 期。
② ［俄］G. N. 波塔宁：《南山中的尧乎尔人》，范丽君译，转引自钟进文主编：《国外裕固族研究文集》，中央民族大学出版社 2008 年版，第 53 页。

裕固族地区也是妇孺皆知。"当我们问尧乎尔人，当初是否拥有自己的汗王时，一些人说有，称之为霍尔格斯尔汗帐。"① 这个情况在曼内海姆1907年的访问报告中也有所呈现，"他们未能保存下一些有名望的祖先的名字，除了霍尔盖赛尔加戈。"② 后经过大量的研究者研究发现，在裕固族地区确实长期流传着对于《格萨尔》故事的传说。如1991年武文就在《裕固族〈格萨尔故事〉内涵及其原型》一文中指出该故事是"裕固族社会和文化的历史雏形，同时也暗含着裕固族政治和经济的历史结构"③。

更有意思的是，在裕固族地区中流传的格萨尔不是本民族的首领而是仇人。在格萨尔的故事中，裕固人是作为战败者并被管辖的身份存在的。"像日月一样尊贵的客人，请允许我讲一段故事——首领的格萨尔。格萨尔是世代传颂的首领，他恰似山中猛虎，犹如海底蛟龙。捧起海子水般的醇酒，也无法表达对格萨尔的崇敬。但他杀死了尧乎尔的可汗，在我们祖先的心中，也曾产生仇恨。相传在过去，但凡尧乎尔子孙，在格萨尔王庙门前都要停步，抽出刀剑对他挥舞，还要用唾沫啐吐——这是尧乎尔早先的风俗。"④ 在人们的价值判断中，虽然痛恨，但仍旧尊其为英雄，人群之首领，对"首领"的记忆在裕固族人中早已有之，除了故事之外，裕固族人更是通过选头羊仪式、剪马鬃仪式以及孩子剃头仪式传递着首领的故事。

---

① [俄] G. N. 波塔宁著：《南山中的尧乎尔人》，范丽君译，转引自钟进文主编：《国外裕固族研究文集》，中央民族大学出版社2008年版，第53页。

② [芬兰] C. G. 曼内海姆著：《在西喇尧乎尔人中间》，安惠娟译，转引自钟进文主编：《国外裕固族研究文集》，中央民族大学出版社2008年版，第73页。

③ 武文：《裕固族〈格萨尔故事〉内涵及其原型》，《民间文学论坛》1991年第3期。

④ 郝苏民编：《东乡族保安族裕固族民间故事选》，上海文艺出版社1987年版，第270页。

第一节 羊的首领：选头羊

一、选头羊仪式过程

根据裕固族非物质文化遗产中心视频资料的介绍，选头羊仪式所针对的对象主要是家中当年出生的第一只公羊羔，裕固族语为"阿克达特"。仪式过程主要是由家族中较为年长，并了解本民族文化的成年男性主持，而其他家族成员以及左邻右舍都会被邀请而来，共同见证这一家中"羊首领的出现"。

在资料片中，这只公羊羔如同主人家的孩子一般，被主人从羊圈中带到亲朋好友的面前。主持人口诵祝福词，并给这只羊羔头上系上五色布（或红布）或者在身上画上特殊的符号以彰显其在羊群中的首领地位。之后，在大家的注视下公羊回到羊群之中。人们则端坐在一起祝福主人家家畜兴旺，也聊家长里短和村中大事。

选头羊仪式过程呈现出了人对羊的重视和头羊所代表的象征意义。其一，整个仪式表现出裕固人对于羊的重视，将羊视为自己家庭成员的一部分，传达给孩子一种对羊的热爱；其二，头羊在羊群的地位犹如人在人群中的地位。每个人都期待自己的孩子长大成人，有担当，具有责任感，而言传不如身教，选头羊仪式恰恰真实呈现了人们对于孩子的期望，是家庭道德教育的实践场。选头羊仪式所承载的两个重要的信息是在仪式的过程中不断被展演的，这也是裕固人道德教育的一种实践。

二、选头羊仪式的现状

不过，在牧业点的访谈过程中，见过这个仪式的人已经非常少了，而且记忆非常模糊。更多的人只是听说而已，现在已经找不到这个仪式在生活中的重现。

你说的这个选头羊仪式我们以前好像是有的，不过现在已经基本没有了，具体的过程我也没有见过。现在就是在羊群中会出现一只健壮的羊，你就赶着它走，羊群慢慢就跟上了，也就习惯了。到这只羊老了的时候，它就像有个徒弟一样就跟在它的身边，慢慢地老的头羊太老了或者死了，这个徒弟就会代替它成为新的头羊。有时候也会绑个哈达。①

这种描述在我的访谈过程中比较普遍，这位年过 60 岁的老人并没有参加过家族中的选头羊仪式，而年过 80 岁的安奶奶也不记得有过这样的仪式。当下人们谈到这个仪式更多的是一种回忆和视频资料中的重现。有一些年轻人在被问到选头羊仪式时的描述是这样的：

应该有吧，我好像在哪个视频里见过，不过家里没有举行过，可能是因为在我上学的时候举行的吧。②

虽然我并没有找到这个仪式的存在现状，却发现它以一种十分隐蔽的方式模糊地存在于人们的记忆之中。"应该有吧，不过我没有见过。"这是对这个仪式的常态描述。不论仪式过程是否如视频中发生，但头羊是真实存在的，作为领路人的地位一直在被裕固族人所重视。

现在很多裕固族家庭仍旧以养羊为主，也一定会有一只头羊在带领整个羊群。但是这只头羊一般都是自然延续的。在一群羊中，主人会选择较为年轻和身强力壮的，并在羊角上绑上哈达之类的物品以展示其特殊地位。无论是在东部地区的大草滩村，还是西部地区的西岔河村和湖边子村，只要家里养羊，就会有头羊，并且在头羊年老时羊群中就会出现一个类似于头羊"徒弟"的角色出现，续而成为新的头羊。但记忆中的仪式已经消失了，作为道

① 被访谈人：大河乡西岔河村 DZG，访谈地点：被访者家中，访谈时间：2017 年 7 月 3 日。
② 被访谈人：大草滩村 LT，访谈地点：被访者家中，访谈时间：2017 年 6 月 13 日。

德记忆中教化孩童的过程已经不存在了，头羊仅仅作为一般的生产工具而已。选头羊已经成了羊群自然的新陈代谢，不再具有了可供展示的空间，因此也失去了其本身所具有的在实践中进行家庭道德教育、传承道德记忆的重要价值。

第二节　马的成年礼：剪马鬃

一、剪马鬃仪式过程

裕固族有这样一句俗语："小孩剃头才能成人，马驹剪鬃才能成骑。"在县城非物质文化遗产中心展示的视频中讲述着裕固族人剪马鬃的故事①，裕固族拉姆尔家里生产了一匹小马驹，欢乐的序幕就此拉开。草原牧民对马儿的珍视非比寻常，像呵护子女一般视它为掌上明珠。如今它刚满一岁，拉姆尔家将为小马驹剪鬃。剪鬃仪式开始前，拉姆尔先绕到小马驹身后，趁其不备对着小马驹套住绳子。马儿虽小，其血性也如同草原男儿一般，若不是有几名壮年男子帮忙，小马驹完全可能将主人甩下背脊。过程虽然艰难，但几番挣扎之后它也终于败下阵来，乖巧地臣服在拉姆尔身下。经过争斗之后的拉姆尔衣衫不整、大汗淋漓。在族人的帮助下，他终于威风地驾驭着小马驹奔驰在一望无垠的草原上。随后，亲友上前与拉姆尔一起进行剪马鬃仪式。盛装打扮的亲朋好友每人拿一撮羊毛拴到马鬃上。在裕固族的文化里，羊毛的寓意即为白云，这寄托着牧民对马驹"蓝天上面白云飘，白云下面马儿跑"的美好祝愿。亲人们在拴羊毛时念念有词，祝福马儿苗壮成长，早日以矫健的身姿奔跑于草原与白云之间。"愿你听清百里以外的声响，愿你看到千里以外的一切，愿你做阿木尔汗的官马，愿你的蹄声威震四面八方。"主人在

---

① 视频资料也可以在网站中找到：裕固族传统习俗剪马鬃。https://v. qq. com/x/page/g0158z9m9q9. html。

念剪鬃祝福词的同时剪下了第一撮马鬃。随后亲友们每人都剪下一小撮马鬃并祝福主人的小马驹健康成长，祈求主人家风调雨顺、生活富足。最后由主人将所有剪下的马鬃拴成一捆，亲自送进帐篷并挂在帐篷的高处，敬献给毛神，以此祈求得到毛神保佑。

主人表示，祝福是对它的期望，收藏是对它的纪念。所有人剪完马鬃后，拉姆尔家盛情邀请客人进帐篷入席宴饮。客人对主人赞不绝口，表示主人治家有方、家室兴旺。愉快的宴饮结束后，主人威风凛凛地骑着小马驹驰骋在大草原上，接受亲戚们诚挚的祝福。

在书中记载着裕固人剪马鬃时诵唱的诵词[1]，歌词大意是赞美骏马体格健壮、形态优美、眼明体快，以及它对牧民生活的重要作用，例如，"你有一个龙一样宽阔的前胸，愿你成为阿木尔汗的坐骑乘风奔向远方"。在诵词最后一般也都要加上对其美好的祝愿，希望它作为家中重要一员，继续为家中贡献力量，如"你那刚劲有力的四蹄，奔跑声威震四面八方；彪悍俊美的身躯，为我尧乎尔争得荣光；马群里有你这样矫健的龙驹，愿主人的马群多得像数不清的马尾一样"。不同地区的唱词会有区别，但大体意思相同。

在唱词中流露出裕固人对于马的喜爱之情，骑马、赛马、养马，这是裕固人生命中的一部分。马就是裕固族人的伙伴，他们禁食马肉，通过禁忌来表达对马的热爱。对马儿成年的希望和对孩子成人的希望是完全一致的。

> 我们小的时候都有呢，是给三岁的小马剪马鬃。现在有人为了某些目的给成年马剪马鬃是会被笑话的。[2]

在受访人杜叔叔的记忆里，这个仪式不但重要还承载着人们的秩序感，所做之事必须有章可循。可见剪马鬃仪式对裕固族人来说曾经是非常重要的。但遗憾的是，这个仪式业已失传了。

---

[1] 郭梅、钟进文：《中国裕固族》，宁夏人民出版社 2012 年版，第 183—185 页。
[2] 被访谈人：大河乡西岔河村 DZG，访谈地点：被访者家中，访谈时间：2017 年 7 月 3 日。

二、剪马鬃仪式的现状

剪马鬃这个仪式也失传了，也略听说过些。小马长到三岁时，家里请来亲朋好友，给小马举行剪马鬃仪式，剪完马鬃意味着这匹马已经成年了，主人正式地可以骑了，家里又有了一匹健壮的骏马了，并希望它成为草原上跑得最快的骏马，能让主人骄傲和自豪，大概就这个意思。[1]

小时候见过，现在没遇到过了，很少了吧! [2]

现在养马的人很少了。只是听说过。[3]

…………

笔者第一次见到现实生活中的剪马鬃是在大草滩村的艺术节上以裕固族传统文化表演的形式呈现的。当时因为找到的是一匹小野马，脾气比较大，所以在剪马鬃的过程中还差点伤到人。这个能够彰显民族对马的热爱、尊重的仪式伴随着生产生活方式的变化而在人们的日常生活中逐渐消失。剪马鬃已经上升到了舞台的场域内，从草原生活走到了表演舞台。

第三节　人的成年礼：剃头礼

一、剃头礼仪式过程的呈现

裕固族孩子三周岁（或者过三个年）的时候要举行一个重要的人生仪式就是剃头。该仪式兴起的时间已经无法考证，但一直被作为最古老的传统保留着，直至今日，举行剃头仪式的裕固族民众已经越来越多了。裕固族人认

---

① 被访谈人：大草滩村 GCR，访谈地点：被访者家中，访谈时间：2017 年 7 月 5 日。

② 被访谈人：大草滩村 CHX，访谈地点：被访者家中，访谈时间：2017 年 7 月 6 日。

③ 被访谈人：县城居民 AR，访谈地点：被访者家中，访谈时间：2017 年 12 月 6 日。

为给孩子剃头后孩子才能成人，才能长命百岁，这就如同给马驹剪马鬃之后才算马、才能够乘骑一样。因为人出生有先后，所以剃头礼没有固定的时间，但也并非三岁那一天，也要选择吉日，如农历初一或十五，也会尽可能地选择在万物生长的上半年进行，且大多时候会选择农牧空闲的时间。

今天，定居后的裕固族，依然会为自己的孩子举行剪头仪式。只是形式和内容都有了许多新的变化。这里我要讲述的剃头礼的主人公是一位美丽的裕固族小女孩，名叫 SRL。

（一）仪式的准备过程

在剪头仪式举行的前一天，YXJ 和他的家人忙碌地准备着女儿的剃头礼。YXJ 一个个地轮着向自己的亲朋好友打电话，邀请他们来参加自己女儿的剃头礼。他给自己的叔叔拨去了电话，"我请了舅舅、姨姨、姑妈、几个老人和亲戚们，阿卡我也请了，叔叔您什么时候到？"在给所有该到场的人打过电话并告诉他们女儿剃头仪式举行的时间之后，YXJ 和自己的妻子准备了奶制品、哈达等礼品，开着车去请教阿卡。

这时天空下起了小雨，路面也湿淋淋的。在车上，他们夫妻俩讨论着剃头仪式需要准备的东西，以及明天要不要去寺院等事宜。到了阿卡家里，年迈的阿卡很热情地招待了他们。YXJ 则是拿出哈达献给阿卡，并告诉阿卡："明天姑娘就剃头了，我来请您了。"然后坐下来和阿卡讨论着一些准备事项，请教阿卡要不要去寺院，阿卡告诉他需要准备炒面、酥油、葡萄、酸奶子和两个好看的碗（一大一小）、一个盘子、一把剪刀。并且告诉他，不用特意去寺院点灯、磕头，直接在家里点灯就可以，他会带酥油灯过去。临走的时候，YXJ 告诉阿卡，会在下午 5 点多来接他，然后一起吃晚饭，一起和老人亲戚们商量接下来的事情。

从阿卡家里出来之后，YXJ 夫妻俩去了市场。车上播着裕固族动听的民谣《裕固族姑娘就是我》，他们在商量接下来都需要准备什么。下车之后，他们先是去订酒席，出来之后 YXJ 偶遇了自己的朋友，并邀请他晚上来自己家，他的朋友表示晚上不一定有时间，但明天早上一定会到。然后他们到了小卖铺，"酥油 64 块钱、葡萄 13 块钱、炒面 15 块钱、酸奶子 28 块钱，一共 120 块钱。"老板喊着价钱把东西递给了 YXJ，结算了账单后，夫妻俩回到了自己家里。

这时，阿卡和一些老人、亲戚朋友都已陆陆续续来了。在大家都入座的同时，YXJ 的妻子为客人端上了酥油茶，就着酥油茶大家开始吃东西。大概二三十个人聚集在一起，场面很是热闹。大家说说笑笑地讨论着明天的剃头仪式，聊着家常。YXJ 在一旁细心地记录明天都需要什么东西、需要做什么。最终他们决定在上午 10 点举行剪头仪式，开始之前先由阿卡说几句颂词，然后由舅舅来剪第一刀，再绕着桌子按辈分轮着剪。12 点开始宴席，并在后天将孩子的头发送到鄂博去。

晚上，YXJ 亲自下厨炒好了小菜，桌上的食物很是丰富，大家都围桌而坐，吃菜聊天，喝酒划拳。在中途，YXJ 的同学发言祝贺 YXJ 女儿的剪头仪式，并进行了娱乐活动。大家一起开心地唱起了裕固族的歌曲：

走遍了山山水水，

美不过辽阔的草原，

听遍了四海歌声，

还是牧歌最动人……

歌声嘹亮，黑夜渐渐过去，迎来了清晨的曙光。

（二）仪式过程

第二天清晨，阿卡早早点起了酥油灯，摆好水果，开始和炒面，细心地捏出供奉的祭品：用杜麻做柱状底饰，将酥油小圆面片贴在圆柱上，做成老克达。另一边，YXJ 和妻子正在给自己三岁的女儿穿裕固族服装，小孩子脸上懵懵懂懂的，眼神里充满了好奇，认真地听着妈妈的每一个要求，伸手、抬胳膊等等，并且按照妈妈的要求在配合。妈妈很高兴地笑着对爸爸说："孩子懂事了，一下子长大了哦！"妈妈接着对着孩子问道："这是谁的新衣服啊？"孩子用充满稚气但肯定的口吻回答说："我的。"爸爸妈妈都笑了，这笑声中充满了感慨、充满了希望。爷爷在一旁看着很是开心，说自己的小孙女一下变漂亮了。这是对时间的感慨也是对未来的期待,幸福挂在家里每一个人的脸上。

帮助妻子给孩子穿好新衣后,YXJ 来到院子里,按照阿卡的要求吩咐前来帮忙的亲朋在门外煨个桑,并细心地嘱咐不要放太多柏树枝。一切准备工作就绪后,他从包裹里拿出了自己的裕固族服装,并认真仔细地穿戴整齐,女儿则是睁大眼睛站在旁边认真地看着。此时,妈妈已经穿戴好自己的服饰来到门前和孩子一起等待爸爸同去阿卡所在房间点灯祈福。

来到阿卡所在的卧室后,阿卡已经准备好祭品,并穿上经服拿出铃铛开始念经,YXJ 带着自己三岁女儿开始给祭品和阿卡磕头。小小年纪的她还不会跪姿,整个人趴在地上,傻乎乎地做着父亲教给她的动作。

对于信仰藏传佛教的裕固人来说,经过阿卡念经后的水和食物是极为珍贵的。它似乎具有祛病消灾的神力,是蕴含着能量的神奇之水。所以前来帮忙的 GJM 将诵念过的一碗白酒拿到院子里泼洒,为这个家庭祈福。小女孩则坐在阿卡旁,似懂非懂地聆听着阿卡为他祈福所念诵的经文。孩子貌似还没睡醒,时不时地往下点头,有点坐不住,她的爷爷在身后扶着她。只见阿卡先把经水(念过经的水)点在她的头上,然后交给等待在旁边前来帮忙的 GJM,并祝福到这经水要倒在茶杯里面,明天早上熬茶喝掉。在场的村民都往手上倒了一点,然后喝掉。之后,GJM 将阿卡做好的部分老克达放在了门外一处较为干净的地方(最终他们选择了远处开阔的田野)。

阿卡的诵经和祈福仪式结束后,大家一起出门去往酒店。在动身前,阿卡让一村民给剪刀的"耳朵"裁点布绑上,然后在盘子里放个碗,把剪刀也放上,留下的老克达也要放上。然后,年迈的阿卡对 GJM 说到:"我们的仪式上,杜麻表示着风调雨顺,六畜兴旺,保佑我们生活在雪山下的牧场里,我们把我们的祝福寄托在杜麻上",老阿卡很是开心地向村民讲述着,并告诉村民,最后用完的老克达可以直接分给众人吃掉,为大家祈福。

带着祭品,一行人驱车来到了酒店。在酒店里,被母亲抱在怀里的小女孩呆呆地看着周围的人。酒店里,大部分人都穿上了自己的裕固族服装,看起来很喜庆。酒店的包厢外,陆陆续续的来客登记着自己的贺礼。然后,阿卡和两位诵词的村民入座。紧接着，剪头仪式正式开始，两位诵词人站在孩子母亲的旁边，一位手里端着盘子、剪刀、鲜奶，另一位端着老克达。阿卡首先开始念经祝福，给小女孩围上一条哈达，并在小女孩头上抹上鲜奶，然后拿起盘子里的剪刀剪下第一缕头发。接着，是小女孩的舅舅，依然是献赠哈达、抹鲜奶、剪头发，并给她一些礼金。再接着，就是用相同的程序，按辈分让其他人来为小女孩剪头。在这个程序持续进行的同时，两位诵词的村民，一直诵唱着对这个孩子的祝福语：

> 噢，鲜奶洗礼着美好的祝愿，
> 今天是姑娘剪头的日子，
> 说起今天的日子，
> 是去寺院请回来的日子。
> 噢，召尔加甘的神佛保佑你，
> 噢，杨郎格的姑娘已经三岁了，
> 噢，要先把头发松开，
> 噢，心灵手巧的姑娘啊，
> 噢，……
> 从此以后娃娃过上幸福的生活，来的客人们，感谢了！感

谢了！

剪头仪式结束之后，大家分吃了老克达，然后开始宴席。

（三）剃头仪式过后的祈福

第三天清晨，YXJ打电话给妻子，让她把娃娃抱上到鄂博送头发去。这天早上第一次看见小女孩，她已经是一个小光头了，戴着帽子，待在她母亲怀里。在去鄂博之前，YXJ的妻子和他的母亲把炒面、葡萄、大枣用热好的油和在一起，装在干净的塑料袋里，拿着五条哈达、一瓶酒，一起带去鄂博。

到了鄂博之后，YXJ带着自己的家人先去煨桑，柏树枝点着，将和好的炒面撒在火上，并将酸奶洒在桑台上，抱着孩子转了三圈。接下来，把哈

达系到中间搭建起来的鄂博上。系完之后，YXJ 抱着自己三岁的女儿围绕着鄂博转了三圈，在转的同时，让孩子的头去碰鄂博四周的每根支柱，自己也是。最后，YXJ 的妻子将孩子的头发用哈达包好，由 YXJ 拿着它到鄂博的最里面，并把它塞进去。要离开的时候，YXJ 和他的家人们都对着鄂博磕头，他的女儿也一样。小小的她依然不太会磕头，还懵懂地转过来朝着自己的父母磕头。也许这预示着长大成人后对父母回报的开始吧！至此，剪头仪式也就完全结束。一家人又回到了平静的日常生活之中。

二、剃头仪式的一度中断与恢复

在裕固族，剃头礼曾一度中断。在访谈的过程中并没有人能够告诉我一个确定的中断时间，因此对于中断之前剃头仪式的具体过程也很难有一个相对一致的描述。不过在曼内海姆的记录中说道："没有关于出生的庆祝活动，孩子的头发在两岁或三岁时剪，或者是在第二个孩子出生后再剪去。"① 在曼内海姆的描述中，作为剃头活动对于裕固族人来说由来已久，但是并没有记录仪式的记忆活动，只是一个剪发行为。

> 一般在孩子剃头之前都会请阿卡或家族中的老人确定一个剃头的日子。我也举行过剃头礼，不过我不记得什么了。都是听妈妈说的。②
>
> 以前我们都不送钱的，一般最贵重的礼物就是舅舅送的，舅舅要送给孩子一匹三岁马驹或一头两岁牛犊，其他长辈和亲朋好友也会送出自己的礼物。1978 年刚开始恢复的时候也是不给钱的，现在已经是直接给钱了。好像是 1983 年开始的吧，具体我也记不清了。③

① [芬兰] C. G. 曼内海姆：《在撒里尧乎尔人中间》，钟进文译，转引自钟进文主编：《国外裕固族研究文集》，中央民族大学出版社 2008 年版，第 79 页。
② 被访谈人：康乐乡居民 LT，访谈地点：被访者家中，访谈时间：2015 年 1 月 8 日。
③ 被访谈人：大河乡居民 HS，访谈地点：被访者家中，访谈时间：2017 年 7 月 23 日。

当剃头成为一种仪式之后，它承载的道德意蕴成为仪式的核心。通过礼物的赠送表明家族身份的确认，肯定了孩子在家族中的地位，这些将是孩子日后成人成家的基础。这些赠送的礼物就是孩子的财产，成为孩子将来家庭发展的基础。因此，在裕固族剃头礼是真正的成年礼，它所蕴含的既包含对孩子已长大成为家庭成员的肯定，也从物质上体现了对孩子未来生活的美好祝愿。人们赠送着孩子未来生活所需的开始，祝福着孩子能够自给自足，过上富裕吉祥的生活。剃头礼蕴含的就是希望，是美好的开端。

裕固族作为能歌善舞的民族，在剪头发时一定会诵唱一些贺词[1]，根据时代发展而不断创新的贺词也在日常生活中不断延续。不论歌词如何变迁，其基本的意思是一致的，包含两个主要的方面，一是祝福，二是教育。从诵词的结构上来看，前半部分主要是对于孩子未来生活和亲人们的美好祝愿。后边都会涉及对未来生活中的道德教育层面，如兄弟姊妹亲密和睦，孝敬父母养育之恩的吉兆等描述。作为一个没有自己文字的民族，传统的道德教养方式都融合于日常的生活之中，生活中最直接、最有效的教育之场就是仪式了。

对当代的裕固族家庭来说，孩子的剃头礼承载着很多回忆，所以对每一个环节家人都能津津有味地讲述，而对孩子来说，这个记忆似乎太早了，她们自己的"剃头礼"往往是在家人的诉说中被建立起来的。

> 我是在 3 岁的时候举办的剃头礼，有的孩子是在 3 个月的时候举行，反正那时候还小，不记事，所以对自己的剃头礼的记忆很大一部分都是听自己的爷爷奶奶和父母讲的。我依稀记得，那是在清晨的时候，被父母带去寺庙祭拜，一同前往的还有一部分亲戚。在进寺庙之前，会在寺庙外面一个类似香坛（这里说的应该是寺院外的煨桑炉）的台子上烧东西。然后会拿酒呀，烧东西的时候去倒，还有自己用炒面、枣、葡萄干、酥油拌的那个东西，用来撒在架起来的火堆上，在火上绕三圈，还是几圈之类的。进寺庙之后，父母

---

① 陈宗振：《西部裕固语研究》，中国民族摄影艺术出版社 2004 年版，第 438—439 页。

会带我去磕头，不仅我要磕头，我的父母也要磕头。然后，我的亲戚们会排成队去转经筒，而我呢，会被一个长者抱着去转经筒，转完一圈就可以回去了。在家里，已经置办好了酒席，众多的亲戚都来了，场面很是热闹，大家坐在一起有说有笑的，等待着剃头仪式的正式开始。在剃头仪式正式开始之前，阿卡会先念平安经，说一些祝福语，然后就宣布剃头仪式正式开始。这时，我的母亲会抱着我走向要为我剃头的人，由一人端来盘子，盘子里有一把剪刀、一碗奶、酥油和一个用酥油糌粑做成的圆圈。将盘子首先端在舅舅面前，将酥油糌粑圈套在我的头发上，然后给我系上哈达，我就傻乎乎地睁大眼睛目睹着这些复杂的事，任由大家剪自己的头发，不哭也不闹。第一剪，是由我舅舅来执行的，男孩从左边开始，女孩则从右边开始，剪一绺头发放在盘子里，再用手蘸酥油点在我的额头上，同时口念吉祥语，并答应给我小牲畜。其中，也会有一些亲戚会给我钱，这些钱会和头发一起包在哈达里，紧接着其他参加剃头仪式的人依次剪发，先剪左右两边，再剪中间和后边。最后，包着头发的哈达会被吊在房梁上。再接下来的画面，就不需要我的出现了。亲戚们会一起喝酒唱歌，相谈甚欢。直至酒席结束，剃头仪式也就随之完成了。①

在女孩的记忆中，整个剃头仪式是热闹的和欢腾的，这种活动为大家提供了交流的机会，增强了整个家族、村落甚至是整个民族之间的联系。同时，这也是一种向年轻一代传授民族文化的方式。在这个活动中，老一辈人的言谈举止，无疑会在潜移默化中影响下一代，年轻一代也会在与老者的交谈中习得自己民族的习俗，了解关于自己民族的传说故事。

虽然，剃头仪式曾经在裕固族的发展历程中起过举足轻重的作用，而且近些年也在不断地被人们回忆、诉说和延续，但是这个仪式所赋予的原初意

---

① 被访谈人：红湾镇居民 AQ，访谈地点：被访谈人家中，访谈时间：2016 年 3 月 7 日。

义正在丧失，留下的更多的是人们欢聚一堂对于美好生活的祝愿，其重视程度和影响力已经大不如前了。"剃头仪式作为一种曾经被重视的生命仪式，在现代化浪潮中，逐渐丧失着它的原初意义。"①

> 我们这一代大多数像我这个年龄的人已经不再去关注这些东西了。②
> 你问我普通老百姓最关心、最重视的，影响最大的是什么？这个问题不好说。解放前和解放后，旧中国消失，新中国成立，人们习俗也在变，现在和其他民族一样。很多活动大家都是图个热闹了。③

当然，也有部分裕固族人意识到这个问题，他们也正在尽自己最大的努力来挽救自己的民族文化。

> 我觉得挺好的。但是有的时候自己本民族的人把这个仪式已经过成一种形式了，我就感觉应该再隆重一点，内容再丰富一点，这样能够更好。因为它的步骤也就只有那么几项，磕头，烧东西，听个经，就没有太隆重的了。④

剃头礼曾经是作为成年礼而被对待的，因为没有人不成年，所以就意味着每个人都要有剃头礼。而其中的环节一样也不能少，祈福、诵经、剃头、教化、祝福和欢庆。每个孩子在这样一个过程中体会着什么是家族生活，自己与家族人的关系，以及家族中对于辈分的重视的具体行为所形成的道德力

---

① 缪自锋：《裕固族文化仪式研究》，硕士学位论文，西北师范大学，2005年。
② 被访谈人：红湾镇居民AQ，访谈地点：被访谈人家中，访谈时间：2016年3月7日。
③ 被访谈人：原大草滩村居民DZG，现居住县城，访谈地点：被访谈人家中，访谈时间：2016年3月7日。
④ 被访谈人：红湾镇居民AQ，访谈地点：被访谈人家中，访谈时间：2016年3月7日。

量都会左右着孩子未来的日常行为。每个孩子都会经历自己成人的那一刻，也更是会参与到比自己小的孩子成人的那一刻，仪式的重申和强化就是重述着成人后的那份责任和自我身份的认知。

而现在剃头礼的举行与否已经成为可以选择的事情，参与人员的复杂化已经冲淡了其中身份认定的道德力量，更多地停留在了欢聚时刻中把酒言欢的情感传递。后人感受到的和记忆到的只剩下程序的空壳。在笔者所调查的田野点上，最靠近酒泉的明花乡湖边子村是不举行剃头仪式的，而且在几位老人的回忆中也不曾存在这样的仪式。

> 剃头我们没有的，好像以前也没有。现在就大河呀，康乐呀有呢。不过也可能有个别人家弄吧，我反正没有见过。①
>
> 剃头没有啊，我们这里好像不弄这个。我家女儿小的时候是"抓周"。因为是女孩子，所以就放个口红、铅笔、计算器啥的抓一下，然后亲戚们一起聚一聚。好像也有过生日的吧。②

可见，作为裕固族重要礼仪的剃头礼，其适用范围并不具有普遍性，其恢复情况也受到家庭重视程度的影响，而且现在也主要是为了给孩子祈福而举行，其中所蕴含的首领意味已经不复存在了。

第四节　道德记忆与首领追问

无论是在本章开篇时我们提到的裕固族的首领记忆还是选头羊、剪马鬃、小孩剃头仪式，都承载着人们对于草原首领的记忆与认同。动物对于裕

---

① 被访谈人：湖边子村村民 TYY，访谈地点：被访谈人家中，访谈时间：2015 年 3 月 22 日。

② 被访谈人：湖边子村村民 HMC，访谈地点：被访谈人家中，访谈时间：2016 年 3 月 27 日。

固族人是十分重要的，在裕固族老人的记忆中人们见面要问的第一句话是：mallar esen me？（牲畜平安吗？）esen（平安！）它们具有了和人一样的首领意味。法国哲学家亨利·柏格森在《道德与宗教的两个起源》一书中提出了道德的推力和拉力的观点，其中，他提到的拉力在裕固族中的具体表征就是首领等概念。虽然这些概念通过具体的仪式活动蕴含在裕固族的传统仪式之中，并且通过不断的身体实践而成为日常道德生活的主要操演场域；但是，生活的吸纳往往要以部分的遗忘为前提，人们的记忆被多元文化所充斥了，生活场景的弱化在不断加速着人们对"首领"的遗忘。这正和开篇提到的尼采所说的"价值重估"是相似的背景，仪式活动的弱化致使其中的道德记忆发生了变迁，因此人们对人与"超人"的道德关系的记忆被多元文化中的英雄所取代，现代意义的首领已经进入了裕固族人的日常生活世界之中，人们对其他民族中英雄的认可和接纳也恰恰体现了一种新的道德记忆的建立。

一、传统"首领记忆"的消失

选头羊、剪马鬃、小孩剃头仪式，看似毫无关联的仪式活动实则承载着裕固人道德记忆中人与首领的关系。头羊作为首领出现后，其身份地位就被赋予了首领的意涵；小马剪鬃后就可以成为坐骑并承担自己的责任；孩子剃头将拥有自己在整个家族中的地位。这些仪式都承载着人们记忆中和草原首领之间的关系，以及寄希望成为首领的美好意愿，不单单是祝福，更多的是责任。但遗憾的是，伴随着小孩剃头仪式的可选择性、头羊选择的去仪式化，以及不再养马而消失的剪马鬃仪式，其仪式中所蕴含的"首领"记忆已经逐渐消失。

生产生活方式的改变造成了生产性仪式的变迁，甚至消失。很多活动已经成为非物质文化遗产的一部分，如裕固族剪马鬃仪式已被列入省级非物质文化遗产名录。他们所传达的对于头领和成才的道德期望也随着进入遗产名录而不再被挖掘和记忆。这些仪式渐渐地成为传统生产方式的代言词，而不是价值传承的载体。因此，在高声呼喊我们是来自草原的裕固族时，或许少了些对其生产仪式道德传承的深切认知，也就很难寻觅到自我独特性的认同体系。生产仍在继续，人们对待生活的热情依旧不变，但是缺乏仪式感的生产生活该以怎样的形式传递本该承载于仪式中的道德力量呢？

在裕固人的历史印迹中，这些传统仪式的存在都承载着浓厚的有关人与"超人"的道德关系的记忆。人们通过唱词、故事传播和传承其间的道德规训，但仪式内涵的消失已经构成了仪式形式消失，甚至变形的直接后果，这里流失的不仅仅是人们对人与动物的共生关系的认识，还是人与人的道德关系的去仪式化。这种人与人关系的拉力被淡化，道德记忆的方向发生转变。与首领记忆相关的传统仪式本是最为凸显的仪式活动，它从形式上和内容上两方面都在突出着裕固族的民族独特性，强化着民族情感，推动着民族凝聚力的提升，但在仪式消失的过程中，其所起到的凝聚力也必然随之弱化直至消失。

实质上在当下生活中，人们对于首领的记忆更多的是作为国民的一部分而言，即将自身与中华文化的整体道德关系认知相联系。在裕固族地区的访谈中所能找到的英雄人物多为汉族故事中的人物，孩子们在接受大量汉族读物的同时也在建立着对首领的定义和诠释，因此当笔者询问人们所讲述的故事时得到的答案是极为大众化的，已经很难寻觅到独具民族特色的民族传统英雄故事。这种传播内容的变迁正改变着人们对人与"超人"的道德关系的认知，传统的以草原为中心的首领印记逐渐被当下汉族故事中的英雄人物所取代，人们在面对首领评判时就有了共同的道德标准，这为裕固人能够更好地融入多元社会奠定了基础。

在这三个与首领记忆相关的仪式中，小孩剃头仪式虽有所间断，但现在有不断复兴之势。如同上一章提到的鄂博祭祀仪式，它们都是在十一届三中全会后不断被人们从记忆中拉回到现实生活。这些都成为裕固人介绍自己生活独特性的一部分，但剃头仪式显然已经丧失了对首领记忆的追溯。

正是由于剃头仪式本身所蕴含的首领与人道德关系记忆的遗忘，造成了剃头仪式已经不再被作为人们对首领的热爱而被歌颂。虽然它作为民族独特性的展现越来越受到人们的重视，但是已经无法起到支撑自我认知的核心作用。虽然在剃头过程中会表现出一些极具民族特色的符号，如阿卡的诵经、孩子的民族服饰、剃头的方式和顺序等等，但更多的只是保持在形式化的浅在层面。特别是仪式的诵词中已经没有了对孩子未来身份的强化，更多的是一种祈福和祝愿。现在的裕固人也不会将是否举行剃头仪式作为判断自我身份的一个决定标志。

无论是对头羊、马驹还是即将长大的孩童的认可，对他们的期盼就是人们对成为首领的期望，而这种期望是人们对凝聚力、对共同价值标准呈现的期盼。这其间的道德记忆就是对这种人与首领之间的道德标准的回忆和重述，是对其所展现的价值的重申过程。实际而言，裕固族人对首领的期盼和其他民族对成长、成才的期盼是一致的。作为草原民族的一员，朝夕相处的羊、马不仅仅是生产中的资料，更是生活中必不可少的部分，对它们的期盼和对自身成长的期盼在本质上是一致的，这恰恰体现出牧民与草原之间道德关系的进一步延伸。从上一章中所体现出的人与自然的关系进一步深化到人与动物及其本身的道德关系的认可程度，这种期盼和任何一个民族对自己民族未来首领意义、民族发展的期盼是一致的。对裕固族人来说，他们记忆中唯一的英雄是曾经战胜过他们的蒙古人格萨尔王，这更体现了裕固人的包容和柔和特性。他们能够认可一切可以对英雄、首领的认可，并且不拘泥于自身的认知。因此，裕固族能够在漫长的历史长河中不断与其他民族共同融合和发展，正是基于共同的道德价值评价标准，形成共同的行为方式和相同的信仰模式。

在裕固族人的道德记忆中，人与首领的关系伴随着人们的生产生活方式的变化以及人们的多元交往也在逐渐发生改变。从原来的以草原为中心的首领树立，到当下的多元接受，正体现着裕固族人道德关系认知的融合趋势。拉力所表征的道德方向所给予的榜样的力量发生改变的同时，正是裕固族人民族文化变迁的重要部分。对于首领人物或者说首领诉说方式的接受为裕固族人更好地融入多元文化奠定了基础。

二、首领记忆与牧区发展

首领的说法最早见于晋朝，"文帝深器重之，每朝会坐罢，目送之曰：

'魏舒堂堂，人之首领也'。"① 此段话是文帝对魏舒的称赞，赞其为人之表率。这种通过衣服领子和袖子的重要性来赞赏一人的说法不断被深化，如南朝刘宋时期"仓头衣绿裤，首领正白"②，宋代苏轼更用诗句表达了首领的重要意蕴："但放奇纹出领袖，吾髯虽老无人憎"。唐玄宗更是表明了首领的领导意蕴"韦昭、王肃，先儒之首领"③。

草原民族对于首领的认知由来已久，对英雄的记忆一直存在于人们的道德记忆中，人们进而通过各种不同的仪式去铭记它。从羊群中的首领到期盼马儿的成长，再到人们对于儿童未来的期待中都蕴含着人们对首领的期盼和对首领的美好期望。日常生活中在裕固族老人的记忆里，"英雄就是好的东西，就是你的饲养管理得好，牲畜发展得好，你的生态保护得好，教育得好，在家庭里你自己能下苦吃力，这就可以说是英雄。"

实际上，无论是记忆中的英雄形象还是人们对生活英雄的期望，都受到牧领的影响。在福柯看来，牧领是运动中的复杂人群权力的体现，是善的，是个人化权力的彰显。詹姆斯·麦格雷戈·伯恩斯说过"首领无处不在"④ 无论任何时代首领的召唤力量都可以成为人们为之努力的精神导向。

人们对首领的认知不仅仅是一种情感的依托，更多的是一种希望。一个牧群、一个村落乃至一个部落都需要有最直接的、最近距离的指向，这是一个社会组织的基本构架走向，也是人们走向公众参与的切入口。因此在社区治理中应该加入对其首领认知的情感认可，遵循其对首领的认可，并构建能够形成具有当地有效性的社会组织基础。

马克斯·韦伯通过对历史的考察认为，正当的权威无外乎传统型、魅力型和法理型三种：传统型是"建立在一般的相信历来使用的传统的神圣性和

---

① （唐）房玄龄:《晋书·卷四十一·列传第十一》，中华书局 2008 年版，第 785 页。
② （南朝宋）范晔:《后汉书·皇后纪上·明德马皇后》，中华书局 2007 年版，第119 页。
③ 《〈孝经〉序》，徐艳华译，北京联合出版公司 2015 年版，序言，第 1 页。
④ ［美］詹姆斯·麦格雷戈·伯恩斯:《领袖论》，中国社会科学出版社 1996 年版，第60 页。

由传统授命实施权威的统治者的合法性上"；魅力型是"非凡的献身于一个人以及由他所默示和创立的制度的神圣性，或者英雄气概，或者楷模样板之上"；法理型是"建立在相信统治者的章程所规定的制度和指令权利的合法性之上"①。而费孝通就中国的乡土社会进行分析后发现，这些权威类型是可以并存于一种组织。费孝通指出："中国乡土社会的权力结构既有不民主的横暴权力，也有民主的同意权力，还有既非民主有异于不民主的专制的教化能力。"②并将其概括为"共意权威"，也就是作为村落首领可以通过依靠自己的魅力权威将国家赋予他的法理权威回馈到传统权威的位置上，将对首领的道德认知和国家的法理融会为对村落的治理之中。

当下仅仅依靠任何一种权威形式都不可能成为持久性的结构，人们的经济、政治、文化之间的紧密联系已经对首领提出了更高层次的要求。裕固人在仪式中对首领的期待正是基于对现实生活的需要出发的，因此要真正成为现实生活中首领人物而具有权威性，就必然要基于能够为村落发展做出持续贡献的经济型，并且能够成为道德楷模不断回馈村落的魅力型才能够在社会发展过程中获得自然而得并不断巩固的政治权威。

时代对每一个平凡或者不平凡的社会发展者都提出了新的挑战，当人们一次又一次地融入对首领的记忆中时，也是在对自己未来美好生活发展方向的无限期待。牧区的社会发展是要建立在人草畜相结合的和平发展过程中的，在合理有效的范围内推动当地经济发展并能够为全体提供发展方向的首领必然会成为牧民的治理依托。

---

① ［德］马克斯·韦伯：《经济与社会》，林荣远译，商务出版社1997年版，第241页。
② 王露璐：《经济能人·政治权威·道德权威》，《道德与文明》2010年第2期。

第三章　道德记忆中的生活仪式：人与人

"18 世纪末以前，人并不存在……知识的创造者用自己的手制作了人，还不到 200 年。他从没有在那个表格中发现自己。"[①] 接着尼采宣告"上帝死了"，福柯宣告"人也死了"。这个人当然不是具体的人，而是尼采提出的那种具有中心地位的人的去神圣化，失去了主导世界的权力。人回到了人与人之中，开始通过自己的认识来构建这个世界的框架。

而人类的仪式活动伴随着社会的发展一直在不断发生着变化，其变化和社会的变迁可以说是同步进行的。在这种人与人之间的关系调节之中，仪式起到了聚合、分离、再聚合的重要作用，通过人与人之间的仪式关系人们不断确认着自己所属，不断认知着自己所在的这个群体，不断习得人与人之间的相处之道。

正是在这个意义上，人与人的道德关系成为人类道德记忆的核心。上一章所提到的剃头礼，只是家庭成员的被认可，而这一章要分析阐释的婚礼仪式、节日庆祝、丧葬仪式就是每一个个体自我认可的基础，从这里责任发生了根本的变化。从建立一个新的家庭到融入全方位的交际网络，再到面对亲人的死亡，人与人之间一系列的道德关系都在这里展现、重申和强化。

---

① Michel Foucault, *The Order of Things*, Vintage,199，p.308.

第一节　婚礼仪式

一、现代传统婚礼的记忆与重述

笔者参加了几次裕固族婚礼，几乎都是穿着裕固族服装的现代婚礼，程序和当地汉族婚礼比较接近。在资料片中看到的传统婚礼成为人们口述的历史而未在生活中呈现。恰巧在 2015 年 8 月，在大草滩村调查的时间里，听闻柯翠玲老师要在县城为自己的女儿举办一场传统婚礼时，笔者连忙从村里赶往县城。到达县城时已经接近六点，赶到婚礼举办的地方①，发现人们还在做很多的准备工作，特别是柯老师和她的嫂子正在忙着准备家人明天所需的物品。

其中一位年轻漂亮的姑娘吸引了笔者的注意，上前了解竟然是明天的主角：新娘子。她脸上喜气洋洋的表情，让人感受到了幸福的味道。

> 明天就是我要举办婚礼了。妈妈给我安排一场裕固族婚礼，我感到很高兴。虽然他（新郎）是汉族，明天他的父母会来。后天，我们还会到张掖举办一场，到时主要是婆家的亲戚和朋友。后天就和你们的仪式活动一样了，我也会穿婚纱举行仪式。

新娘带笔者参观了明天将要举行仪式的帐篷，介绍了里面大体的陈设。不过由于还没有布置完成，帐篷内略显凌乱。

> 其实有些东西我也不知道怎么弄，就是看着妈妈忙，我也帮不

---

① 注：当时，婚礼举办的地点在博物馆旁边的一处空地上，这里原来是一片空地，现在已经建起了一栋三层的楼房，旁边搭建了两大一小的三个帐篷，其中两个大的帐篷是黑色的，一个小的是白色的。现在已经是裕固族传统文化展示的场所，被建成中国少数民族特色村寨。

上什么忙。只是说这个大帐篷明天就是当作婆家的房子来使用的。听说明天会有很多的电视台来呢。好在妈妈给我找好了伴娘，到时候听伴娘的就可以了。在我们裕固族伴娘都比新娘的年纪大，都必须是结了婚的，要不怎么带我呀。我现在什么都不想，就等待明天的到来了。

新娘对自己即将要参与的一切表现出了极高的兴奋度，这和任何一个新娘子是没有任何差别的。不过对于今天的主角来说，能以自己民族传统婚礼形式出嫁无疑是让自己的婚礼更加特别。相对于新娘的简单快乐，新娘的妈妈柯老师可就忙乎得多了。

（一）婚礼仪式前的准备工作

直至婚礼举行的前一天晚上，关于婚礼的流程还在讨论之中，柯老师的嫂子是这次婚礼过程的总负责人，柯老师和嫂子讨论了婚礼的流程以及每个部分应该出现的仪式、唱词和物品。

等到两人终于讨论得差不多时，还未向我多做介绍的柯老师又被要准备宴席的人叫走了。此次柯老师要打造一个原生态的婚礼现场，无论是婚礼仪式还是婚礼宴席都要尽可能地寻找过去的味道。也是因为柯老师的要求是要找回过去，所以她努力购置能够和回忆中的物品相同的器物，但是这给准备宴席的人带来了很大的困难。从所使用的食物、器物到仪式流程，每一件事都要柯老师亲自叮嘱和安排。虽然辛苦，但对柯老师来说这就是对孩子的一种承诺。

女儿要结婚了，我就想着给孩子准备一场我们裕固族的传统婚礼吧。孩子当然很喜欢，但是对于我来说也是一个比较琐碎的工作。因为对于传统婚礼仪式的记忆已经很不清晰了，所以我请来了嫂子帮忙。我的嫂子对我们裕固族的传统文化知道的很多。我也尽我所能地把能够讲述婚礼诵词的老人请来为孩子祈福。明天你们也早点过来，我还请了很多电视台的人呢，我们裕固族的传统文化就要好好宣传呢。我所做的这一切就是希望我的孩子还有我们裕固族的其他人更加了解我们的民族，尊重我们的文化，更好地传承和保护它。

无论什么时候，柯老师一说到民族传统文化总是津津乐道、滔滔不绝，对于柯老师来说，传统文化的传承和发展就是对民族热爱的最直接表现。

第二天一早，笔者7点赶到了婚礼仪式的地点，人们已经早早地忙碌了起来。

柯老师已经把几乎所有会唱裕固族婚嫁歌曲的老人和几位中年人全部请到了婚礼的现场来为她的女儿唱诵裕固族的传统婚嫁歌曲。

红湾寺的阿卡也早早地就在新娘要出嫁的小帐篷中念经祈福。当新娘在伴娘的陪同下进入父母为她准备的小帐篷，进行梳妆打扮之时，阿卡则在亲人的带领下来到宴席中开始祈福，并在不断诵经的时刻制作着献祭的用品。几乎每一个走过阿卡身边的人都会驻足聆听或祈祷。老人们慢慢走来，陆续坐在了阿卡的周围。

被安排有任务的年轻人都在紧锣密鼓地忙碌着，有摆放帐中物品的，有安排打尖物品的，还有仍在询问负责人注意事项的。在忙碌完自己的工作后，大家换上裕固族服装等待婚礼的开始。

而新郎在练习着对自己所要驾乘的马儿的控制，这是从草原上牵来的六匹白马之一。由于新郎今天是第一次骑马，所以有些紧张和不适应，好在今天的马儿似乎知道自己光荣的迎亲使命，明显乖巧许多。

各个新闻单位悉数到位的同时，总负责人开始一一安排婚礼的每一个步骤，并详细地讲述每个人的职责。

当阿卡诵经结束，约定好的良辰已到，婚礼仪式徐徐展开。

（二）现代"传统婚礼"仪式过程

戴头面：婚礼的开始仪式，即在新娘家给新娘戴上象征女子已婚的头面和尖顶红缨毡帽。仪式上要唱各种《婚礼歌》。

在戴头面仪式中要演唱《戴头面歌》：①

　　新娘唱：啊，衣诺，

　　来尔来尔莫呀，衣啊，衣！

　　母亲都没碰过的头发，

　　姐姐没有梳过的秀发，

　　妹妹没有动过的头发，

　　有眼睛图案的凯门拜什怎么样戴？

　　前后的头面怎么样戴？

　　镶边的袍子又该怎么样穿？

　　娘家人唱：穿上下摆宽大的袍子，

　　到婆家生个胖小子，

　　穿上袖口窄窄的袍子，

　　到婆家养个漂亮的给子达尔。

　　新娘打扮起来多么漂亮，

　　像长着六叉鹿茸的鹿一样英俊，

　　你到六十家的帐篷转一转，

　　大伙都会把你夸奖，

　　你在裕固族六个部落中，

　　人人都会把你赞扬。

　　你要把七十二副的牛毛帐篷支起来，

　　名副其实地把家当起来。

　　这样远处的好听，

　　近处的好见，

　　是我们部落的光荣，

---

① 田自成、杨进禄主编：《裕固族民间故事》，肃南县文化馆民间文学集成编辑组 1990
　　年，第57—58页。其内容与柯老师和她嫂子的描述一致。

也是草原的光荣。

姑娘莫再忧伤，

莫错过良辰把头面戴上。

经过这个仪式，少女成为人妻。这种身份地位的转变来自未来所承担责任的不同。事实上，这是以一个非常特殊的方式完成了女性的成年礼。这个成年礼和孩子剃头、选头羊以及剪马鬃等仪式在成长的某一个阶段上的象征性特征是一致的，这就是范·盖内普所说的"过渡仪式"。但不同的是，相对于其他的对象，新娘不但是仪式的承载者，也是仪式结果的实施者，孩子、羊、马只是仪式的一部分。承受者和观看者在戴头面仪式中记忆和传承，它更接近于范·盖内普的本意：分隔—边缘—聚合。

> 以前就是男方和女方不认识也不见面，结婚的那天才能见。前面有相亲，女方和男方就不能见。双方父母可以见，同意以后，结婚双方结婚的那天才能见。像现在的送亲，我们的送亲，女方的属相都要请僧人来算，合适的话能送，不合适的话就不能送。①
>
> 听老人说男方和女方是可以自由见面的，看上对方以后，家里就去提亲了，根据条件吧。同意就会找僧人算，然后举行其他的。但是婚礼之前是不能见面的。②

结婚以前是否能够见面应该是因时代的不同而有所差异，但相同的是婚礼举行之前的一段时间内双方是不能见面的。分隔后的双方重新见面之时身份、地位、责任和亲密度已经完全不同。这种不同是基于道德的评判标准的变化，是不同的身份所承载的不同道德认知的变化。从今日起，人们对新娘的评价标准已经不是简单的人际交往中的评价标准，更是组织和安排一个家

---

① 被访谈人：大草滩村居民 SCH，访谈地点：被访者家中，访谈时间：2015 年 6 月 10 日。

② 被访谈人：县城居民 AQC，访谈地点：被访者家中，访谈时间：2015 年 7 月 12 日。

庭的能力，承担一个家庭的责任。从女孩到女人的边缘跨度是这个仪式的核心要义，这一边缘的跨越意味着人与人之间的关系发生了根本的变化，从个体到家庭的责任关系的不同，所延续的实践行为，恰恰就是道德记忆所引导的日常生活准则。

送亲：女方的舅舅为领队，新娘手持蓝色的头面，由伴娘搀扶上马。在众人的陪同下离开娘家。将新娘送至队伍出发的地点时亲人要唱诵送亲的歌曲，而新娘则一定要唱告别的歌曲《婚礼告别歌》[1]：

阿依索依诺，我阿扎要把我嫁到阿哥的身旁，我只有向着高处来把歌儿唱。让我的歌声飞上云端，让我的歌声传遍人世间，让我的歌声传遍山岗和草原。向右转去向阿扎告别，向左转告别我的亲娘。

父母此时要唱送亲歌：去吧孩子，迎着吉祥的阳光，就要和你丈夫见面；近处的邻居们听了高兴，给我们的村庄部落添了光彩。

众人也要唱一些送亲的歌[2]：如"万紫千红的花儿朵朵，向新娘把头点；美丽、善良的新娘哟，前面就要为你打尖。红柳花开了一片连一片，好像是新娘织出的花毡。雪白天鹅一双又一双，飞舞、嬉戏在海子边。吉祥如意的彩虹为新娘搭桥，送亲歌儿洒满了一路。美丽、幸福的新娘哟，前面你就要和新郎见面。"

从此时意味着女儿要远去他方成为别人家中的一分子，离开了家人庇护的孩子要承担起成年人的角色，其所需遵循的生活行为就因为身份的转化而不同。她要依从不同的道德规范，而怎么样合理地行为，都源自女儿对自己家庭中道德关系的记忆，并进而指导自己日后的行为。

打尖：实际上就是一个男方家人来迎接女方队伍的仪式。由于裕固族长期以游牧生活为主，再加上主要的交通工具只有马匹，所以有时候送亲的队

---

① 田自成、杨进禄主编：《裕固族民间故事》，肃南县文化馆民间文学集成编辑组 1990 年，第 60、28 页。

② 田自成、杨进禄主编：《裕固族民间故事》，肃南县文化馆民间文学集成编辑组 1990 年，第 29 页。在仪式过程中由几位老人演唱，后在访谈中得知和田自成所收集的唱词内容基本一致，故引用田自成收录的版本。

伍可能要走好几天的行程，因此需要中途休息一下。除了休息之外，在打尖的过程中，还要通过煨桑等形式来祭祀各种神灵，以保护路途的平安。男方家通过为娘家人敬献哈达等形式传达对娘家人的尊重，同时备好美酒和美食以供娘家人休息之用。在这个过程中也伴随一些歌舞，如打尖歌曲：

> 尊敬的客人们呦，请你尝一尝呦，这牛背子香呦，这羊背子嫩呦。喝一杯喜酒呦，添一添力量呦。

稍事休息过后，队伍去往目的地新郎家。在进入新郎家之前，会看到新郎家为新人新设的小帐篷。

踏房：就是女方家对男方家实力的检验。女方送亲队伍要骑马冲向为新娘和新郎设置的小帐篷（裕固语称为道尔郎），其目的是将其踏倒，因此称为踏房。为了不让女方的马匹踏倒帐篷，男方家事先就已经派一些有经验的朋友在其帐篷中大声喊叫敲打物品等，以防止马匹的接近，防止被踏倒，进而证明自己家庭的势力能够很好地照顾和保护未来的妻子。此仪式以男方抓住马的缰绳为结束。

过火堆：新娘过火堆仪式的目的是辟邪和求福。男方家门前点燃两堆火后，新娘在伴娘的陪同下从火堆中走出，从两堆火中间走过，来到新郎家中。

射箭：进门后，新郎要向新娘连射三支无镞箭，当然不会伤人。射箭后新郎会把弓箭这段扔到一旁，然后由老人将其投入火中烧掉。从此后新娘与新郎相亲相爱、白头到老。

在裕固族地区有一个古老的传说印证着人们对火的崇敬。传说，在最初的时候裕固族人没有火，后来一个被称为莫拉的首领从天神那里为裕固族取来了火种，才使得裕固人能过上好日子。每个家庭只有一个火种，因此每当丈夫外出狩猎时，妻子都要十分照顾火种。可是有一天，妻子不小心将火弄灭了。妻子非常担忧，就急忙出门去寻找火种。妻子走到一个远处的老人家中借到了火种，老人让她赶紧回家，她连忙深夜走回家中，谁知这不是一位老人，而是一个三头妖怪。他在火种里放了很多灰，并留了小口，这样火灰就一路被撒在了妻子回家的路上。第二天妖怪来到妻子家中，看到妻子只有一人，就开始喝她身上的鲜血。其后每天都来，妻子无力反抗，变得骨瘦如柴。几日后，丈夫回来看到了这一幕，便用三支箭射落了妖怪的三个头，杀死了妖怪。后来，裕固人为了防止妖怪的到来打扰到正常生活，也为了纪念这位为裕固族人驱赶妖魔的首领而举行了这个特殊的仪式。这个仪式象征着夫妻之间为了家庭共同的努力，包含着裕固族人敢于战胜邪恶、共同追求幸福生活的勇气和能力。

交新娘：娘家人正式把新娘交给婆家，婆家人演唱迎亲的歌曲①：

> 一对鸳鸯天配成，小两口子放光明；家中牛羊一大群，骑上走马一溜风，喝茶穿绸无饥冷，荣华富贵享不尽；不要责怪父母亲，新娘脚下铺金银。

娘家人要讲述新娘的情况，诉说请婆家人多多包涵的语句。而婆家人会在此时唱诵东部地区的《沙特》（或西部地区的《尤达觉克》），在唱诵的过程中众人应和，不但要讲述婚礼是多么来之不易，而且要教会一些日常生活的家庭劳作。

而此时的《沙特》②（裕固族史诗，据当地人描述其内容涉及日常生活的各个方面，而今全篇已佚）唱诵是最为核心的部分：

在久远的往昔，天地还没有形成，后来在一个茫茫大海中形成了天地，最初天地在一个金蛙身上。金蛙降临宇宙，天地形成三十三层，三十层已稳定，尚有三层没有稳定，因此天地间一片混浊。天地间还有八十八根金柱子的须弥山，八十四根稳定了，四根还没有稳定，这是为什么？

---

① 田自成、杨进禄主编：《裕固族民间故事》，肃南县文化馆民间文学集成编辑组 1990 年，第 31 页。在仪式过程中由几位老人演唱，后在访谈中得知和田自成所收集的唱词内容基本一致，故引用田自成收录的版本。

② 贺卫光：《裕固族仪式研究》，民族出版社 2015 年版，第 250—257 页。

　　请教了罗尔格特勒旦巴，请教了拉义俄毛加布绒汗。拉义俄毛加布绒汗的天空上，晴天看不见云彩飘荡。大地上得不到雨水浇灌，又请教了鲁布桑汗。鲁布桑汗的大地上一片荒凉，没有牧草、树木和群山，也没有水，到处是沙漠，人们也没有尊卑伦理。又请教了具增加恩白汗，汗说是天和地需要结亲，两个亲家需要四个斯买，两个亲家怎样才能结亲？

　　之后通过一系列辛苦的过程才能结为夫妻。在《沙特》中讲述了结婚过程中每一个器物的使用缘由和它所承载的道德意蕴。一遍遍通过重复和押韵来体现今天生活的得来不易，希望后人珍惜生活、热爱生活。天地的形成、人间的分类都和婚礼浑然成为一体，人们在配合的回应声中展开对婚后美好生活的向往。

　　在《沙特》的描述中，裕固族的创始神们一再为了适应普通百姓的生活条件，让普通人都能举行婚礼活动而不断地降低婚礼的标准：从"缝对缝的羊毛织的呢子，花对花的绫罗绸缎，以及金子和银子"到"棕色骆驼，绫罗绸缎，装着礼品货物的宝车"，再到"黑牦牛和有盘羊血统的百只白色绵羊"。

　　从金银的要求降低到牛和羊的要求，为接下来的喜宴做好了铺垫。在喜宴中，从具有重要象征意义的物品到所使用的生活所需，以及饮食物品都来自陪伴游牧人生长的牛和羊。

　　喜宴：据说裕固族在过去的时候采用的是一种类似于羊圈席的形式，因在羊圈举行而被称为"杰里盖"。后来又转变为在院子里举行的"高桌席"，再后来多数在乡镇中心的饭馆举行，也就被称为"馆子席"。当然，时至今日已经都被称为酒席了。宴席中所食用的食物也因时间的推移而变得丰富多彩。柯老师今天尝试将喜宴回归，使用传统的烹饪方法来制作美食，用花纹较为传统的器物来放置食物。

　　喜宴以游牧民族的传统饮食为主，同时新郎家人会按照亲人不同的身份、地位和辈分来分羊肉，以表达对亲人的尊重和感谢。除了新人要为亲人们敬酒之外，婆家人也要唱诵一些酒宴诵词。如酒席宴上要请新娘的舅舅观看酒宴丰盛不丰盛，这里就要唱《验看酒席》：哦！（每句唱词前都有"哦"这个表示语气和提醒注意的唱词）日子要挑选吉日，月亮要挑选满月。今天说起来，是两家结亲的日子。今天说起来，酒席的总管说，这姑娘在哪儿？说起这酒席，姑娘的舅舅说要察看一下，看是丰厚还是单薄。看着肉，说起这肉和馍馍，它们比须弥山还高。说起这个，把碎末捡一捡，给客人当茶饭，这也就足够了。这比须弥山还高，和总管家商量了一下，这些东西怎么吃啊？也说到，派了五个东家，拿了十八斤的斧头，一个拿着口袋，一个不停地砍，可是无法让它变少。说起这酒，它比森海子还深。它也是有数的，七百斤和七百斤加在一起，七十斤乘上五，说这是三百五十斤。都要说上，有一千零五十斤。把它怎么弄一下呢？我十两的酒壶也没有带，东家们说，这要喝了，也是要醉人的。让我察看一下这个酒席，我也说了，我胆子小经常害怕，我脸皮薄、经常害羞，这些我也无法说。我是被邀请来的，可这样的话我也没有说过。虽然说了，也是说得零七碎八。后面的说到前面去了，前面的说到后面去了。我也没有说过话，说起今天，在众客人面前，我也仅仅是察看一下酒席。今天是喜庆的日子，今天是阳光灿烂的日子。说起今天，大家都要说，如果怠慢了众客人，过错在亲家这边，总管家会去弥补过失。如果不在亲家身上，该指责的就指责，在总管家身上。①

如果舅舅不会诵说酒宴诵词，他就得请总东替他观席。总东端一碗酒和一块方布主说，另一人端一小盅肉、馍、果点陪着说。主人说一句，陪说人一人复一句，说词夸耀酒宴的丰盛，幽默风趣，增强了宴会的欢乐气氛。宴席在一片欢声中延续，也结束了婚礼的仪式活动。

二、传统婚礼道德记忆的传承与改变

（一）人们记忆中的传统

事实上，裕固族传统婚礼的形式和步骤在人们的回忆中并不是固定的，不论是书中的描述还是视频中的呈现，或是生活中的还原都存在很多的差别。笔者在参加的婚礼程序分为戴头面、送亲、打尖、踏房、过火堆、射箭、交新娘及喜宴八个步骤，据说传统的裕固族婚礼仪式的尾声还有一个赠

① 钟进文：《西部裕固语描写研究》，民族出版社 2009 年版，第 252—254 页。

尧达的环节，在当时的活动中我并没有看到。

记载中，在婚礼过程上会有一位家中的长者手持尧达来到新人面前送上祝福，这里的尧达是指羊的后腿胫骨。这个尧达象征着两性的婚姻生活的美满，象征着繁衍子嗣的任务，祝愿着这对新人的美好生活。在这过程中人们会唱诵尧达曲格尔①。其诵词内容大致如下：

今天要说什么呢？日子要选一个吉日，月子要选一个圆月。今天是什么日子？是尊佛的神灵菩萨光芒的日子。要是说源道头的话，有两位可汗。阿木兰汗说了，他要做一个金尧达；铁木尔汗说了，他要做一个银尧达。众人说这样结亲实在太难，这事情也有个办法，在七处草原，有四位"斋桑（大臣）"。

陶什勒尔的陶恩麦里格斋桑，贡尔拉提的萨里尔蒙尔斋桑，亚拉格的杨尼敦智斋桑，安章的头人说的昂乃登三斋桑。这事也有个办法，要取下青龙的尧达。这事也办不成，为什么办不成？到夏天龙一张口就要刮风下雨，到冬天龙一动脚就会天地冻结。据说青龙是不吃草、不喝水的"仁宝奇（宝贝）"，这事也办不成。

四位斋桑再次商议，他们也没有更好的主意。姑娘小伙的舅舅们与他们共同商议，从驼色羊的身上取下尧达。驼色羊也不行，为什么不行？万只羊中仅有一只领头的驼色羊，一个尧达怎么能满足众多百姓的需要？

他们再次商议确定，从普通绵羊上取下尧达。绵羊浑身是宝，绵羊身上有五样宝，都是什么样的宝？它能在草原上开出路来；羊粪是黑色的珍珠，能让人们得到温暖；羊奶做成酥油可以给佛爷点灯；胸叉和羊背子献给头人和喇嘛；取下绵羊的后小腿作为尧达送给新娘新郎。这样就行了。

要说今天的尧达，是可汗面前讨过礼行的尧达，是给头人献礼得到的尧达。这尧达的大头子为什么是黄色的？据说渗透了拉木尔汗的千两黄金。这尧达的一头为什么是青色的？据说是渗透了铁木尔汗的千两白银。为什么给尧达缠上羊毛？这是夫妻白头到老的象征。为什么尧达的肉是一层一层的？

---

① 贺卫光：《裕固族仪式研究》，民族出版社2015年版，第236—239页。

这是两家今后亲上加亲的象征。为什么龙碗的四边抹上了酥油？是新人孝顺双亲四位父母的象征。为什么碗里盛满鲜奶？是无量的海子水哺育儿女们的象征。给新郎戴上帽子！象征雪山上飘着祥云。给新郎穿上长袍！象征蓝天上的一片云彩。给新郎系上腰带！象征着雨过天晴后的彩虹。把尧达送给新郎！象征着为太阳加上了金边。为新郎穿上靴子！在大地上留下了他一生的足迹。给新郎头上抹上鲜奶酥油！象征二人相亲相爱、顺利圆满！象征铁身石头长命百岁！成为可汗的一位大臣吧！祝他们生下一男一女两个孩子吧！

唱词中我们可以看到裕固族的道德规训体系中对婚礼仪式过程的要求，在此期间人们要如何做，新娘要如何承载成家后身份地位的变化，新郎要承载该如何对待家庭，承担责任。两个家庭之间该如何相处，以及新婚的夫妇该如何繁衍子嗣。而这些就是婚礼中或以后婚姻生活中的道德要求，在人生最重要的时刻，以最隆重的形式演说和传承这些道德规训。

除了赠送尧达这个环节外，这里还有必要介绍一下传统婚礼仪式举行之前的一些需要完成的相关步骤：求婚、许亲、说亲和订婚等环节。

> 以前最早提亲的时候，男方拿一瓶酒，一个类似哈达的东西，其他可以什么都不拿，父母同意的话就可以结婚，女方 15 岁可以结婚，男方则 12 岁就可以结婚。男方也不用出什么彩礼，如果女方经济条件好的话，可以用牛啊羊啊陪嫁。那时候男方和女方不认识也不见面，结婚的那天才能见。前面有相亲，双方父母可以见，同意以后，双方结婚的那天才能见。我们的送亲，女方的属相都要请僧人来算，合适的话能送，不合适的话就不能送。结婚当天请来僧人，那时候还没有车，只有马队，往新娘家去了十几匹马去接新娘。马队数量是由新娘家决定的，女方家要求来多少就得来多少。女方父母和新娘新郎一起去到新郎家，吃些馍馍羊肉奶茶，吃完了就带块肉走。①

---

① 被访谈人：大草滩村居民 AGY，访谈地点：被访者家中，访谈时间：2017 年 7 月 16 日。

在裕固人的记忆中许亲和说亲环节所用时日较长，有的要从索要 120 种彩礼①开始，这些彩礼种类繁多，包括珍珠玛瑙、海贝玉石、三圈项链、头面耳环、镯子佩刀、彩色手绢、宝石戒指、绸袍棉衣、缎袄袜子、牛皮靴子、被子褥子、白毡沙毡、枕头毛巾、腰带衣料、绣花针线、羊毛驼绒、牛毛绳子、牛皮羊皮、狐皮猞狸皮、箱子佛匣、茶镜水镜、大米白面、黄米小米、青稞炒面、酥油清油、曲拉奶皮、茶叶盐巴、黑醋调料、美酒鼻烟、白糖黑糖、冰糖葡萄干、锁阳蘑菇、红枣炒米、沙枣鸡蛋、农人瓜果、农人蔬菜、锅碗筷子、盘碟勺子、酒壶茶壶、酒杯酒盏、水桶奶桶、菜刀擀杖、马鞍缰绳、马绊马钌、褡裢鹿鞴、肚带马铃、马镫红穗、马蹄马掌、铁铗弓箭、烧馍油果子。

男方起初必须要全部接受女方家的彩礼要求，不能要求立即减少，这是对女方重视的表现，也是女方父母对孩子的重视。在后来的几次说亲环节中，可以一次又一次地提出减少彩礼，直至达成双方都满意的程度，据老人说最少也要 20 几种。

商定好彩礼就要请阿卡来到家中，为新人推算良辰吉日结婚。一般仪式过程的每一个程序都有具体的时间安排，而且安排一旦确定后就不会再进行更改。

> 一般的婚礼仪式都是从给姑娘举行戴头面仪式开始的，严格来说，戴头面仪式是在前一天的下午就开始了，家里要宴请亲朋来见证出嫁姑娘的戴头面仪式。②

无论是婚礼活动前的准备还是婚礼仪式的程序过程，都反映着这个仪式对于裕固人的重要性。在曼内海姆的描述中，"婚礼是裕固族人唯一的庆祝活动"。虽然无法判读曼内海姆对于庆祝活动的定义，但有别于往日的热闹

---

① 郭梅、钟进文：《中国裕固族》，宁夏人民出版社 2012 年版，第 169 页。
② 被访谈人：大草滩村居民 AGY，访谈地点：被访者家中，访谈时间：2017 年 7 月 16 日。

场景是一定存在的。

（二）"传统"婚礼的道德记忆

在婚礼仪式中，裕固族对于女儿的重视和期待她成为良妻的希望融为一体。教育涉世未深的出嫁新娘要成为一个好女人，教育新娘如何习得一个新娘所必须的责任和义务，怎样去处理家庭和社会间的关系，无论身处何种环境都要恪守妇道、孝道等伦理道德方面的规范。教育新娘要勤劳、贤惠地对待婆家的成员，这样就会受到婆家的接纳。

通过复杂的仪式和优美的唱词，裕固人在婚姻的礼仪中成立了新的家庭。这其中充满着长辈对子女的爱、子女对长辈的情、夫妻间的承诺等，不仅是一个仪式，也是整个未来生活的写照。通过唱诵来传承人们对道德关系的重视，通过仪式过程的每一个步骤来强化婚姻道德观念对人们日常生活的影响。道德记忆通过唱诵被强化，也通过唱诵被铭记。

今天的主人公是来自西部裕固族的，而今天的沙特唱诵者是来自东部地区的大草滩村。在仪式的婚礼过程中，就有了解当地文化的摄影师说，"这西部人结婚咋是东部人唱着呢"。而事实上，从内容上来看，东部地区的《沙特》和西部地区的《尤达觉克》①在婚礼方面的要求是基本一致的。

在唱词中一般要交代选定的日子是"神佛所赐的黄道吉日"，是成亲的好日子，要介绍两家的缘分。对双方家庭的待客礼仪进行说明和交代，"要互相敬献和交换哈达"，"要恭请新郎的舅舅和新娘的舅舅在上席上就座"。不仅包括传统的仪式，也会在不同的场合提出一些不同的礼仪细节要求。

在这些礼仪中，可以看到具有明显的舅权和母权文化的痕迹，"人之尊是舅舅"，"恭请上席辈分年龄最长的奶奶，恭请伴娘、侍茶的姑妈"。歌者类似于汉族婚礼中常见的司仪、总管，对婚礼中的座次进行安排。

这种介绍之词表达了裕固人的谦虚和礼让。不仅是在唱词中说的，在实际生活中，裕固人在很多家庭内部场合都会礼貌相让，这成了一种传统，也成了一种习惯，而习惯的养成恰恰源自人们道德规范，也正是这种规范的存

---

① 贺卫光：《裕固族仪式研究》，民族出版社 2015 年版，第 240—249 页。

在才推动人们养成生活中的德性，而德性在仪式中转化为人外化的行动而被记录和传达。孩子们在仪式中观察父母的言行，并将其内化，从而引导自己的日常行为。从日常的道德教育体系我们可以发现，裕固族人对孩子的道德教育采用的方式是一种相对宽松的教育方式，对孩子的教育常会以沟通为前提。在这样的一种教育环境下，行动的能量早已超过了语言，而婚礼仪式中的唱与行共同构建了一个完整的道德教化的"场域"。人们在这个场域中寻找自己的位置，在唱词中寻找对自己的要求，进而在生活中不断进行自我规训。《尤达觉克》和《沙特》一样，其核心重点都是要讲述规则。

"那咏诵的话就来咏诵吧，要说这咏诵尤达呢，其间的规矩还真不少。"

"要说地神苏古姆巴释扎陶瓦，是如何创造这世间大地的呢，据说是用青龙驮上黄金，用白象驮上白土，填入松恩大赖，可是这世间大地也没有能够创造形成，地神苏谷姆巴释扎陶瓦的计谋也尽了，只好祈问苍天。"

天神要创造世间大地，需要两位可汗攀亲。需要的物品实在太为贵重，为了百姓就一再降低标准，直至降为牛和羊。

通过对传说中两位可汗旨意的解读，着重对草原民族重要的生产生活资料"羊"进行了热情的赞美，把羊头、羊嘴、羊脖子、前胸骨、胸岔骨等重要部位进行了说明、比喻和赞美，不仅教化世人珍惜这草原给我们的无私馈赠，也告诉众人要团结、热爱生活，珍爱草原。当然在诵词中，仍然对礼仪规范进行了说明，对其具有的道德意义和祝福意愿进行了注释，"给这小腿骨上缠上洁白的羊毛呢，象征着给新郎系上了簇新的系腰"，"要给这小腿骨两头涂上酥油和奶子呢，象征着对新郎圣洁的祝福"。

但是，时至今日，裕固族传统婚礼仪式过程以及部分的唱词① 都被"保存"在了博物馆、非物质文化遗产中心、研究所等保护单位，人们能看到的资料多数来自书籍和一些以宣传为主的影视资料，歌唱诵词的部分成为一个点缀或是背景音乐。

---

① 注：据老人说裕固族的传统唱词内容丰富，能持续地说唱3—5个小时，现在所记忆中的只是很小的部分。以上部分都来自田野调查的整理。

（三）婚礼仪式的民俗化

当下伴随着人们生活水平的不断提高，裕固族人也在不断尝试着用更具有民族特色的形式来举办自己的婚礼仪式。从婚礼的筹备到举行都在询问着老人如何更好地举办自己的婚礼。

新郎孟先生和新娘兰女士的婚礼遵循着当下众多裕固族民众较为普遍的裕固族仪式进行。仪式早上8点在新郎家正式举行。8点，等在新房楼下的家人点已开始煨桑，等待新郎将新娘接到新家中。在鞭炮声和煨桑的白烟中，一对新人在亲朋的注目中来到了新房。

陪同新娘而来的娘家客自然是今天最尊贵的宾客。裕固族自古就有以舅舅为尊的风俗传统，因此娘家的舅舅自然是位列上宾，旁边是兄弟等亲人。在很多裕固族人的家中都将沙发摆放的位置设为吉位，也就是最尊贵的位置，也有的家庭中会将佛像或羊头或哈达等表示最为尊敬的物品悬挂于沙发中间的正上方。当新郎、新娘进入自己的婚房时，穿戴着裕固族服饰的娘家人都被安排在了沙发上就座。

在裕固族的待人接物过程中，茶的位置非常重要，裕固族传统美食中的炒面茶是人们接待亲朋好友必备的物品之一，实际上也是人们长期游牧的生产生活中的必备饮食，裕固族人都知道一句话"宁可一日无饭，但不可一日无茶"。因此，婆家人首先给娘家的亲朋端上了热腾腾的酥油茶以表示对其舟车劳顿的慰问，同时将已备好的馍馍、水果等食物配上奶茶一并敬上。近些年，伴随着人们生活水平的提高，以及人们对饮食丰富性的要求，水果也成为人们招待客人的必备物品：西瓜、甜瓜、葡萄、香蕉、各种桃子、苹果等水果成了人们餐桌上的常见食物，而这些在笔者六年前的初次到访时是看不到的。在这之后，极为重要的美味羊肉便被端了上来，其中肋骨的地方一定是首先要献给最为尊敬的客人。新郎家一直是以牧业为生的，因此此次所食用的羊肉就是自己家中的羊。裕固族人用极为简单的白水煮肉的方式对羊肉进行了制作，保留了羊肉的原汁原味，味道十分鲜美。娘家的亲人们品尝着这鲜美的羊肉。两位新人也在亲朋的照顾下和伴娘一起享用着这香甜的羊肉。待娘家人饮用完后便起身准备重要的仪式——交新娘。

这时，婆家的亲人已经穿戴好裕固族的服饰端坐在了沙发上。娘家的总管带着新娘子的哥哥逐一地给每一位婆家重要的亲人敬送礼物——一盒茶叶、两瓶白酒和一条红色的哈达。首先自然是新郎的舅舅、舅妈，然后是新郎父亲的大哥、大嫂、二哥、二嫂，新郎的父亲、母亲，新郎的叔叔、婶婶，新郎的弟弟、弟媳。之后，娘家的管事和哥哥向婆家人一一讲述了娘家的陪嫁品：牦牛、被褥等。两家人互道感谢之后，娘家人将一对新人和亲朋聚到一起，用东部裕固语开始讲述夫妻生活的点滴，并提出夫妻之间要和睦相处、永远恩爱下去等对新人的要求和祝福，在一片迎合语中结束了交新娘的过程。

交新娘仪式结束后，所有的亲友都只穿着便装互敬美酒，直至中午 12 点一起驱车前往赛罕塔拉餐厅用餐。到达酒店后，等亲友们落座，主持人宣布婚礼仪式开始。由于已经在家中举行了裕固族较为传统的一些婚礼仪式环节，所以整个在酒店的婚礼仪式就较为简单了。首先主持人邀请了镇上的领导来宣读新人的结婚证书以示证婚，其后主持人代表新人对所有来宾表达了感谢，最后两位新人用三鞠躬表达了对天地、父母以及亲朋的感谢。婚礼仪式结束，人们开始食用餐厅准备好的婚宴，同时互敬白酒以表示对新人的祝福。

婚宴所食用的饮食并没有遵循传统的民族特色，主要是以酒店的婚宴标准为主。在席间，人们告诉笔者，基本上现在的裕固族婚礼的举办流程都是以这样的模式进行的，而且这也是由于近些年来人们对于传统文化的重视才逐渐兴起的，年纪更大一些的老人告诉笔者，对于婚礼的记忆更多的仅仅限于穿着最为朴素的传统民族服装和家人聚在一起吃个饭而已。喜宴结束后，待亲朋离开，婚礼仪式正式完成。

（四）婚礼仪式的变迁

现在，裕固族地区的婚礼仪式已经和"传统"大不一样，虽然人们也都想在结婚时能留下些民族的印迹，但这种印迹的表现形式最后大多只是传统服饰而已。近些年，伴随着人们生活水平的提高，使用裕固族的方式来办婚礼成了民众的精神需要，越来越多的人通过半裕固族仪式半汉族仪式的方式来呈现着自己的婚礼，但就大部分年轻人自身而言，对于裕固族传统婚礼的认识越来越模糊了。

> 就一般的结婚过程啊，因为我大舅舅结婚时我还没有出生，所以这个我就不太清楚啦，不过他们穿的婚纱好像跟现在差不多的，没有采用裕固族的仪式结婚，因为我大舅母是汉族的，大舅舅是裕固族的。参加小舅舅婚礼时我还小，记得不太清楚了，记得就请了厨师办个酒席就完了。①

> 比较简单，必须穿裕固族的服装，如果嫁的是汉族，可能会举行两场婚礼。首先是定日子，然后选地方、发请帖什么的就跟汉族差不多，先是车队早上去送亲，去的时候新娘要跨火盆，完了之后我也不太清楚。然后送亲的时候，第一辆车也就是押车的人，是女方的哥哥，就是将来孩子的舅舅。②

> 没有参加过非常传统的婚礼，那已经属于国家非物质文化遗产。我所见到和参加过的婚礼基本已经大众化，在举行婚礼的时候新娘穿婚纱，新郎穿西装，婚礼举行完毕之后，汉族是新娘穿红色的衣服出来敬酒，而裕固族却是穿本民族服饰出来敬酒。如果要问到提亲的话，一般是舅舅去提亲，要120种彩礼他没听说过，直接就是彩礼（钱，但是彩礼不会太高），彩礼是一种象征，男方给的彩礼，女方家一般留着没用，结婚以后房子买了，女方家可能陪个车，装修一下房子，或者置办一些家用电器啊。参加过的婚礼就是大哥、二哥的婚礼：大哥那会结婚，结婚仪式中间有个特别的环节就是亲戚们一起上去唱歌、跳舞，送上祝福，但是到二哥的时候就已经没有了。③

---

① 被访谈人：大河乡西岔河村居民 NJX，访谈地点：被访者家中，访谈时间：2017 年 8 月 16 日。
② 被访谈人：康乐乡居民 AG，访谈地点：被访者家中，访谈时间：2015 年 7 月 26 日。
③ 被访谈人：大草滩村居民 AD，访谈地点：被访者家中，访谈时间：2015 年 7 月 27 日。

现在都在酒店里。我参加的我姐姐的就在酒店里。不过我倒是参加过一个在草原上举行的婚礼，我舅舅的婚礼，凌晨四点多，天还没亮就要赶到女方家里。开的车。我有印象呢。开的车和他的几个朋友去女方家里给亲戚喝酒，喝完后给亲戚塞红包，结束之后把新娘接出来，放到车上。和汉族不一样的就是送个哈达和头面。头面上装的玛瑙，贵得很，有些民族服装做下来，要一万多元。之后就没什么了，宴请亲朋吧。去的人比较多，肃南比较小，邻里乡亲都认识，一盘算都是亲戚。①

在县城走访时，笔者也看到了各种传统婚礼和现在婚礼的结合方式，如新人穿着裕固族传统服装，在一位或几位阿姨的裕固族歌声中来到酒店，或者也有一些马匹加入迎亲婚礼的队伍，然后继续汉族的婚礼仪式完成婚礼。传统婚礼的道德记忆已经消失，变化而来的只有人们对于外在的记忆，服装成了传统婚礼的代名词。

三、婚礼仪式的标志：女性服装的变迁与认同

婚礼中凝结道德记忆的唱词被一再忽略，民族服饰却被记忆和诉说。让我们来梳理一下裕固族妇女服饰的变化，来看这其中承载着怎样的"传统"记忆，它是怎样改变着人们的民族文化认知的。

在曼内海姆的描述中，裕固人的衣服样式较为普通，只有他称为头饰的物品才显出几分特别之处。"衣服按汉族风格剪裁，用家里织的布制作。男人戴汉人式的帽子，帽子上面有一纽扣，也戴蒙古式的毡帽，穿一件长衫，或穿带毛的皮衣，腰间系一条灰或红紫或蓝色的又细又长的家织的腰带；下面穿一件家织的粗棉布的裤子，裤子上半部宽松，下半部用裹腿布裹上；穿用汉族人编织方法织的粗羊毛袜子。穿汉族人那种鞋。他们不穿衬衫和内裤。女人的服装和男人很相似，夏装和汉人相似。男女服装的衣边要用毛皮

---

① 被访谈人：大草滩村居民ZY，访谈地点：被访者家中，访谈时间：2015年7月28日。

绣上，很像柯尔克孜和蒙古族的服饰。"

"女人的头饰很特别，挂在胸前的是两条很长的布带子，上面缀有各种小片的珊瑚，玻璃，还挂一整串的铜戒指，汉族人用它来做顶针子，再下面挂一大块金属物，金属物下面是一小穗子，一直拖到地。胸带旁边是一小口袋，上面绣上汉族风格的图案。后背挂一又长又细的布带，布带上面缀上白骨做的大扣子。头上通常戴一顶蒙古式的毡帽。这种奇特的服饰只有已婚妇女才能享用，而且一直戴到死去。进入墓中，只有绣花的小包和缀白骨头扣子的带子可以去掉，前胸的铜戒指要保留。撒里尧尔人在服饰方面没有其他东西。"① "她的头发梳成辫装饰着银扣，银扣和纽扣——已婚女性的识别符号。"②

在20世纪50年代的照片中所展示的裕固族服饰还是较为简单的，以袍为主，以麻布为材料，颜色多为布本身的麻灰色，佩戴圆顶宽帽檐帽子，首饰也较为简单，以单条项链为主。

> 我原来的衣服就是这个样子的，哪有现在的这么好看呀！③
> 原来布是什么颜色，衣服就是什么颜色的。④

在很多人家的老照片中都能明确地感受到以前受生产水平的影响，事实上服饰的样式和颜色都是很有限的。

自治县成立后，大批的专家在国家的委派下来到裕固族地区帮助裕固族人提高生产水平、医疗水平以及生活水平。伴随着先进技术和知识的引进，如对高山细毛羊的鉴定工作，对电影等新型事物的引入等，裕固族民族

---

① [芬兰] C. G. 曼内海姆：《在撒里尧乎尔人中间》，钟进文译，转引自钟进文主编：《国外裕固族研究文集》，中央民族大学出版社2008年版，第61页。
② [芬兰] C. G. 曼内海姆：《在西喇尧乎尔人中间》，安惠娟译，转引自钟进文主编：《国外裕固族研究文集》，中央民族大学出版社2008年版，第78页。
③ 被访谈人：大草滩村居民MQ，访谈地点：被访者家中，访谈时间：2017年7月1日。
④ 被访谈人：明花乡居民AGH，访谈地点：被访者家中，访谈时间：2015年3月16日。

的服饰穿着非常接近于汉族群众。虽然在生产方式上裕固族仍旧以放牧和织褐子①为主，但除了牧区的放牧时间外，衣着上已经发生了巨大的变化，而这一些变化就发生在1958年前后。

当时，甘肃省政府给当地派来了大量的汉族干部、教师和医务人员。开始筹建学校，设立人民卫生院。人们普遍开始学习汉语汉文。当时的政策是"不分不斗，不划阶级，牧工牧主两利"和"扶助贫苦牧民发展生产"②，1957年，过去分别由酒泉、张掖、高台、临泽、民乐和青海省祁连县管辖的西拉尧熬尔地区，都先后归入了肃南裕固族自治县。1958年，肃南裕固族自治县实现了从部落制度到自治县的真正转变。为了更好地发展生产，裕固族地区很多父辈人的照片都是穿着汉族的服装而拍摄的，也是日常生活的真实写照。

受到一些历史事件的影响，裕固族人有一段时间是抹杀了自己的独特性的。伴随着十一届三中全会的召开，国家形势的变化，裕固人重新开始重视自己的民族服装。1978年召开了红石窝等公社的优秀放牧员奖励大会，在会议期间，裕固族民众穿起了精心设计的民族服装，唱起了传统民歌。

进入80年代，伴随着彩色照片的发展，裕固族女性的服装也越来越艳丽，颜色丰富多彩，所佩戴的饰品的种类也逐渐增多。在90年代，裕固族还开展了民族服饰大奖赛，传统与现代不断融合和交汇。现在的裕固族人，无论男女，从小学开始就会拥有一套自己的裕固族服装，到结婚时更是会精心制作一套精美的裕固族服装，其中价值最高的就是头面的费用，价格从几千元到几十万元不等。

服饰的变化仍在持续中，拥有一套民族服饰既是一种客观需要，也是一

---

① 褐子是一种在现代工业布匹出现之前北方游牧民族用来缝制衣物、褡裢、帐篷的手工粗布。具有良好的防水、避风、隔潮、耐晒、保温的作用。在过去，家中有了褐子，就意味着全家人有衣穿、有房住。褐子还能用来当作商品进行物质交换，是游牧民族重要的生活物资。一般织一条10米长、0.5米宽的褐子大约需要一个月的时间，织褐子的原材料是用手工捻制成的羊毛线。

② 铁穆尔：《裕固民族尧熬尔千年史》，民族出版社1999年版，第159页。

种心理需求。民族服饰不仅仅是婚礼的亮点，还是其他仪式的标志。在一些牧家乐中，穿着民族服装的歌舞表演也受到游客的欢迎。

> 我上小学的时候有一套衣服，那时候学校搞活动的时候要穿，妈妈为了能让我穿久一点，当时做得比较大。现在在外面上学也不用穿，也没做。等结婚的时候会再做一套的。①
>
> 平时不穿的，穿着没办法干活。一般就是参加大型的艺术节才穿。②
>
> 我很少穿的，参加活动少，我家只有我有，孩子和他爸爸都没做。③
>
> 我觉得民族服装很好看呀，我很喜欢。我记得自己有3套呢，每次参加鄂博什么的都会穿的。我们的衣服制作过程比较慢，有的也很重。④
>
> 现在的衣服和我们以前的完全不一样了，穿着这个怎么干活呀。⑤
>
> 平时不怎么穿的，就是来个朋友招待一下客人什么的才穿。⑥

裕固族服饰精美，独具特色，特别是其服饰中的头面上代表了裕固族对生活祝愿的吉祥图案，让人印象深刻。可是，在现实生活中，服饰并没有使用的空间场域，仪式、舞台和表演成了裕固族服饰的唯一使用空间。加入了更多创作元素的裕固族服饰已经不再是那份"传统"。任何人都可以选择是

---

① 被访谈人：大草滩村居民 AN，访谈地点：被访者家中，访谈时间：2017年6月14日。

② 被访谈人：大草滩村居民 WYX，访谈地点：被访者家中，访谈时间：2015年12月19日。

③ 被访谈人：县城居民 AQC，访谈地点：被访者家中，访谈时间：2017年8月7日。

④ 被访谈人：大草滩村居民 AR，访谈地点：被访者家中，访谈时间：2017年6月15日。

⑤ 被访谈人：大草滩村居民 SHG，访谈地点：被访者家中，访谈时间：2017年7月10日。

⑥ 被访谈人：大河乡居民 HMC，访谈地点：被访者家中，访谈时间：2017年8月21日。

否穿着、购买裕固族服饰，服饰成为自我展示的核心和商业旅游的一部分。这里民族服饰已经不是裕固族传统民族文化传承人瑙尔姬丝所认可的对于传统道德的一种认真，在她心里服饰不仅承载着自己的民族文化，更承载着家人对自己的重视。而现在多种元素的加入已经使得服饰中所蕴含的道德意义发生了变化，不再是家庭精神的寄托，更多是家庭经济基础的表现。

而这种"新"的裕固族服装恰恰成了传统婚礼的代言词，但是仅仅依赖于服饰的民族传统婚礼认同能走多远呢？

记得在和瑙尔姬丝的交流过程中，第一次知道了在兰州还有一个裕固族老乡会。瑙尔姬丝说："我在兰州组织了裕固族老乡，一起成立了合唱团。在这个集体每年会在元月或者六月聚会一次，每次聚会的时候大家都会盛装出席，唱自己民族的歌曲，说自己民族的故事，以这种方式来传承裕固族文化。"事实上，这是将日常生活上升到一种特定的仪式过程，通过仪式化的要求来提升每一个身在外乡人的裕固族的仪式感和自豪感。但是在每次仪式的过程中，她都会看到有些裕固族朋友在仪式结束或者休息过程中，马上脱掉本民族的服装的现象，她非常担忧人们不能承载的不仅仅是衣服，更是衣服上的文化。但问题的核心是服饰上的文化根基是什么？仅仅有服饰就能承载民族了吗？能承载"我是谁"的答案吗？婚礼仪式本身所应该承担的道德记忆，人与人、人与家庭之间的道德记忆内涵被忽视，却仅仅一再重视服饰。

人们更多应该铭记的是仪式本身所承载的道德意蕴，而并非作为婚礼符号的裕固族服饰。如何与娘家人相处，如何与婆家人更好地沟通，以及如何确认自己身份的改变等道德记忆被忽视，更多去认同的却是仪式的符号——服饰。很多人在尝试恢复裕固族传统婚礼，这种恢复似乎就是一种认同的表现，结果却仅仅成了一个只有形式的印迹而已。任何人都不可能回到过去，当下对于传统的回归只能是别样的建构，在整个婚礼现场，笔者一直会听到这样的评价"过去不是这样的……"既然裕固人要思索过去，为何不去寻找记忆中的道德关系？这样的回忆才能为当下仪式寻找根基，而不是单纯形式或符号的重构。

第二节　节日庆祝仪式

如果说婚礼是小家庭的开始，那么节日聚会就是家族生活的展示。作为日常生活中的特殊环节——节日和聚会成为了解人们日常生活的一个独具特色的路径，也是了解其家族道德秩序的重要时刻。

一、节日中的道德记忆：春节

（一）春节的来历

春节是裕固族生活中的主要节日，他们称其为"察汗萨日"，意为"白色之月"。据裕固族老人讲，裕固族先民在夏天过"察汗萨日"节，因为夏天的草原食物最肥美，奶制品等各类食物最丰富。但随着时代的发展，尤其是有了农业的发展，慢慢与汉族的春节就同步了。笔者在调查过程中听闻裕固族流传着这样的传说：明朝，朱元璋曾在正月下令屠杀了大批裕固族先民，尧熬尔人一度把"察汗萨日"改为"哈拉萨日"，意为"黑色之月"。或许，春节对裕固族人来说有着多重的历史意义，既有欢欣的庆典，也有沉痛的怀念。因此，在曼内海姆的记载中裕固人"新年要准备一些食物，家里杀一只绵羊，他们不聚会也不庆贺，没有祭祀活动，喇嘛从正月初一到十五念经，但正如他们所说，很少有人参加这种活动"。①

现如今，裕固族的春节活动的主要呈现基本已经与汉族一样，从腊月二十日起就开始准备各种年货，面粉、清油、柴火、蔬菜、牛肉、羊肉、鸡肉、猪肉、水果、哈达、酥油、糕点、鞭炮、调料、烟、酒、茶、糖等。然后大草滩人家也会购置新衣。腊月二十七，村里的妇女就开始准备各种面食，油果子、烧壳子、煎饼、馒头等。腊月二十八，全家人大扫除，把屋子里外打扫干净。

---

① ［芬兰］C. G. 曼内海姆：《在撒里尧乎尔人中间》，钟进文译，转引自钟进文主编：《国外裕固族研究文集》，中央民族大学出版社 2008 年版，第 63—64、79 页。

（二）春节前的祭祖仪式

春节不仅是全家的团圆时刻，也是对逝者的怀念时刻，祭祖已经是现在裕固族人春节中很重要的一个部分。祭祖的时间是在春节前，腊月二十七至除夕，选择一天去祖坟或空地，给先人祭奠和拜年。对于空地的选择是有一定讲究的，与汉族不同，他们要选择一块干净的且很少有人经过的地方进行祭奠。

　　我们年前祭祀祖先的方式和你们汉族不太一样，你们是要找一个交通方便的地方，类似于十字路口啊什么的，我们不是，我们要找一个干净的地方，带上食物来祭祀。不一定要求都来参加，但一般孩子有时间都会去的。①

　　大年三十我们不会像汉族那样摆出故者照片，给他盛一碗饭。大年三十晚上就烧个纸，以前没有纸的时候摆上些葡萄、炒面，还会摆枣子，但是不会摆烧肉。现在有纸，那就烧纸。不同于汉族只烧给自己家的人，我们烧的纸所有不在的人都能收到。而且家家户户都会烧，以前是大年三十晚上到天亮，现在没有了，三十晚上烧掉的东西，不能朝后看，烧掉往前走就行了。那时候人也没什么要求，具体看各家自己。②

　　以前年前二十七八，会请僧人来念经，所有好吃的能烧的像大米，红枣，找个干净的地方烧了，荤腥的不烧让僧人带走，现在这种场面少了，一般在二十九在山上找个干净的地方，把能烧的烧了，像五色布，再默念一些东西。家家都会烧，早晚也都可以，以前，三十团圆饭的时候会给祖先供饭，团圆饭盛一碗以特有的方式撒掉，二十九晚会烧一些东西，正月十五也要烧，像五谷和松枝，二十九是给祖先，十五是给佛。③

---

① 被访谈人：康乐乡居民 AHZ，访谈地点：被访者家中，访谈时间：2017 年 5 月 17 日。

② 被访谈人：康乐乡居民 AYH，访谈地点：被访者家中，访谈时间：2015 年 5 月 19 日。

③ 被访谈人：大草滩村居民 HGZ，访谈地点：被访者家中，访谈时间：2015 年 5 月 21 日。

> 家家户户都会烧东西，不是只给我们自己家人烧，我们烧的所有人都会收到。①

在裕固族的历史上，祭祖并不需要找到确切的位置，由于游牧民族的迁徙特点，建立固定不变的祭祖场域是不现实的，所以裕固族既没有固定的祭祀地点，也没有严格的祭祀时间。对于祭祀的祖先也并没有非常严格的界限。

除了祭祖外，大年三十祭火仪式也是极具民族色彩的。大多数游牧民族对于火这一重要的生产生活工具，都有不可言喻的浓厚感情。用酥油、炒面和糖捏制而成的日月星辰型等的"雪莫日"供奉于佛龛面前。晚上点上酥油灯，净水碗里添上净水。全家人围坐在一起才开始吃年夜饭，酥油茶、水饺、手抓羊肉是主要的食物；现在也会有拉面和其他面食，如油果子、烧饼等。他们认为吃得丰盛，将会带来一年好福气，避免来年拮据。对于游牧民族，传统的唱歌喝酒是饭后的必备节目：男女老少团聚一圈，尽情唱歌、喝酒，情感热烈真挚，以草原民族特有的方式辞旧迎新，一般都会持续到后半夜。

> 过去正月初一大清早，村里家家户户都早早地赶着敬天神（汗腾格尔）。②

祭天、祭祖、祭火，将人们的节日和自然的崇拜有机地结合在了一起。并且在春节时刻共享这种节日庆祝，在裕固族老人的春节记忆中还有一个人一定会被提及，那就是部落的大头目。

（三）头目管辖时的春节记忆

新中国成立前，正月初一，各部落群众要给本族的大头目带礼物拜年。

---

① 被访谈人：大草滩村居民 HGZ，访谈地点：被访者家中，访谈时间：2015 年 5 月 21 日。
② 被访谈人：大草滩村 SGH，访谈地点：被访者家中，访谈时间：2017 年 7 月 10 日。

裕固族传统上曾有这样的记载：

"正月初一早晨，太阳刚刚出山时，部落家家户户都去一个代表给大头目拜年；其余各部落有正副头目带领本部落三五个代表给大头目拜年。如果去者是不精通礼节的年轻人，家里老人要提前教授拜年礼节，凡是去拜年者都要学得礼貌周到，要收拾得衣冠整洁。来到距大头目帐房一里外，就全部下马候齐，步行到大头目的帐房前。帐房很大，扎在一个地势较高的平台上，去拜年者在平台坡下边，趴倒磕第一个头，然后上坡，走到帐篷门前，这时大头目头戴花翎顶戴，身穿御赐的黄袍马褂，迈着四方步走了出来，走到门外，双手背后，目视远方，威风凛凛地站在门前，拜年者立即趴倒磕第二个头，磕完后，大头目伸出一只手一摆，辅助立即高喊：'候客！'

大头目首先进了门，端坐在房子正上方正中的坐垫上，拜年者在扎马（每逢年过节各部落派两人到大头目家供使役，名叫扎马）的安排之下，进入帐篷，立抬献一只宰好的全羊，献两包茶砖。扎马收礼之后，去的拜年者都从怀里掏出一条哈达、一瓶酒，按照辈分、年龄顺序，双手捧着礼品躬献给大头目。礼毕之后，扎马立即按客人身份、辈分、年龄、男左女右的规矩把客人候坐在帐篷左右两侧。所有客人只能半蹲半跪，不许盘腿大坐。扎马立即给客人每人递一碗酥油奶茶，端上油饼，客人吃喝之后，稍停片刻，又端上手抓羊肉、馓子、油饼、油果、烧克子等食品，摆在客人面前一长溜餐巾上。待客人吃肉之后，大头目离开座位，往龙碗里斟半碗酒，让家里人给每位客人敬酒，酒敬到每人面前，都很客气地推让给其他人。推让一圈之后，将这半碗酒回敬给大头目，大头目端起龙碗尝一口，扎马就用另备的龙碗给每个客人敬两碗酒，轮流敬酒之后，有正头目、副头目、老者几个头面人物双膝跪倒在大头目面前，平托双手，连喊三声：'大老爷赏光！'意思是请求大头目赏脸和他的部下百姓一起猜拳吃酒，大头目从头上摘下花翎顶戴的官帽，换上一顶礼帽，意思是把身份降下了——王爷是不能和百姓平起平坐的。大头目同意与民同乐之后，大头目的女歌手就站在帐篷门里右侧，放开歌喉唱祝酒歌。扎马给每个客人再敬一次酒，然后几个头面人物平托一只手，手背朝下，手掌朝上，手不能甩动，每出一拳都要带上大拇指，意思是尊敬对方，如果曲回大拇指就不礼貌，这一点和河西走廊其他地方的酒文化非常相似。四格马家部落的一个代表，在出拳时，偶尔失手，曲回了大拇指，大头目顺手赏给了他一记耳光。"①

初二是给叔伯、姑嫂拜年的时间；初三，兄弟姐妹之间拜年；初四，其他亲戚和朋友之间拜年；初五，同村人、邻居相互拜年；初六，开始走访村外的亲戚。拜年是要带礼品的。一般常见的是一条哈达、两瓶酒、一包茶，也有送红枣、冰糖、油果子的。主人家一般要以酥油奶茶和手抓羊肉招待拜年的客人。这种活动一直延续到正月十五，大家相互祝福吉祥如意，共庆佳节。

在大草滩，大年初一忌讳吵架和说不吉利的话，不许乱动刀具，不卖牲畜，禁打动物，而且正月忌动土。春节期间，大草滩处处都能听到裕固族人庆祝节日的歌声，四处弥漫着酒的醇香，洋溢着欢乐祥和的气氛。熟人见面都要互相问候贺喜。牧民一年的大部分时间都放牧在草原上，互相间隔数公里，平时来往很少，而春节成为辛苦了一年的牧民们休闲娱乐、享受生活和交流感情的重要节日，透射出浓烈的人情味。

苏阿姨记忆里，春节是她们一直都过的节日，也是很重要的节日。

> 小的时候每到过年，寺院里就会跳一种不说话的舞蹈②，人们都戴着面具，小孩子就在旁边看。那时候头人很凶的，啥事情都是头人说了算的。过年要去先给头人拜年的，是要磕头的，还有长辈也要磕头的。要磕头，就是尊敬长辈，磕完头站起来再坐下，长辈要扶起磕完头起来的晚辈。我们不熬年，要吃饭，饭要吃饱，我们过去孩子们要去亲戚朋友家玩。三十晚上念经好，大家谁愿意来都行，之前全部都劳动呢，每家每户都有，大家念一下，听一下。

---

① 田自成、杨进禄主编：《裕固族民间故事》，肃南县文化馆民间文学集成编辑组1990年，第75—77页。

② 注：后来，经笔者多方了解之后估计阿姨这里说的舞蹈应该是藏传佛教中的一种祈福舞蹈，有人称其为符舞或福舞。

三十晚上的灯多得不得了，有三个殿，大家跪的跪，念的念。早晨天亮的时候，就全部来了，把一个盒子放在佛爷面前，大家都念完以后相互交换小的哈达，不握手，就是拜年。过年的时候要准备好几块白色的哈达，不能绣图案，纯白的。小的我不给他，同辈给，一般都是进门小的就给长辈，家里会放一个酥油招待客人。①

现在孩子们都会来家里过年，都在一起，苏阿姨有时候也去牧区的孩子那里。现在已经不磕头了，也不给压岁钱。今年阿姨感觉自己身体不好了，就和孩子们商量着在定居点过年了。阿姨说到时候就去寺院拜一拜，点个灯，也会去亲戚家拜拜年之类的。

在大年三十的时候会在大概三个寺院里念经，想来的就来听听，而且这晚有很多灯亮着，大家在寺院念的念，跪的跪，早晨天亮的时候，就全部都来啦，把一个盒子放在佛爷面前，大家都念完以后相互交换，不握手，就是拜年。②

以前在牧区上过年的时候，大年三十就要杀羊，装好肠子，煮好羊肉，把所有过年要用的东西准备好，大年三十晚上家里人聚到一起吃一顿，天擦黑出去给先人们烧纸、五色布、柏香。第二天早上起来洗头、洗脸，如果家有长辈，别人要到家里来给拜年，但是有别的长辈，要先到别的长辈家拜年，大年初一给最大的长辈拜年，然后按辈大小排出来，每天都要去拜年。还有就是除夕下午开始打扫院子，给马挂红，在牛羊圈口放炮来年牛羊红红火火。再就是把春节买的好吃的东西各样放一盒，纪念长辈，找个干净的地方点起火烧掉纪念长辈的那些东西，然后磕头。大年初一早上起来还要去给邻居之间拜年。③

---

① 被访谈人：大草滩村 SGH，访谈地点：被访谈者家中，访谈时间：2017 年 7 月 10 日。
② 被访谈人：明花乡居民 AFJ，访谈地点：被访谈者家中，访谈时间：2015 年 3 月 1 日。
③ 被访谈人：康乐乡居民 ZY，访谈地点：被访谈者家中，访谈时间：2015 年 9 月 10 日。

在老人们对春节的记忆中，有很多关于大头目的记忆。作为部落的管理者，大头目在很多仪式活动中都表现得非常严厉，就算是过年的时候也是非常严肃的。大头目在很多老人的描述中不仅仅是部落最高的管理者，更重要的，他也是整个部落的道德规训者。

> 那时候要是有人偷东西了，大头目就会把他绑起来拿鞭子抽，所有的人都必须去看。打完后家里人要去请罪。大头目还要问再犯错怎么办之类的。①
>
> 我们那时候就大头目说要诚实、勤劳啥的，我们也就那样教育孩子的。②

节日在老人们的记忆中不仅有活动、有欢聚，更重要的还有秩序。这种道德记忆的形成恰恰是在人类的频繁交往中实现和加深的。裕固族能够在祁连山下的河西走廊和如此众多的人数较多的民族一起生存至今，是自有一套生存哲学的。而这些都是在一次次的活动中被人们以各种形式记忆和沿袭。但时至今日，这种节日活动已经慢慢变得没有了味道。人们对节日的记忆已经远离了它所承载的道德意蕴，而更接近于人们日常生活中的相聚。

（四）春节仪式的变化

现在，年轻人对春节的重视程度已经明显下降了。

> （过年时）也没什么特别的活动啊，就回家过年啊，吃肉啊。在大年三十就准备好吃的，初一了就可以去寺院烧香拜佛、许愿等，我们家的话，会和舅舅他们一起去寺院看看、玩玩，也就过去了。剩下的话就可以去拜年了啊，去亲戚家拜年吃饭啥的。也就没有了。有时候我们家为了方便，在过年的时候选一个时间，大家聚

---

① 被访谈人：大草滩村居民 SGH，访谈地点：被访谈者家中，访谈时间：2017 年 7 月 10 日。
② 被访谈人：大草滩村居民 AYX，访谈地点：被访谈者家中，访谈时间：2017 年 6 月 10 日。

在一起，就不用家家去拜访那么麻烦啦。不过这也是我家会这样而已，其他人会怎样我就不知道了。是真的没有什么活动了，我能想到的也就只有这些啦！①

除夕那天早上起来先是打扫卫生，然后就是贴对联。那一天做饭没什么要求，中午就是在家里待着，看一下家里还缺什么东西，再置办一下。在除夕之前的几天会上坟，也算作是祭祀祖先，我们除夕夜不会像汉族一样去在厨房点蜡烛请灶神、烧黄纸。晚上会聚集到家里有长辈的那里吃年夜饭，大概会有（手抓羊肉、牛肉，饺子等），然后就是长辈会给小辈压岁钱，小辈对长辈说谢谢，以前要磕头。走亲戚是按辈分走，从辈分最大的开始走。没有什么区别和变化，一直都是这样。②

大年三十早上去上坟，晚上吃饺子看春晚，初一不走亲戚，初二回娘家，初三、初四、初五就到别人家拜年或者别人来我们家拜年。五年内几乎没变化，我们不贴春联也不挂灯笼，然后大年三十到初二家里都会一直点酥油灯。③

现在的春节在很多人的记忆中就是持续的聚会。

和你们差不多啊，就喝酒啊，像你们的话到正月十五以后就不去走亲戚了吗，我们的话直接就喝酒从初一到十五，然后就接着走亲戚。可能有和汉族不一样的地方就是春节去寺院诵经、磕头拜佛、许愿等，这些在正月十五即元宵节也会去做的。对于寺院，他

---

① 被访谈人：康乐乡居民 NJX，访谈地点：被访谈者家中，访谈时间：2017 年 8 月 10 日。
② 被访谈人：大河乡西岔河村居民 AD，访谈地点：被访谈者家中，访谈时间：2017 年 8 月 26 日。
③ 被访谈人：大草滩村居民 AX，访谈地点：被访谈者家中，访谈时间：2015 年 11 月 10 日。

们是经常去的。①

　　春节就是图个团圆嘛，一般都是外面的儿女回来陪家里的老人聊聊天嘛。像我们家，一般大年三十晚上都在吃饺子，然后一家人在一起聊聊天，基本和汉族没啥区别。我们也会放鞭炮啥的，奶奶那辈可能会点酥油灯，我这辈就没再点过了，爷爷奶奶、爸爸妈妈一般会看春晚，我们这些小孩就去玩了。初一的话，先给爷爷奶奶拜年，然后再一家人去祭鄂博，就没了。初二到初五也是拜年，走亲戚啊，先去舅舅家，然后再去家里的其他亲戚。②

除了春节之外，裕固人也过清明节、劳动节、中秋节、国庆节等一切国家法定假日，同时伴随着全球化的发展，一些年轻人也开始过情人节、圣诞节等等。相比较其他的节日，春节是最为热闹的。但春节已经没有了明显的道德关系的展现，缺失了道德记忆的痕迹。春节已经成为家族的聚会时节，欢聚在一起成为唯一值得重视的因素。

二、道德记忆的日常呈现：聚会

（一）朋友相聚

第一次来到肃南县城被朋友带到 YXJ 家中聚会的情景，笔者始终记忆犹新。一路驱车前往，还未下车之前，远远地就看见院门前煨桑的浓浓白烟。车一停下，热情的裕固族人已经站在了门口，手持哈达和美酒等待着我们的到来。在一阵祝福的声音、敬献哈达、喝着美酒的过程中，大家陆续进入院子。手持美酒的裕固族朋友由于身穿的裕固族服饰，而引来了大家的高度关注，同时她也非常高兴地开始介绍自己身着的裕固族服饰，她所穿着的衣服是她的舞台表演服装。她是县里歌舞团的演员，也是这家人的亲戚，是特地从家里赶来欢迎我们的。她详细地向在场的人介绍裕固族服饰的每一个

① 被访谈人：县城居民 WXK，访谈地点：被访谈者家中，访谈时间：2015 年 1 月 10 日。
② 被访谈人：县城居民 ZYQ，访谈地点：被访谈者家中，访谈时间：2015 年 1 月 11 日。

142

部分，以及每一个部分的意义和制作时间，也介绍裕固族东部、西部两个地区服饰的相同与不同。她介绍服饰时很是熟练，可见已经不是第一次了。在介绍了一些裕固族的基本情况之后，她热情地邀请大家进入院子里的餐厅。餐厅不大，约 30 个平方米，大概能容纳 40 个人。屋内摆有沙发和长桌，墙上除了一些裕固族图片外，还有一幅是康乐草原的九排松景点的大型风景照片。大家依次而坐后，YXJ、女主人，以及姐姐等给每个客人准备了温热的奶茶，很多人津津有味地讨论着奶茶里的食物。

紧接着，主人为我们端上来了准备好的裕固族美食，有羊肉、血肠、馍馍等，还有一些简单的青菜。大家吃得差不多的时候，裕固族的传统聚会仪式中的敬酒环节就拉开了帷幕。家里的女主人和亲戚，都穿着裕固族的服饰，从门口端着酒，走进屋内，来为每一位客人敬酒。

在裕固族地区，喝酒是有一些讲究的。第一，主人在给客人敬酒时，客人先用右手的无名指在酒杯边蘸少许酒，朝天弹三下，意为"三敬世佛"保佑，意为共同祈求风调雨顺，牛羊肥壮，吉祥安康。同时，要给在场所有的人示意谦让一下，大家双手向上，说着"呀呀"，然后自己就一口喝干了。第二，敬酒的人一般是不喝酒的。第三，歌声不断、酒不断。如果在你喝干后，歌声没有停，反而更高了，那你就要继续端起第二杯。所以有时第一次来的客人，常常掌握不住敬酒歌的节奏，在刚开始敬酒的环节中就不免要多喝几杯。看着远方来的客人美酒入肚，主人家都是非常高兴和满足的。

在一阵热热闹闹地逐个敬酒过后，开始进入了小范围敬酒的阶段，能喝酒的朋友已经开始邀请敬酒者加入互敬的行列。喝酒的过程中总是歌声不断，此起彼伏，其中不仅有裕固族的原生态歌曲，还有蒙古族歌曲，也有大量的汉族草原歌曲，在一片热闹声中夜幕降临了。

（二）家庭聚会

参加了县庆后，笔者受到了来自 HJX 的邀请去草原做客。一行人驱车来到了 HJX 姨丈的牧家乐上，这个地方距离当地的长沟寺不远，是帐篷式的原生态的牧家乐。这里的生意不错，夏天的时候经常所有的帐篷都会被订完。这里提供帐篷和食物，你可以自己带食物来烧烤，也可以享受这里制作好的美食。我们稍作停留和 HJX 的姐姐一家集合好就再次出发。经过了一段非常陡峭的路程后，我们来到了 HJX 的妹妹家。这是妹妹家的夏季牧场，这几家的孩子很难得聚到一起，很快就一起玩耍起来。妹妹给我们准备着美味的午餐，野蘑菇面片和羊肉。吃饭之间，大家互相询问着家里的情况，并向我介绍着一家人的关系和辈分。今天，这家所有的兄弟姐妹及爱人、孩子都聚到了一起，大家非常地高兴，也感到很难得，一直说着笑着。这个居住点只有一个屋子，我们大概有 17 人左右，里里外外地大家围坐在一起，很是热闹。孩子们则在门前戏着河水、追赶着牛羊。

下午 6 点左右的时候，HJX 说，"这里太小了，咱们还是去妹妹家新盖的房子里吃饭和休息吧"。于是我们又开始前行，不过这段路程是无法开车的，所以是以走路为主的。到达新房后，可以看到还没有完全建好的痕迹，这个房子是由 4 个房间构成的，包括一个放杂物的房间。笔者被邀请在主屋的沙发中间坐下，旁边是这里辈分和年纪最大的大姐夫。不但有亲人还有邻居、朋友，大家欢聚一堂。吃饱后，伴随着美丽的歌声，敬酒活动开始了，虽然几经推脱，但还是喝了很多。家里的大姐告诉笔者，"平时大家都忙，很难聚在一起的，现在家里的人多数都在县城了，只有妹妹一个人在放牧了。其实这次聚会已经安排了很久了，直到上周才确定下来。我们现在也很少在牧区生活了。"当被问到对传统仪式的认识时，家里人告诉笔者已经很少参加了，也有很多的仪式都没举行过了。当被问及传统的故事、传说时，姐姐说很多人都不会裕固族语言了，故事也没人讲了。孩子们都喜欢看电子产品，民族的很多东西都在消失。我们的谈话被热闹的聚会所打断，载歌载舞的聚会持续到天亮。

第二天回到县城，HJX 安排笔者住在了家里。HJX 家位于县城的市场边，生活便利，楼后就是县城的隆昌河，可谓风景秀丽。房子的结构是两室两厅，平时是他们夫妻和儿子三人一起居住。这几天放暑假，孩子到奶奶家里玩了，所以家里就只有笔者和 HJX 夫妻二人。

HJX 和妻子都是西部裕固族人，但是 HJX 不会说裕固语。因为没有语言环境，所以他们的儿子也不说，但能听懂妈妈说的一部分。对于裕固族的传统来说，夫妻二人还是有很多独到见解的。在聊天的过程中笔者能够感受到他们很强烈的民族自豪感，这种自豪感来自对本民族深深的喜爱，这是笔者众多访谈对象中较少见的。

HJX 告诉笔者："我们这里很安全的，有时候经常都不锁门，像我的办公室就经常不锁门的。记得有一次县庆的时候由于来的人比较多，来了一些小偷，我们这儿的人特团结，见了就打他们，最后都跑了。"妻子也有声有色地描述着这个事情。

当问到了他们如何教育孩子的问题时，妻子诉说了自己教育孩子的不容易、现在的孩子难管等。当问及是否会教裕固语和讲裕固族故事时，她说："故事吧我也不太记得，很多都是看书上写的，也没听老人说过，也记不住。也就没给孩子讲过啥。裕固语倒是很想让孩子学，但是孩子不学，他现在能听懂，就是不说。我也没什么办法。不过孩子也很孝顺，比较听话，学习也还可以，所以就不要求他了。"妻子对 HJX 说："你看人家李老师是来看传统的东西的，要不你问问一中的那个研究中心有没有？"HJX 说帮忙联系一下。在他们看来，民族的传统只有在那里才是有所保留的。

> 我们这儿的人对人都很热情的，不会那么斤斤计较。以前，在牧区的时候，家里有人去世后埋骨灰的地方是由阿卡算的。阿卡所选择的地点有时候可能不在自己家的草场上，也许会在别人家的草场上，但是一般不用打招呼就可以去使用这块地方，后面如果在什么情况下见到了这些草场的主人时打个招呼就可以了。

在肃南裕固族自治县虽然生活着很多民族，但人口所占比例最高的要数裕固族、藏族、蒙古族和汉族这四个民族，其中裕固族、藏族和蒙古族都是草原民族，而汉族不是，汉族是农耕文化的代言人。不同的生产生活方式孕育了对待事情不同的评价标准，因而也形成了不同的行为模式。这就是道德记忆的一种呈现和凸显，它承载了不同的生活启示，也就在以不同的方式引导着人们的生活。

在裕固族地区做田野调查的这些日子中，笔者所参加的聚会不胜枚举。虽然聚会的缘由和目的不尽相同，但聚会过程中所呈现的仪式过程是基本不变的，也是具有典型的程序化特点的。从烹饪美食，到分享美食，再到把酒言欢。美食、歌舞、美酒共同形成了裕固人的喜庆时刻。这种集体的欢腾更多地体现出裕固人对生活的热爱，对情感交流的向往。简朴真挚、热烈豪放，是他们性格的真实流露。此时草原民族的热情和豪迈在这里展现，裕固人对草原的热爱和美好生活的追求在歌声中被传唱。这是人们生活中激动人心的时刻，也是人们不断融合的起点，这种时刻在日常生活中不断被重申和延续。

第三节　丧葬仪式

一、丧葬仪式的记忆

人从出生那一刻起就意味着有死亡时刻的存在，但裕固人对生与死的观念更为开放和包容。在裕固族地区曾经以天葬和火葬两种丧葬方式为主，现在以火葬为主，其基本程序如下：

准备：在人即将去世时，有条件的人家，先要在死者耳边大声念 ao huang miedi 经。

装殓：人死亡后，先将遗体平放约两三个小时，然后用崭新的白布蘸上柏树枝熬的热水，将遗体清洗干净后再穿衣服，俗称"净身"。穿衣服时要慢，不能着急，若遗体变硬，就要用柏树枝熬的热水，有的地方也有用棉花蘸酒，洗其关节处，使其变软后再穿衣服。殓衣一般为一件白色或蓝色的纯棉单衬衣，穿好衣服后将死者的遗体用白布缠绕固定好。七窍填满酥油，还有的会在死者嘴里放些银、玉首饰。

缠绕固定遗体一般有两种姿势：一是右手在上、左手在下放在胸前，双腿圈起，模仿人在娘胎里的姿势。这是裕固族对死亡的"从哪儿来再回到哪儿去"的理解。二是双手合十放在胸前，模仿拜佛的姿势，在装殓时，死者的头不能低下，要用一小卷白布垫住下巴将头支起来，使其端正，双肘放在大腿处，必要时用白布缠绕固定。严禁有人在遗体旁大声喧闹、哭泣，因为人离世时舍不得儿女、财产等，内心相当烦躁，此时神道、善道、恶道等都来接应死者的魂灵，死者一时拿不定主意，因而要保持安静。遗体装殓好后，用被子包好，在家中放一个晚上或十几个小时。

停放：设置灵堂。先在外面扎一顶白布帐篷，将遗体抬入帐篷，并搭建灵堂。尸体大多停放在灵堂西北角的"库尔"[①]。"库尔"，是四角分别用红柳枝撑起，黑布或蓝布搭起来的一个长方形的布帏子，周长一丈左右。死者一般面朝南、右侧位放在上面。遗体前面必须点酥油长明灯，直至发丧，家中佛像前供奉的酥油灯要长明不能灭，在遗体旁禁忌猫狗之类乱闻，人到遗体旁也要戴口罩，以防止活人的气味传到遗体上，这样人的三魂七魂会走散。遗体必须停放三天以上，因为人死后三天左右他的魂灵才能离开肉体，三天后由长者决定择日发丧。其间，通知亲友吊唁，同时请喇嘛、僧侣数人念经超度。特别注意的是在裕固族，如果死者是已婚女性，必须邀请舅舅参加。

抬人：往外抬人时，先用圆形或方形底子的白布袋子将遗体装好，袋缝子必须在前面，然后用麻质、棉质或丝质的蓝、红、白、绿、黄五色扣线将袋口子扎起来，扎口子不能打死结，要打成两个耳朵的蝴蝶结，打结前先将扣线编成辫子，抬人时，通常由一个或两个人将遗体背靠背上送，若路程较远时可以用马驮，途中遇到过河时将提前准备好的布包打开，取出七颗粮食连布投入河中，遇到经过鄂博时扔麻钱、银圆或硬币。抬人者在途中不能将遗体落地，抬到后直接入土或入火，抬人时不能哭泣、不能出声，因为哭声不但能分散魂灵，而且眼泪会形成大海，给灵魂路途带来障碍，阻断路程，直到将遗体背到坟穴上。抬人时妇女、儿童不能随行，也不得到坟地。送葬队伍全为男性，主要是直系亲属，送葬队伍视家族亲属人数、路途远近而定，多则二三十人，但人数有讲究，多为去单来双原则，送行队伍包括死者

① 贺卫光：《裕固族仪式研究》，民族出版社2015年版，第205页。

在内为单数。

火葬：火葬用柏木柴做燃料。人火化三日后择日子拾骨灰，把骨灰装进白布袋子，袋子底是方的，袋缝子在正面，条件好的人也用蓝绸子做面子，拾骨灰先从脚骨开始，依次向上，最后是头骨，骨灰用柏木做的筷子拾，装袋子时不能用力压，装完袋子后撒上藏芝（碾细的六种中药材），最后用五色口线扎好口子（扎法前面所述）。拾骨灰时病人、孕妇、小孩不能前往。

装宝瓶：装宝瓶时要念经，在没有专用瓶子时，用白布袋子替代，然后在白布袋中装五谷（麦子、青稞、稻子、白豆子、白芝麻）、丁香、砂仁、竹黄、藏红花、豆蔻、沉香等有香味的 25 种药材及碎金、银、宝石，佛像上的土、泉水、释迦牟尼袈裟上的布条与炼化的蜂蜜拌在一起装入宝瓶或白布袋子中，宝瓶放在骨灰袋子前面。在坟边立一个玛尼杆，上挂玛尼旗。过去裕固人在清明节不上坟，也不过七月十五。

二十一天：要念经、点灯，点灯的人越多越好，一般一个人要点 1 盏或 3 盏，不能点双数，因去世后的第二十一天是亡人的一个难日子，这天要念经，多人点灯帮着过难关，四十九天也一样。

四十九天：过四十九天来客要点 1 盏、3 盏或 5 盏灯，每一组为 108 盏灯，招呼来客吃喝不讲究。灯必须要点，但不能收礼，这一天要全天念经，家境好的要念更多的经，持续两三天。念经是给死者指路，为其解脱罪过送行，把死者魂灵交给天堂或阴间，在亲人去世的四十九天里，家人每天都要烧 saksu、煨桑、戴孝，要戴孝四十九天，第四十九天念经时取下后烧掉，戴孝期间不能随便到别人家里去，不能唱歌、喝酒，即使向别人借东西也不得近距离接触，取得对方同意才能接触。

百天：家人参加、念经、点灯。

周年：家人参加、念经、点灯。

戴孝：在帽子上缝一个白布圆坨，发送人的时候就戴，直到四十九天，已出嫁的女儿随个人意愿，娶进来的媳妇必须要戴。

随着社会的发展，现在裕固族地区也使用土葬的方式，其丧葬形式和汉族基本一致。

二、传统丧葬仪式

（一）丧葬仪式中的尊与卑

在曼内海姆的记忆中，裕固人的丧葬方式有火葬和天葬两种，一般火葬是在现明花乡附近举行，天葬在现康隆寺附近举行。

在撒里畏兀尔"人死后要请喇嘛念经，尸体裸露而烧。夏天 3 日出殡，冬天 7—10 日出殡，尸体平躺，头朝南，没有什么食品一同烧掉，骨灰收集起来后用一堆土盖上。"[1]

在西喇尧乎尔人，也就康隆寺附近，"人死后 3 天至 7 天，尸体将被带到与帐篷一定距离的山里由食肉鸟吃了。死者眼睛要闭合，但躯干决不伸直，死者放置的位置不重要。3 天后死者的亲属将前去看尸体是否已被秃鹫吃光——这被视为死者是一个好人，如果情况并非如此，就要请喇嘛来念经。富人的尸体是被放在柴垛架上火化的。"[2] 这种说法由来已久，来自大河乡的 DZG 的说法基本一致。

> 我们以前丧葬的方式和去世的人的身份地位是有很大的关系的，德性最高的、地位最重的人是要和金木水火土的带些关系才可以，身份地位低的人则不能占据更多的东西，因此丧葬方式是不同的。[3]

听老人说天葬中年长的死者在帐篷十字线以上停尸，年轻者在十字线以下停尸，尸体放坐在三桩之中。[4]

---

[1] [芬兰] C. G. 曼内海姆：《在撒里尧乎尔人中间》，钟进文译，转引自钟进文主编：《国外裕固族研究文集》，中央民族大学出版社 2008 年版，第 63 页。

[2] [芬兰] C. G. 曼内海姆：《在西喇尧乎尔人中间》，安惠娟译，转引自钟进文主编：《国外裕固族研究文集》，中央民族大学出版社 2008 年版，第 76 页。

[3] 被访谈人：原大河乡居民、现居住于县城的 DZG，访谈地点：被访谈者家中，访谈时间：2017 年 1 月 11 日。

[4] 被访谈人：县城居民 AQ，访谈地点：被访谈者家中，访谈时间：2017 年 1 月 12 日。

可见，在传统的裕固族丧葬方式中包含着人们对于尊卑、地位、身份、次序的基本判断。在举行丧葬仪式之前的丧葬方式的选择是基于死者在世时在家庭、家族以及部落中的地位。死后的尸体与自然之间的关系又被作为评价一个人是好与坏的标准。好与坏是所有道德评价的基础，也是所有评价体系的根基。通过一个人死后的事情来评判这个人自然不会对他本人造成影响，但是这种象征符号的树立为后人们构建了一套评价体系和行为认知的基础。而当下的火葬过程中更多的是表达死者能够更好地转世的希望，以及对活着的人的保佑的祈求。

（二）不哭丧与"孝"

众所周知，很多民族都有哭丧的习俗，当亲人下葬时总会有近亲哭喊，并且越哭越大声，越大声越好。而裕固族却截然不同，在死者下葬的过程中，当人去世的时候他们都不喊，让死了的人好走些，安心去天堂，所以他们也不能哭。"他们再想哭也要忍着，不要哭出声，意思就是逝者正选路了嘛，然后就是他要走的那个路上乱七八糟打扰他的东西比较多，我们哭的话就是让他有所留恋，就是会让他选错路的那种，然后就是让他专心上路就可以。我们没有送葬队伍，只要家里人送去安葬就好了，男女陪葬物不同，也不需要有人见证这个仪式，在家属安葬的时候，喇嘛会在坟地上念念。一般也会戴孝，黑的白的，帽子上是白的，大孝小孝，帽子戴满四十九天，再烧掉。"①

之所以要吊念四十九天来自裕固族的一个民间故事《四十九天的来历》②。

关于裕固族的丧事活动要过七七四十九天的来历，这里面还有一个古老的传说：相传很久以前，当时我们裕固族的生产方式还很落后，只进行简单

① 被访谈人：原大河乡居民、现居住于县城的 DZG，访谈地点：被访谈者家中，访谈时间：2017 年 1 月 11 日。
② 田自成：《裕固族民间故事集》，香港天马图书有限公司 2002 年版，第 131—133 页。此故事在访谈过程中人们只能讲述其中简单的部分，为了研究的完整性，故引用了田自成收录的版本。

的放牧是很难维持生活的，于是各家中的男人们在从事放牧的同时，也要打猎，以获得肉食、毛皮，好让家人们美餐一顿或等山外的商人们来换点盐巴、茶叶；男人们都以射得一手好箭、甩得准飞石为荣，谁进山后打得的猎物越多，谁的威信就越高。在裕固族人大头目部落里，有个普齐阿瓦的就是这样一个有威信的人。他虽年近六旬，但身体健壮，性格豪爽且幽默，为人正直，经常将猎物送给孤寡老人和人口多的家庭，在部落里数他最有人缘了。

　　一次打猎的时候他为了救一条白蛇而打伤了一只黑鹤。白蛇被救后以菩萨身份现身并对普齐阿瓦说："你救了我的使者，我要报答你，我加你十年阳寿，但你这次打伤了黑暗之神的眼睛，他为了报复，在你通往西天极乐世界的路上铺满了黑暗，使你迷失方向后坠入他的地府，成为他的奴隶而得不到超度，从人间到西天极乐世界有七七四十九天的路程，在这七七四十九天里，一定要点起吉祥的酥油灯为你的灵魂照亮路程，你才能平安到达我这里。还有，眼泪是水的灵魂，你死去后你的亲人不能流太多眼泪，否则黑暗之神会利用你的眼泪制造出大海、大江，阻拦你，让你永远也到不了西天极乐世界，切记。"普齐阿瓦说完，邻居们都唏嘘不已，波罗满脸疑惑，问普齐阿瓦，你说从人间到西方极乐世界要走七七四十九天，可你为何三天就走了个来回呢？普齐阿瓦回答："我走的是白蛇化作的桥，当然三天就足够了。"果然，十年后，普齐阿瓦安详地闭上了眼睛，去了西天极乐世界，邻居和亲友们照着他曾经说过的话安排了他的后事，点起了一百零八盏酥油灯，长明灯一直点了七七四十九天。尽管亲友和邻居们都很悲痛，但没有流眼泪，到了第五十天的晚上，所有人都梦到了红光满面的普齐阿瓦向他们拱手道谢，说他已平安到达。这事儿像风一样传遍了草原，为了使死去的亲人能够平安进入西方极乐世界，免受黑暗之神的报复，草原的人们都按照这种方法操办丧事，这种方法渐渐地流传了下来，成为一种习俗，直到今天，裕固族人仍然以这种方法操办丧事，点七七四十九天长明灯，尽量不要哭，不给黑暗之神可乘之机，以使灵魂得到超度。

　　对于没有文字而只有语言的裕固人来说，丧葬活动中的尊卑和好坏的评价只有通过故事、禁忌等的讲述才能得以传播，但遗憾的是，了解这些故事的人已经少之又少，更谈不上传播了。

在村里走访时，笔者发现有较多的老人是独自居住的。由游牧到定居的发展改变了过去一家人在一起的游牧生活，很多裕固人家庭是牧场一个家，定居点一个家，有很多人为了孩子上学还在县城或者张掖有房。考虑到老人的身体条件，多数家庭都会主动选择让老人在定居点生活。在老人的认知体系中并没有强烈的"养儿防老"观念，更多的是一种和孩子之间的平等与包容。

> 老了，啥也干不了了。和孩子住会给人家添麻烦。我孩子孝顺，每天都来给我送些吃的。①

在大草滩村这个小集体中，大家的认同基础是血缘关系，几乎家家户户都是亲戚，别人家的事情都能说道几分。安奶奶和家人相处较好的情况也在苏阿姨那里得到了证实。

> 她儿子很孝顺的，老人也懂事。不像老兰家的儿子，平时她妈妈生病了都不去看，等她妈妈去世的时候吧，又哭得那么凶，真是不孝顺。我们都看着呢！②

孝道是一个裕固人对别人非常重要的评价标准，而同时很多仪式中的行为也和这个评价标准相关。在苏阿姨看来，一个人孝或不孝不在于他怎么说的，而在于他怎么做的，在平时生活中怎么做的最为重要，去世之后对于孩子的要求并不高。

---

① 被访谈人：大草滩村73岁ACH，访谈地点：被访谈者家中，访谈时间：2015年9月11日。

② 被访谈人：大草滩村居民SGH，访谈地点：被访谈者家中，访谈时间：2015年1月11日。

我们人不在以后就填填坟，再一年四季不上坟，不会去看，好像是四十天以后就不去看了，祖祖辈辈不看，看得多了不好。对活着的人不好，人走了就是走了，看啥看呢，人已经没有了，腊月二十几的时候会去烧。（孩子去不去）看娃娃自己，她想去就去，不想去就不去，也不要求。三十晚上的时候，他们有的会烧，有的不会烧。以前年前二十七八，会请僧人念经，所有好吃的，熟的、生的，每样都会拿一点放碗里，让僧人念经，然后能烧的像大米、红枣，找个干净的地方烧了，荤腥的不烧让僧人带走，现在这种场面少了，一般在二十九那天在山上找个干净的地方，把能烧的烧了，像五色布，再默念一些东西。①

孝文化的培养是基于两代人的共同生活。以苏阿姨为例，她有七个孩子：四个男孩、三个女孩。这七个孩子都是苏阿姨自己带大的。

就是一边放牧一边带的，顾得上顾不上都得带，孩子一出生就是母亲带的。我们娃娃多得很，山大沟深，草场也是远得很，困难得很。牛驮的驮着，背的背着，抱的抱着。就是这样的。孩子年龄差三四岁。绑在牛身上，就走开了。把孩子放在房子里不行。都忙得很，都放羊。那时候，小伙子，背着娃娃，还要干活，男的女的都要干。怀着孩子的，干着干着就把孩子生下来了。

我们的孩子一个六岁，一个八岁就去放羊，孩子都要干活。孩子多，一个拉一个就去做了，三岁的带着两岁的，家里来个人吃饭，害羞得很，给个馍、给个饼就出去了。冬天冷，困难得很，四五个七八个娃娃都困难。就是不听话的时候打一巴掌，听话就不打了。主要是娃娃听话得很，悄悄地，一句话都不顶。小伙子都

---

① 被访谈人：大草滩村居民 SGH，访谈地点：被访谈者家中，访谈时间：2015 年 1 月 11 日。

三四十岁了，都很听话，不骂妈妈，不顶嘴。不像现在的年轻人不能说，不得了。原来的娃娃，三四十岁的小伙子、儿媳妇都很听话，谁家的都那样。①

基于人们日常行为中的道德记忆，已经形成了一套固有的家庭教育模式，这种模式在家庭共同生活中持续，在有家人去世时会得以凸显，这就是裕固族人自我认同的直接表现。

（三）纪念形式的固定化

今天在裕固族地区的丧葬方式是以火葬为主，并且多半都会举行超度仪式，裕固族由于是草原民族，所以在历史上没有立碑的记录，但现在立碑的现象已经开始慢慢出现了。

> 我们那个地方只要是裕固族的，都是要实行火葬的。有些书中记载我们有水葬、天葬，但我们身边没有，我见过的裕固族都属火化，天葬一般属于藏族、蒙古族。裕固族不管是处子死亡还是夭折都是采用火葬。我以前有个关系很好的哥哥，喝酒喝醉了被人捅死了。把尸体抬回家以后就请阿卡过来念经，阿卡定时间一般两天或者三天，然后就拉过去火葬。直接在好的草场上点一堆柴火化了，即使是看上了别人家的草场，你和人家说一声，人家也是允许你的。用松柏枝蘸经水，然后就在关节那里，我是在书上看的，就是蘸在关节处能使他的关节就比较灵活，就好穿衣服，穿好衣服就是双手放在胸前合十。结束以后就拿个罐子把骨灰装起来，这就是你的遗体了。门口会挂玛尼杆，杆上挂的经文、哈达，期间会请活佛进行超度，诵经。也会像汉族一样请邻里乡亲和亲戚举办丧宴，来的人也会随礼，或者拿花圈、红被面（一般老人去世才拿），3 天

---

① 被访谈人：大草滩村居民 SGH，访谈地点：被访谈者家中，访谈时间：2015 年 1 月 11 日。

完了，火化的时候要一起烧掉，最后将骨灰盒下葬。下葬骨灰盒的时候不会请活佛，请活佛一般是 49 天、100 天、1 周年，再往后就看家人的意愿想不想请活佛。①

我们那边还有蒙古族，人家天葬，就是一个木车人在里面抬上去，然后用马拉，拉到哪儿掉下去了，意思就是人想在这儿住了。水葬则不太清楚了，并且了解的人较少。听老人说夭折、没有结婚的人，死了之后放进棺材里面，沉进河沙里面。以前不立碑，就只有小山丘在自己的土地里，现在有些人开始学习汉族也有立碑的了。②

人去世 21 天、49 天的时候，就去庙里打个灯，自己看着，这两天灯一直要点。再后来主要看经济条件，条件好的话，还可以更多，平时没什么纪念，火葬不立碑，基本上一个家族都在同一个地方，现在习俗汉化，之前清明没有去看一看、磕个头的习惯，现在有了。③

我们以前都不去上坟的，我们游牧民族以前哪有这种概念，现在慢慢都有了。④

立碑现象在西部地区较多，东部没有见到过。西部仪式活动变得形式化，并且抛离了原本草原中逝者自我重生的概念，不停地要通过各种形式的纪念去形成一个固定的祭祖模式。而这种变化与其说是变迁，不如说是裕固族地区不同发展阶段的表现，但不知道是否会成为未来的发展趋势。

---

① 被访谈人：康乐乡 WXK，访谈地点：被访谈者家中，访谈时间：2017 年 10 月 11 日。
② 被访谈人：湖边子村居民 ZYQ，访谈地点：被访谈者家中，访谈时间：2018 年 6 月 10 日。
③ 被访谈人：康乐乡居民 AYH，访谈地点：被访谈者家中，访谈时间：2017 年 10 月 12 日。
④ 被访谈人：大草滩村 SGH，访谈地点：被访谈者家中，访谈时间：2017 年 10 月 20 日。

第四节　生活仪式的多元化造成道德记忆的弱化

生活仪式就是裕固族个体和社会的基本构成，它承载着人们的感情，是人们道德行为和道德判断的直接来源。但伴随着现代化的发展，裕固人在自己的仪式活动中已经融入了大量多元化的元素，吸收更多的文化元素来丰富自己的生活仪式成了一种普遍的方式。但久而久之，原来自己的样子已经越来越模糊了。面对现实生活中各种仪式过程的展演，人们一味地追逐新的事物，新奇的事物层出不穷，但很快又被遗忘。"人们热心地不动脑筋地沉淀于繁重的日常事务，超出了生活似乎需要的程度，因为不思考成了最大的需要。"[1]无论是回归还是创新都没有任何可供遵循的道路，形式化成了仪式唯一的核心。

一、生活仪式的多元化

在裕固族的发展历史上曾经有过两种形式的婚姻仪式：一种是非正式婚，如系腰勒婚、帐房戴头婚、招赘女婿婚、童养媳婚、小女婿婚和养女婚、兄弟共妻婚等形式；另一种是正式婚，主要是明媒正娶婚。新中国成立后，裕固族地区的非正式婚已经完全消失。裕固人在发展过程中不断地得到来自国家委派的大批汉族专家、学者的生产、医疗、教育等方面的帮助，也接受了很多汉族的文化和风俗习惯。伴随着改革开放，更多的裕固人走出去，也有更多的人来到裕固族地区，多元的文化交融推动了裕固族地区多元文化的发展，更多的元素被引入传统仪式当中。

实地调查和访谈资料证实裕固人现在的主要婚礼仪式是穿着裕固族的精美服饰，按照现代的仪式过程来完成。虽然现在越来越多的裕固人在尝试选择更为传统的方式举办婚礼，如柯老师尽其所能地强调传统程序，LL 结婚

---

① ［德］弗里德里希·威廉·尼采：《作为教育家的叔本华》，周国平译，译林出版社
2012 年版，第 43 页。

时所采用的马和汽车均出现在接亲队伍中，以及 **AY** 结婚时所选择的唱着传统送亲歌曲进入酒店等。但传统婚礼仪式中所承载的道德记忆，即人们对不同身份的认知、对家庭的态度、对亲人的认识等都未曾被重视。时过境迁，传统已然回不去了，人们应该重视的不是形式化的简单过程，而应该是承载着道德记忆的规则、唱词、故事等道德传统。如何适应身份的转换，如何从为人子到为人妻或为人夫，到为人父母才是仪式对人们日常生活的真正价值。去唤起人们道德记忆中有关人与人关系的唱诵，并以固定的形式和环节来展示，让更多的人了解、习得，进而才能不断地被回忆和重述，而不是仅仅停留在对服饰等符号的记忆之中。

节日是传承民族文化的有效方式，但裕固族地区的春节及其他节日中似乎已经失去了本身所具有的特性。相对于节日而言，聚会更贴近人们的日常生活，是人们最重要的群体生活。个体需要群体生活，个体的发展依赖于家庭、家族以及朋友的支持，这是最直接的关系网络，也是人情网络的开始，更是个体了解自己民族处事方式的场域。这里是培养个体民族性的基础。人们对生与熟、尊与卑、男与女之间的道德认知都是从这里开始，并且不断习得和践行。人们通过向亲人和朋友敬献美酒和美食来表达着对人际关系的重视，通过歌舞相伴将这种关系持续久远。包容成了现代聚会仪式的主旋律。

每个人不仅要面对欢愉的日常生活，也会面对失去的人生痛苦。丧葬仪式承载着裕固人对家的观念和对亲人的关爱。在丧葬习俗中，裕固人"从哪里来就到哪里去"的观念深深烙印在他们的仪式中，人们并不惧怕死亡，将死亡理解为另一种意义上的回归，回归到人与自然的关系。传统仪式中的不哭丧、不立碑都是草原民族生态道德的现实展现，承载着人与自然之间的和谐关系。现如今，生产生活方式的变化已经使得一部分裕固人在改变自己原有的丧葬文化。未来产生这种变化的群体也许会越来越多，或者这种变化范围会越来越大，人们的道德记忆已经不是简单重申而是开始不断地重构，甚至可能在未来的某个时刻被彻底改变。

二、道德记忆的变化

婚礼仪式中作为自我认知的凸显符号不再是仪式中的道德传统，而仅仅是对婚礼服饰的重视。而实际上民族服饰早已不是原来的生活服饰，而是一种不断吸纳融合各种元素的表演服饰，这种服饰的展演所代表的不是过去，而是现在，甚至是未来。这里的民族服饰更多呈现的是融合而非独特。人们所重视的民族符号更多的是一种民族融合发展的现状。

同样，节庆仪式也在多元和包容状态中不断变化。没有了大头目也就不用去进行程序化的拜年活动，家庭的春节活动主要为出现在某个家庭中或是酒店中的聚餐。记忆中的道德关系已经不会被一再重申，更多的是一种家庭、家族关系的和谐共处。唱诵一些裕固族的传统歌曲成为仪式活动的一个重要部分，成为仪式中唤醒人们民族情感的特殊表征，但仅仅是对传统的一种朦胧的印记而已。

除了面对欢聚外，人们也要面对失去。原本极具草原特色的丧葬方式也出现了程序固定化的趋势。不哭丧、不立碑，面对生与死的自然回归态度在丧葬仪式中，是裕固族民众的重要符号。但是现在已经出现的固定墓地，个别村落的立碑现象已经在改写着丧葬仪式中的道德记忆，重构着人们对生与死、尊与卑、好与坏的道德认知。这一系列的吸收和融合已经改变当代年轻人的认知观念，进而也会影响到下一代以及未来若干代人的观念。

日常生活中的仪式活动将人与人的关系拉到更紧密的空间内，不同民族的人们直接的交融与共处更将这些仪式活动反作用于人们的日常生活。婚礼形式的趋同化、丧葬方式的固定化以及节日庆典的聚会都进一步见证了裕固族人对自身文化和中华文化不断融合和共同发展的过程。从人与新人、亲友、故人的道德关系中，裕固人不断地学习、吸纳和接受，在保持自身一定民族特色的基础上从生产和生活方式上更加全面地接受着自己作为中华文化一员的价值体现。在笔者的田野访谈过程中，裕固族、汉族、藏族、蒙古族等民族成员和谐相处，没有人会因为自己的民族身份不同而难以找到生活仪式中的位置。裕固族语、汉语、藏语、蒙古语等多种的语言元素也常常在同一个聚会中出现，但并没有隔阂感，而显得非常融洽和谐。这正是各民族文化在日常生活中共筑中华文化的现实表现。通过道德记忆的视角，人们可以清晰看到裕固族人对人与人道德关系认知的变化，如对待新人、对待家人、对待朋友以及对待故人的态度，这些关系的变化印证了裕固族人同其他民族和谐共处的全过程，更是每一个裕固人对自身以及对中华民族文化的认可过程。

三、生活仪式与牧区发展

如胡塞尔所言："生活世界是一个始终在先被给予的、始终在先存在着的有效世界，但这种有效不是出于某个意图、某个课题，不是根据某个普遍的目的。每个目的都以生活世界为前提，就连那种企图在科学真实性中认识生活世界的普遍目的也以生活世界为前提。"① 生活仪式是生活世界的核心，生活世界虽然看似鸡毛蒜皮、毫无头绪，但实际是由人们在事先给定的意义框架再不断建构的。

亲情、友情、爱情都是在这样的意义世界中构成了人们不同的行动单元，构成了人们活着的意义和依托。人情是社区治理的基础，生老病死、人与人相处都需要基于不同形式的生活仪式而展开，而对于社区的治理，也必定是基于人们不同的情感基础而形成，如此才能具有适用性和长效性。

生活世界建构着人们对于生命的全部意义，就是在这样的生活仪式中，人们才找到了自己的意义，这种意义的重申更是可以通过对公众事务的参与而得到进一步的沉淀。本章中所涉及的任何一个生活仪式，都蕴含着人们对生活的认识，也包含着人们对群体的认知，人与人之间、人与群体之间就是通过这样的感情认知来构建自己的意义世界以及对未来的自身建构的。

只有通过仪式，人们往往才会被拉回到充满意义的世界中，不会被生活中的琐事所淹没，更不会寻找不到未来的方向。因此在日常基层社会治理

---

① ［德］胡塞尔：《欧洲科学的危机与先验现象学》，张庆熊译，上海译文出版社1988年版，第461页。

中，对生活仪式的重视就是对人们生活意义的尊重，社区服务能力强了，社会治理的基础就实了。从生活世界中的道德认知出发，才能把握民众对生活的认知方向，也才能构建起夯实的社区道德文化框架。

生活仪式的多元化冲淡了人们对传统游牧生活的诸多道德记忆和道德规训，改变了人们对日常生活的认知。但这恰恰也为新的思想的融入提供了可能。作为一种全新的生活理念、社会治理，让民众参与到社会发展过程中来，这对绝大多数的牧民来说是较难接受的。由于较长一段时间教育、医疗等方面发展的不一致性导致牧民民众对日常生活的很多陈规没有被打破，也就限制了人们对于自我的认知。伴随着牧民生活世界的不断拓宽，人们所面对的新鲜事物牵引着人们去学习、去感受，人们对未来的生活方式和面对出生、死亡等大事件时的解决方式也变得丰富起来。生活方式的多元化推动了人们对交流和发展的要求，也进而推动了人们对他人生活的关注，因此共同地参与到基层社会的公共事务中就成为可能，而现在的关键在于，离开了牧场、失去了传统道德记忆束缚而不断融入城镇化的牧民们，尚未找到一种为他们量身定做的道德模式。

一个人的存在位置既取决于他自身，也取决于他对待他人的行为，以及他与他人之间的关系。为此，人们便要展开行动来改变自己所处的位置，这些行动是一个面向未来的计划，它既考虑到并超越了直接结果，又无视相对短期行动的解释。因此就可以解释为什么我们会看到，即使在困难的情况下，尽管我的大多数被调查者并不回避对货币、商品交易的兴趣，但他们仍然认为自己更致力于良好道德形象的保持，这些都基于人们对自身位置转变的期许，这更是为人们从个人情怀上升到集体道德提供了基本可能。

提升个人社会位置的渴望，促使人们有非常强烈的持续互动意愿，这些对于个体改变他们在社区中的地位具有至关重要的意义。这一点很重要，因为这种改变的理解似乎加强了其中的个人主动性，并日益增强了责任意识。这就为形成真正的社会治理提供了可能。可以说，人们致力于做道德要求的事情的实际结果提供了一个安全网，即使穷困潦倒的人也能体会到安全感。这样使得每个人都能找到在社区中的位置，基于道德记忆的回溯，有足够的证据表明，价值观、准则和交换行动与从事生产劳作之间的关系影响到社区中人们的日常生活，即使是贫穷的人在社区中也发挥着重要的作用，他们对社区中的位置认知产生了另一极的价值作用，因此他们并非无资源的和边缘化的。社区中的每一个位置上的人都可能产生规范和合理的行为，人们内心和社会生活中的满足感和安全感取决于道德与实际行动之间关系的强度和质量。

通过仪式庆典，个体的个人选择和社会道德进行了有效的融合，并形成了人们的行动。人们在复杂和变化的环境中讨论他们的生活，讨论确定了物质和非物质方面的强有力的持续互动的意义，使得这些互动深刻地影响了人们对其生活的各个领域中的行动和结果之间关系的认识，并强调了其他重要角色的价值感，在更广的意义上明确自身的归属感，并在长期内得到满足。因此，道德记忆的回溯与扩展将与人类实践相关的道德事件联系起来，通过社区事务中所涉及的各项维度，共建有效的道德生活世界。

面对道德生活在日常生活仪式中展开的变化，迫切地要求我们为来到城市中的牧民寻找或建构一个属于他们的道德认知。这种道德认知绝不能丢失传统道德记忆中人与草原共生的关系，更要关注到城市中人与人、人与陌生人之间的道德互构。通过观照自身开始反思自身的道德行为到能够"直言"他人的责任感和使命感，要让牧民相信自己就是牧区、城镇的主人，是能够帮助自身更好发展的参与者和组织者。

第四章　道德记忆重建的社区庆典：人与集体

　　庆典的实质就是隆重的仪式，笔者将裕固族自治县庆祝成立的活动以及当地民族精英发起的东迁节称为社区庆典。县城庆典不仅包含着人们对自己的认可，更是包含着国家对民族的认同，对个体裕固族身份的认可；东迁节作为部落精英对民族传统的重申，是重建民族道德记忆的新形式。庆典作为一种社会和集体活动，改变了日常生活的乏味，使人为之一振。庆典活动为社会性和创造性的交融创造了机会，集中体现了人与集体之间关系的表达，是人类表达、传递和创造道德记忆的场所。人们以更为突出的形式认可自身，加强凝聚力。庆典正是通过自己独具魅力的感染力影响着人们的自我文化认知。

　　裕固族的县城庆典既是节日也是表演，是人们"自我"展示的舞台。当节日和表演碰撞后，人们看到的是过去和现在的不断融合，而当媒介进一步引入和不断推广后，人们开始思考"自我"究竟是怎样地有别于"他者"，通过各种表演所表征出来的裕固人是当下的鲜活个体，还是传说中的民族形象？这本来是国家对民族的认可的重要节日，也是裕固人对外展现自己的基础，但是在面对寻找各种独特性的视角时，自己的独特性将要以怎样的形式展开，就成了庆典的核心。那么这一场场通过传统、器物、歌舞而展现出来的裕固族人的形象能否真正展示裕固族人民族特色呢？这些精心准备的庆典活动对裕固族民众而言又意味着什么呢？

　　通过对县城庆典和东迁节从时间过渡的脉络阐述到空间展示的场域分析，本章旨在全景式地将裕固族的民族庆典活动呈现在观看者和被观看者的面前，并进一步探讨其对该地区社会发展的影响。

第一节　县庆的历史记忆

2017 年的县庆，展演的一系列照片特别引人注意。这组照片名为《追随文化记忆——大型影像笔记图片展》，照片是由原肃南县文化馆副馆长田自成先生① 拍摄的，田先生所拍摄的这些照片历时半个多世纪，所使用的照相设备是国产 120 海鸥牌双镜头照相机。而照片的整理工作是由现任文化馆负责人及其团队历时三年时间完成的。在展览的宣传介绍中这样说道："在县委宣传部、县文广局的具体指导和大力支持下，县文化馆借助多方力量和辛勤地付出，终于使尘封了半个世纪的文化记忆走了出来，半个世纪在历史进程中，只是弹指一挥间，但恰恰是自治县走过的不平凡的历程，从这个展览中似乎可以听到铿锵有力、自信满满的脚步声，可以见到为自治县经济社会发展创业者的鲜活的面容，可以见证自治县经历过合作化、人民公社化、三年困难时期、大炼钢铁、大跃进、反封建斗争、'文化大革命'等历史时期的进程和自治县改革开放发展的新面貌。"这一系列照片所要展示给参观者的是裕固族发展过程中最真实的历史面貌，唤醒人们对过去生活的记忆，记忆之场在这里展开。

一、肃南裕固族自治县的成立

对于自治县成立以来所记录的一系列照片是从两位对裕固族来说非常重要的人物的介绍开始的，一位是清朝御封七族黄番大头目，也是肃南裕固族自治县第一任县长安贯布什嘉（任职时间 1954—1958 年）；另一位是原肃南裕固族亚拉格部落头目，自治县第一任县政协副主席安进朝（任职时间 1954—1958 年）。他们见证了肃南裕固族自治县的成立和最初的转变，从部落头目的建制体系到自治县的制度转变。

---

① 田自成，1944 年出生，籍贯湖北，汉族，1963 年 10 月录用为国家干部，在共青团肃南县委工作，1982 年任文化馆副馆长，1993 年任文化局副局长，1998 年任县文联常务副主任至 2002 年 7 月退休，在肃南县连续工作 40 年。

其中展现了两位领导者的一些具体工作，如亲临牧民家中了解情况，参与各项会议。首先是于 1953 年 1 月 16 日召开的肃南自治县成立的各项筹备会议，参会人员也包括当时中共肃南县委第一任县委书记乔生义和副书记李忠信。1953 年 7 月 18 日至 24 日，中共酒泉地委在古城酒泉组织和主持召开了"祁连山北麓各族各界人士代表座谈会"。参加会议的有西拉尧熬尔、唐古特、蒙古、哈萨克、汉、回等代表。这次会议讨论了正式成立祁连山北麓各民族自治区的有关事宜。在这次会议上讨论了西拉尧熬尔民族的名称问题，两位裕固族的头目西拉尧熬尔大头目宫布什加和千户安进朝认为，应以本民族最广泛自称译成汉字为正式名称。经过商议，决定正式名称为"裕固"，并兼取汉语中富裕巩固之意。而本民族的人仍可自称"尧熬尔""西拉尧熬尔"或"撒里尧熬尔"。1953 年 10 月 13 日，甘肃省人民政府向中央人民政府报告，定名为"裕固族"。[①]

1954 年的冬天，肃南裕固族自治区首届各族各界人民代表会议在红湾寺附近开幕，宣布正式成立肃南裕固族自治县。在这组照片中也展示了甘肃省人民政府于 1954 年 2 月 20 日批准成立肃南裕固族自治区文件。自治县成立后，两位转变了身份的民族领导人仍旧以改善人民生活为首要，积极开展调研活动，如参加了 1957 年元月初由副县长郭怀成带队组织的肃南自治县民委调研工作；同年还组织并召开了肃南县第五次三干会议，与肃南县各区领导携手促进裕固族的发展。自治县成立至今受到了国家领导人的关怀，照片中展示了 1964 年中共中央主席毛泽东在北京接见裕固族青年代表索程彩英；同年，中华人民共和国国务院总理周恩来在北京接见裕固族文艺工作者安玉香。1992 年 8 月 12 日，党中央总书记江泽民来肃南草原视察，并和民众座谈。

二、县庆仪式的变化

十一届三中全会之后，为了庆祝自治县的成立，肃南县委县政府展开了

---

① 铁穆尔：《裕固民族尧熬尔千年史》，民族出版社 1999 年版，第 157—158 页。

一系列热热闹闹的县庆活动。很多民族仪式开始复苏。在 1979 年肃南裕固族自治县成立 25 周年的庆祝活动中，裕固族服饰开始变得丰富多彩。1984 年和 1989 年的肃南裕固族自治县成立 30、35 周年的庆祝场面已经是大量的彩色照片了，人们的服饰越来越精美，场面也越来越隆重。

据当地人的记忆，每十年一次的大会和五年一次的小会都是先举行盛大的庆祝大会，宣传裕固族地区近几年的变化和发展，同时各地区的人也要来汇报一下工作。会上也要对一些优秀工作者予以表彰。之后会有一些歌舞表演。不过，从一些其他资料可以看出，在这几年的文艺表演中似乎并没有什么裕固族民族特色的演出。钟进文就曾回忆到：在很多演出中，当主持人报出节目名单时多是一些藏族或是蒙古族的重量级节目，并且伴随着人们的不断欢呼和喝彩，而裕固族的节目多是一些民间小调。[1] 但这种情况随着裕固族地区文化事业的发展在不断变化。

到 1994 年的 40 周年庆祝大会时，场面已经非常壮观，欢迎的队伍从县城门口排到了会场，整个县城彩旗招展、鼓号齐鸣。1994 年 8 月 1 日有 800 多位嘉宾在主席台就座，有 2 万多人参加了此次庆祝大会。在庆祝大会上，肃南县各单位都制作了精美的花车进行表演；各个领域的人员如工商人员、医疗人员、财税人员等分别穿各自统一的职业服装进入会场参加县庆大会；文艺表演方阵由穿着裕固族传统服装的 104 人组成，是裕固族民族特色的典型代表；还有各区自己组织的文艺表演方阵，以及藏族等其他少数民族同胞组织的文艺表演方阵。

在县庆活动中也举办了肃南县第二次民族团结进步表彰大会，民族团结的标语也是县庆标语中重要的一个组成部分，彰显了肃南裕固族自治县民族的多样性和国家对民族地区团结的重视。从道德的角度弘扬了以促进民族团结为荣的思想，不仅推动了裕固族经济、政治、文化的发展，更推动了当地各民族的共同发展。团结是民族地区发展的首要标杆。

在这场县庆的照片中，我们看到各个行业、职业和领域都参与到了县庆

---

① 　钟进文：《裕固人悄然回首从传统中求发展》，《中国民族》2004 年第 2 期。

之中，可以说是举全县之力来办县庆。仅就从照片展出的角度来看，40 周年的县庆活动就使用了 36 张之多，并用了整整两个大的版面来介绍，这也可以从侧面来印证当时的盛况。

同年 9 月 6 日还举行了甘肃省第三届少数民族传统体育运动会。来自甘南、临夏、兰州、嘉峪关、平凉、白银、定西、天水、金昌、陇南、酒泉等地的 16 个代表团参加了此次运动会。除汉族和裕固族外，满族、哈萨克族、回族等少数民族分别穿着本民族服装参加了此次运动会。在运动会开幕式上，他们表演了 100 多人组成的太平鼓、儿童武术、蒙古族摔跤、赛马以及哈萨克族的"叼羊"等。

而到了 45 周年县庆之时，发生了一个明显的变化就是，县庆和旅游活动结合在了一起。1999 年 8 月 1 日上午，肃南裕固族自治县成立 45 周年庆祝大会暨马蹄寺旅游观光节开幕式在县职中大操场隆重举行。县委书记王军主持庆祝大会，主席台上座无虚席，表演方队、鼓号队、花舞队和彩球队鱼贯入场，在开幕大会结束后进行了现场歌舞表演。当时有 5000—6000 人的观众观摩。庆祝大会现场表演了"改革开放富起来""奔向未来创辉煌"等集体歌舞。

县庆期间，在影剧院也进行了一系列的歌舞表演，如裕固族舞蹈《祁连山下丹顶鹤》《奶羊羔》；藏族舞蹈《卓玛·卓玛》；蒙古族舞蹈《蒙古人》等。8 月 8 日晚，在影剧院举行了节庆活动的闭幕仪式，县委常委、宣传部长秦学仁主持闭幕式并宣读表彰决定，表彰了优秀先进个人和先进集体，并颁发了奖状和奖品。

到 2004 年 8 月，50 周年的庆祝现场可以看到大量的歌舞表演和体育运动项目的结合。50 周年县庆的主题词是："认真实践三个代表重要思想·建设美好社会主义新型牧区"。县庆期间还举办了肃南裕固族自治县第四届少数民族传统体育运动会。在此次县庆大会的表演队伍中对于传统文化的发掘和传扬表现出突出的重视，如大规模的裕固族传统萨满舞的表演、鄂博场景的展演等。

2004 年肃南裕固族自治县组织了 50 周年县庆，筹资实施了体现民族特色的"穿靴戴帽"工程，为县城沿街 40 多幢办公楼和居民住宅楼的楼房屋顶和门前进行改造，将房顶改成具有裕固族民族服饰红缨帽样貌的形状。此后，新的房屋的外墙建造都会有典型的裕固族特征的图案以彰显裕固族的民族特性。

到 2014 年肃南裕固族自治县组织 60 周年县庆时，非物质文化遗产研究中心等一系列活动中心的展览更是全方位展示着裕固族的一切。"纪念仪式存在两个共同特征：形式主义和操演作用。只要他们作为记忆的手法有效地发挥作用，它们就能继续发挥作用，这主要是因为它们拥有这些特征。"① 形式主义和操演成了县庆的主要特征。

从十一届三中全会开始，每年的八月就是裕固人的节日，通过各种形式的庆典活动，人们欢聚一堂，共同庆祝县庆的重要时刻。作为一个独立的民族，裕固族拥有了自己的自治县，并拥有了自己的节日。伴随着每年县庆活动的发展，裕固族地区的文艺活动也获得了空前的高涨，从仅仅是民间小调的歌曲到大型的歌舞剧，裕固族人的文艺空间在不断得到创新。原来在会议上受到表彰的劳动能手变成了现在的民族团结优秀工作者，表彰的变化也表现出了道德方向的变迁。但是，在这众多次的庆典中，笔者并没有找到一以贯之的精神寄托，似乎唯一不变的就是更加多元。

第二节　县庆：安静小城瞬间沸腾

照片中的景象是人们对昨天的记忆，现实中不断更新的庆典是人们对今天美好生活的再认识。人们的记忆通过一次又一次的民族庆典活动被不断激活、不断延续。当作者融入多次庆典活动之中后，一次次鲜明地感受到裕固族人鲜活的热情。

---

① ［美］保罗·康纳顿：《社会如何记忆》，纳日碧力戈译，上海人民出版社 2000 年版，第 70 页。

一、庆祝大会：政府主导

笔者有幸参加了由县政府机关部门组织的几次县庆活动，其中印象最为深刻的两次分别为：2014 年 7 月 26 日至 8 月 15 日的肃南县成立 60 周年大庆和 2017 年 7 月 26 日至 8 月 6 日的 63 周年小庆。

庆祝大会是大纪念日才隆重举行的重要活动。2014 年 8 月肃南裕固族自治县县城红湾镇所在地举行了盛大的 60 周年大型庆祝活动，此次庆典活动得到了全国人大民委以及甘肃省、市三级民委等发来的祝贺。在 8 月 1 日上午肃南自治县成立 60 周年庆祝大会暨第七次全县民族团结表彰大会上，来自中央、省、市直及省属驻张掖有关部门以及临边市、州、县及社会各界人士约 300 人参加庆祝大会。此次会议（暨第七次全县民族团结表彰大会）讲述了自治县 60 年来取得的辉煌成果和独特发展魅力，同时此次会议还表彰了肃南民族团结进步先进集体和先进个人。

对先进集体和个人的表彰昭显了县政府对道德楷模模范力量的重视。"国家是抽象的，是不可见的，它必被人格化方可见到，必被象征化方能被热爱，必被想象才能被接受。"[1] 政府层面对于道德力量的重视，对人们的日常生活是有直接的引导作用的。

> 县庆期间每个县会派代表参加县庆，一些县城小地区会派代表过来参加县庆。一般情况下，10 年一大庆，5 年一小庆。每年县庆期间县里所有单位放假 3 天。8 月 1 号举行县庆开幕式，每个县都会表演一个节目，各单位也会表演节目庆祝。一切活动的准备工作都会在开幕式结束后开始。开幕式有政府的领导参与，就像年度工作总结报告一样，回顾着一年来的工作。[2]

---

[1] 郭于华：《仪式与社会变迁导论》，社会科学文献出版社 2000 年版，第 343 页。

[2] 被访谈人：县城居民 YWB，访谈地点：红色主题公园，访谈时间：2017 年 7 月 29 日。

　　每年的县庆大会都以推动当地经济、政治、文化等全方位发展为主，通过表彰优秀工作者和工作集体来进一步凝聚自治县各族群众团结奋斗、共创辉煌和建设美丽肃南的信心和力量。县庆活动通过举办盛大的开幕式、文化广场专场演出、非物质文化遗产展演、60年成就展、花儿歌会、招商洽谈会、物资交流、出版物等，全面讴歌、展现了自治县60年来取得的辉煌成就。政府全方位地打造着一个正在蓬勃发展的现代化城镇，全力展现着奋勇向前的发展决心。

二、文艺表演：舞台重塑道德记忆

（一）专场演出

　　2014年在影剧院的《裕固族姑娘就是我》的文艺表演，吸引了很多人的目光，这场演出由肃南裕固族自治县民族歌舞团表演，也是专为裕固族60周年大庆而编排的大型歌舞节目。该歌舞团创建于1974年，原名为乌兰牧骑（乌兰牧骑为蒙古语，意为红色的嫩芽，就是红色文化工作队的意思）文艺工作队，后更名为民族歌舞团，2011年全国文艺院团改制时被中宣部、

图4—1　2014年县城庆典的影剧院演出

文化部确定为甘肃省保留事业单位性质的院团之一，主要从事裕固族歌舞的编排、创作和对外演出，设有裕固族歌舞传承中心，现有演职人员60人。该歌舞团参加过全国首次乌兰牧骑文艺会演，中国第三、四届艺术节汇演，第三届中国民族文化博览会，第七届全国、第八届全省少数民族传统体育运动会等大型演出活动。特别是在60周年县庆这一年的春节期间，肃南民族歌舞团应泰中文化交流协会、泰国国家旅游局及体育部邀请，赴泰国参加了欢乐春节系列演出活动。

《裕固族姑娘就是我》的整场表演将现代化舞台背景与裕固族传说故事中的历史场景相结合，展现了一部裕固族的发展史。一位漂亮的裕固族姑娘来自美丽的肃南家乡，背景中的县城转经筒体现着家乡的标志。而能够来到这个美丽的地方是经历了辛苦的迁徙，背景中展示了迁徙的队伍，舞台中表演着迁徙的艰难，以及可能要随时面对的离别之苦。经过艰苦不懈的努力，人们终于来到了美丽的家园肃南，背景中展现了在肃南风情走廊中大帐的照片，人们在这里生活、繁衍。生活一片欣欣向荣，有生产的场景，有生活的片段，还有集体的体育运动。在这幸福甜美的生活中，人们迎来了一个裕固族小女孩的出生，故事展现了她长大成人，经历了戴头面的成年礼后步入家庭婚姻生活，进而生命得以延续的历程。

在演出的过程中不时地响起热烈的掌声，很多裕固人看到的不单单是本民族歌舞表演，更是民族发展的缩影。钟进文老师形象地把这一现象称为从"唱民歌"到"唱民族"，这实在是再形象不过的比喻了。在这样盛大的民族记忆中，《裕固族姑娘就是我》这首歌曲也就不停地在裕固族地区传播，并且成为裕固地区的一个象征符号。这个故事承载着裕固人对远方家乡的怀念和草原生活的热爱，这种魂牵梦绕的景象展现在了人们的面前，这个故事讲的几乎就是裕固族每一个人的故事。

在一阵阵的欢呼声中，我能感受到人们强烈的文化认同的渴望。可是，艺术毕竟是艺术，它虽然来源于生活但一定也是高于生活的。它能够在短时间内呈现裕固族迁徙、发展的过程，却无法深刻地表达出裕固族人在这变迁中所遵循的道德评判，作出的道德抉择，这些抉择才是一个民族生死存亡时刻的关键，也是决定民族未来发展的基础。图景、符号、服装、道具都可以被称为民族的，但这些都仅仅是符号而已，只有舞台才是它们的归宿。

只有活生生的具体关系的展现才可能孕育出能够触及人们心扉的深刻记忆，才能绕梁三日仍有余音。

（二）文艺汇演

除了专场演出之外，大量的文艺汇演是每年县庆的重头戏。以 2014 年 7 月 31 日的一场在县城中心小广场举行的"民族之花·绚丽肃南"乡镇文艺汇演为例，我们来看看表演单所呈现的表演情况：1. 裕固人幸福的家园，红湾；2. 祝福马蹄，马蹄藏族自治乡；3. 东大欢歌，祁丰藏族自治乡；4. 囊舞（摇奶舞），皇城；5. 萨满舞，白银蒙古族自治乡，舞蹈；6. 裕固家园，康乐乡，舞蹈；7. 鞍带舞，白银蒙古族自治乡，舞蹈；8. 草原之梦，大河；9. 裕固族姑娘出嫁，明花乡；10. 雪域魂，马蹄藏族自治乡；11. 天边故乡，康乐乡；12. 我的故乡，皇城；13. 海子鼓舞，明花；14. 夏日塔拉——我的家，红湾；15. 玛尼石，明花；16. 首领格萨尔。从节目的安排上看，16 个节目中就

图4—2　2017县庆小广场

有 10 个是裕固族歌舞，在安排上体现了裕固族作为主体民族的特性，但对裕固人来说这没有什么区别。

> 在举行前会在公告栏上通知的，写明做什么活动啥的。就在县城里面办的啊，而且他们是分开办的，不会同时办，谁要想办了就可以办，没有规定怎么办。具体搭个舞台就唱歌跳舞啥的，大家还可以围在一起跳舞，跟艺术节差不多的，我也去跳过，没有具体服装要求。①

仅仅就是庆祝，至于庆祝的核心内容是什么，已经不是人们所关心的事情。2017 年的小庆仍旧在相同的地方举行，同样的形式，似乎在讲述相同的故事。但没有连续性考虑的庆典活动总是在每次表演中更多地考虑着怎样才能"别出心裁"。

2017 年的文艺表演从 7 月 26 日开始至 8 月 3 日结束，在时间和地点的安排中尽量呈现出一种各层面、全方位的演出。甘肃省歌舞团和萨尔组合的表演被安排在了影剧院，是需要凭票进入的，而各个乡镇的表演被安排在县中心广场。影剧院和县中心小广场的活动同时展开，这样使得所有的人都有了可以参与其中的空间。

在 28 日晚上县城小广场中以《相约山水肃南·体验裕固风情》为名的专场文艺演出中，《欢腾的肃南》这场大河乡的文艺表演里，一组驱魔舞的表演吸引了我。主持人介绍道："裕固族长期是以萨满教为主的民族，在民族发展过程中，对于驱魔是非常重视的，这些舞蹈可以看作是裕固人对于人类和其他世界的关系的直观看法。"在观众中，我听到有人说（我了解到是游客）："裕固族原来是这样啊。"有年轻的裕固族人自己说道："原来我们过去还有这样的活动啊！"舞蹈这种表演形式通过动作的方式展开人们对过去的遐想，在表演的过程中尝试呈现正义与邪恶、过去与现在。但是，作为重

---

① 被访谈人：县城居民 WXB，访谈地点：红色主题公园，访谈时间：2014 年 7 月 26 日。

构的传统只能停留在舞台的现象一再地被重演。这么多的表演，这么多年的舞台，到底哪些是裕固人恒定不变的呢？

在整个文艺表演的过程中，无论是 60 周年大庆还是 63 周年小庆，都通过或大或小的艺术形式展现着裕固族曾经历过的历史和文化，都试图通过表演彰显裕固族民族特性的同时增强裕固人的归属感和依赖感。但无论是专场的演出还是单独的表演，都无法将舞台融入人们的现实生活，缺乏内容延续性，实质上是没有展现出仪式庆典所具有的核心力量。

（三）热热闹闹的篝火晚会

县庆的傍晚，在文艺表演还没有结束之时，红色主题公园的篝火晚会已经拉开了序幕，围绕着硕大的篝火，人们跳起了欢腾的锅庄舞。各民族的民众汇聚于此，无论是肃南人还是游客，大家欢乐开怀、团聚于此。

> 县庆期间每天晚上都会有篝火晚会和锅庄舞表演，每晚会在公园广场上聚集很多人，无论是汉族还是裕固族都可以尽情地参与其中，同时也会邀请一些周边民族的同胞过来一起参加，甚至俄罗斯人，比如 2015 年县庆就邀请了俄罗斯人前来参加。所有参与的人一起围着篝火，参加锅庄舞表演，场面十分热闹。①

在非县庆的时候整个县城都会比较安静，只有在县庆的时候，县城特别是夜晚的县城才会热闹起来。以往县城里的人吃饭或者做其他事都会去市里，但在这几天，所有的人都会陆续回到县里。无论出于什么原因，裕固人都尽力在这段时间回到肃南，回家过节成了裕固人的一种新习惯，这其实就是裕固人对自己民族认可的一种表现。但可惜的是，如此重要的展示空间中并没有为真正能够影响人们生活的道德记忆留有空间。政府和民众都在全方位地努力表现自己作为主人的姿态，但除了面对客人之外，裕固人应该以怎样的形式来书写自己的历史呢？应该如何让仪式庆典融入日常生活呢？

---

① 被访谈人：县城居民 YXB，访谈地点：红色主题公园，访谈时间：2017 年 7 月 26 日。

三、赛马大会：草原儿女本色

既然热热闹闹的表演活动并没有推动人们自我认知的清晰化，那作为草原儿女本色的赛马大会，是否会以别样的形式展现裕固人的与众不同呢？

2017年中国丝绸之路——肃南裕固族自治县"裕固王"杯赛马会在喇嘛坪的索朗格国际赛马场召开。索朗格是裕固语，翻译过来就是骏马奔腾的意思。来自北京、云南、内蒙古、青海及甘肃等地11支代表队，287匹赛马前来参加此次比赛。

一早笔者就驱车赶到了会场。当笔者到达看台之时已经有很多人围挤在看台内外，吸引眼球的是最前排穿着隆重裕固族服装的村民，有男有女，年纪在40岁左右。在访谈中了解到，他们都来自大河乡，是被邀请来盛装参加表演的。听完，笔者就开始期待一场裕固族特色的民族演出。9点半开幕式开始前，所有盛装的裕固族民众开始组队，排列整齐地来到主席台前。上午9点半的开幕式召开时是由县长亲自主持发言的，各代表队入场后，县长开始讲述裕固族自治县的发展和对体育事业的重视，并预祝各位参赛队取得好成绩。整个讲话的过程中，这个穿着裕固族服饰的队伍作为民族特色方阵队一直站于主席台最前端，聆听着领导的发言，开幕式结束后这一个民族服饰表演方队退场，进行了马术表演。笔者期待的表演就这样早早结束了。这就是表演，一个民族的展演，但是这个展演中裕固族服饰在这里成了彰显民族特色的唯一方式，服饰再次成为裕固族文化的代言物。

之后紧锣密鼓的比赛就开始了。由于已经建好了看台，能够以很好的视角看到整场比赛，所有人们已经不像以前那样需要来回奔跑。不过为了给自己乡的队伍欢呼，很多人还是不停地挤到赛道周围。人们也自然不会害怕马儿受惊，也许因为马儿本就是他们的朋友，马儿也早已见惯了这样的场面。比赛过程充满了紧张与惬意，既是能力竞技的场合也是联系感情的场所。

此次赛马会的规格较高，吸引了全国各地的代表队伍，同时也吸引了大量的当地人和游客参与，会场内是密密麻麻的人群，会场外是漫山遍野的汽车。伴随着经济水平的上升，裕固族人几乎家家有车，甚至还不止一辆，人们出门的方式已经发生了多样的变化。以前出门的交通工具变为了观赏的对象，成为人们回忆的一部分。

四、县庆前后：乡镇庆祝

伴随着县城庆祝的开展以及旅游业的发展，裕固族的很多地方开展了艺术节、草原节或沙漠节的活动，这些都构成了整个县城庆典的一个子集。东部的草原节和艺术节一般是一起举行的。比如2015年7月17日，肃南县康乐乡就在赛罕塔拉草原（赛罕塔拉是蒙语，意思是美丽的草原）举行了第十一届裕固族传统文化旅游艺术节，节日活动以歌舞和一些传统体育活动为主。每年的7—9月，各个乡镇都会举办艺术节形式的传统文化演出。

> 就到艺术节了，艺术节大概是在7月份乡镇上举行的，就是会搭个舞蹈跳个舞、唱歌等，其他民族都可以来看，这个节日是偏向娱乐性的，大家就聚在一起开心一下，增进彼此之间的感情。[①]

2017年7月康乐乡大草滩村举行了一场艺术节的活动，这个活动也是村史馆成立的庆祝活动，在这次活动中，除了传统的歌舞表演外，增加了很多传统生产生活方式表演的活动，如捻线、打奶子等，还第一次在艺术节上表演了剪羊毛、剪马鬃的生产活动。在仪式的活动现场，还呈现了民族文化的讲解过程，MGM老人给裕固人讲述了裕固族的一些传统礼节——敬献哈达、热情待客等等。

西部地区一般大概是在每年9月举行沙漠节。

> 我们老家在戈壁滩嘛，我们有沙漠节，我们不是有海子吗？人们就是去那儿看看，玩一玩，逛一逛。也没有什么，沙漠节我们会搞个篝火晚会，就唱唱歌、跳跳舞啥的，就完了。我们这儿参加节

---

① 被访谈人：康乐乡居民LYH，访谈地点：访谈者商铺中，访谈时间：2015年4月26日。

目都是自愿去的，一遇到大型节目，五湖四海的裕固族人就会赶过来，一起过，过完就走了。①

2017年9月，在明花乡举办的沙漠节中，不仅包括传统的生活方式的展示和传统体育赛事的表演，更添加了赛骆驼、赛车等新的表演方式，吸引了大批旅游者的到来。

每年的6月到9月这几个月是裕固族聚居地区最美的时刻，也是人们通过仪式庆典来彰显自己的时刻。在这期间，人们通过各种方式在舞台中重申自己的独特民族身份，展现着民族的风貌，更表明裕固族在国家框架下的茁壮发展，整个肃南县呈现出了一片极具民族特色的精神风貌。

第三节　作为庆典展演的县城

肃南裕固族自治县的政府所在地是红湾寺镇，从地理位置上看基本位于整个县城的中心，操东、西两种语言的部分裕固族人分居县城两个方向，而在县城居住的裕固族人一般东、西部都有，融合于县城之中，并且和藏族、汉族、蒙古族等其他民族共同聚居。自治县成立以前，这里曾有一座藏传佛教禅定法旺寺，属裕固族西八个家，又因寺西北方山峰呈红色，称之为"红湾寺"，1985年4月建镇。在县城红湾寺镇5.2平方公里的城镇中有以肃南县的各乡镇名字命名的街道，如皇城路、康乐路、白银路、大河路、红湾巷、马蹄路、祁丰路、明花路等，辖红湾、隆畅、裕兴3个社区居民委员会，居住着裕固、藏、汉、回、蒙古、土、满、保安等11个民族4096户9095人。县城四周群山环抱，站在山顶喇嘛坪就能俯瞰整个县城，平房、高楼、公园、广场等错落有致。隆昌河穿城而过，将县城分为南北两侧。从

---

① 被访谈人：明花乡湖边子村居民ZYQ，访谈地点：被访者家中，访谈时间：2015年3月26日。

历史资料、各种影像资料和人们的访谈聊天中可以感受到 1954 年自治县成立之后，肃南县城发生了巨大的变化。

一、县城东部：寻根问祖

整个县城最为壮观的要数位于县城东南端，一进入县城就看到的转经筒——肃南香巴拉却利。这个转经筒曾经是世界最大的转经筒，它坐落于肃南县城以南，始建于 2009 年，建成于 2011 年，经轮直径 9 米，高 24.623 米。此转经筒的造型非常独特，除了主要的筒身之外，最为不常见的是转经筒的顶部，这种建筑风格特别类似于中国古代的庙宇建筑的房顶，两层的蝶式建筑，上四面，下六面，极具中国传统文化的韵味。在阳光的照耀下，很远处就能看见金光闪闪的经筒发出耀眼的光芒。

转经筒的外层是镀着金箔的宗教图案的浮雕，自上而下为：莲花瓣、金刚杵、兽头、梵文六字箴言、藏传佛教站身八大菩萨、八瑞物、吉祥八宝、宝镜、藏文祈愿词、祁连山水风光等。经筒内供奉了泥塑和纸印各类佛像 88 万尊，泥塔及纸印佛塔 20 万个。

图4—3　肃南县城边上的转经筒，摄于2017年

在藏传佛教中，转经轮，又称玛尼经纶（也叫转经筒、玛尼筒），藏传佛教认为，持诵六字箴言越多，表示对佛菩萨越虔诚，由此可以脱离轮回之苦。因此人们除口诵六字箴言外，还制作转经筒，把"六字大明咒"经卷装于经筒内，它的里面有一张用藏文写满的经文，因为在奴隶制时代，藏民大多不识字，所以把经文装在转经筒里，每转一圈，相当于诵经一遍。据当地人说，自从建成这个转经筒后，很多老人都会相约来此转经，此地也成为肃南旅游的一大景点。在转经筒周围，利用水的力学原理建造了很多小的转经筒以及依靠山边建立了一圈连排的小转经筒，这些小的转经筒在水的推动下日日转经祈福。在转经筒旁，依山而建的佛像和壁画同转经筒一起成了彰显肃南县藏传佛教信仰的重要建筑点。

在转经筒对面也就是隆昌河北面的就是当地最大的酒店——西至哈至大酒店。这个酒店名称的由来源自裕固族东迁的历史，在裕固族中流传着一首关于本民族是如何来到祁连山脚下的歌曲《西至哈至》：

祈祷拜佛的经堂被沙掩埋了，
我们无奈才从西至哈至走来，
老祖父指路没有迷失东迁的方向，
老匏牛找水才没有渴死。
（老人说了）看不见往高处上，
不知道的事问长辈，
群体迁移，互相有个照应，
单独行走，会失去照应。
有寺院的地方要祈祷，
邻近的民族要攀亲结缘。
可汗的恩德要纳税，
兄弟之间要以礼相待。
到了农区不会饿死，
有红柳的地方就要驻扎下来。

游牧生活不能放弃，

要爱护所有的生灵。

现在这首歌曲在裕固族地区广为流传，几乎每次聚会上都会有人唱起它。但哪里是裕固人的家乡呢？人们共同的根基在哪里呢？无论是在民间还是在学界，西至哈至仍是人们不断考证的地点，唯一可以确定的并不是那个曾经的故乡而是迁徙后的地点。既然变迁是裕固人的常态，那对一个长期逐水草而居的民族来说所有一切最重要的东西都是，也只能通过民族大量的叙事唱词来承载和传承。但今天，人们安定下来了，有了稳定的生活，这些都曾是裕固族先人对裕固人未来美好生活的期待。今天终于实现了，但承载着道德传统的传说故事却慢慢被人们遗忘。

人与神之间、人与首领之间、人与人之间以及人与民族之间到底经历了怎样的变化，是什么样的道德记忆指引着人们进行自己的道德判断，裕固人是遵循着怎样的生活持续至今，这些问题伴随着人们不断尝试追求"新"的事物而被掩盖，直至遗失。结果可能就像今天的西至哈至大酒店一样，虽然对于游客来说它是一个标志，是一个极具象征意义的符号，但对裕固族当地民众来说只是个县城边上的大酒店而已。

二、县城中部：时代舞台

进入县城，在第一个十字路口会看到祁连神鹿的标志矗立在此。祁连神鹿是裕固人的图腾，在很多的建筑物上都画有它的图案。在祖国 60 周年大庆的时候，这只鹿的形象被作为裕固族的象征画在立于天安门广场的民族柱上。但很有意思的是，当地人对这只鹿的故事知道的并不多。作为裕固族专家的钟进文老师曾在 2004 年发表文章专门提到，他在裕固人的记载中根本找不到这只鹿的任何痕迹。笔者在田野调查中几经追问后，才在 83 岁的苏爷爷那里打听到了一个神鹿救人的故事，却也不知为何鹿成了裕固人的图腾象征。

路口向北穿过住宅区就可直达喇嘛坪国际赛马场。路口向西路过医院

图4—4　肃南县城祁连神鹿，摄于2017年

后，旁边就是县城著名的民族公园，是周边居民日常休闲娱乐的重要场所。这个民族公园也是很有意思的一个地方。按照钟进文老师的话来说，就是一个没有民族特色的民族公园。在公园的碑记上写道"把县城建设成适应西部大开发需要的花园城市和旅游城市"。该公园于2011年建成，作为"全县各族人民所注目的跨世纪形象工程"，却找不到各民族的任何痕迹。雕梁画栋的大门，两种分别是木质和水泥制作而成的亭台楼阁，以及亭子上的飞天仕女和山水中都看不到民族的任何信息。公园正中间的喷泉以及两侧的健身器材、儿童滑梯都体现不出任何民族公园应有的跨世纪特色。这里也只是县城居民早晚锻炼身体、散散步、陪孩子玩耍以及遛狗的场所。

民族公园的南面，在隆昌河的对岸就是肃南县一中，教学楼内随处可见汉语展示的励志名言，如"他山之石，可以攻玉""精诚所至，金石为开""不积跬步，无以至千里；不积小流，无以成江海""诗书养性，文章育人"以及"创新是一个民族进步的灵魂"等。在这所学校里还有肃南裕固族自治县裕固族教育研究所，311教室是裕固族研究资料中心。一些裕固族学者曾在这里做了大量有关裕固族民间故事、谚语等的收集和整理工作。该研究中心创立的初衷是立足于裕固族聚居区，以教育政策、教育创新、多元文化教育和传承裕固族优秀传统文化为主要研究对象，致力于规划和推进裕固族教育研究，追求研究型的裕固族教育发展理想模式，全面推动裕固族基础教育的改革与发展，宗旨是依靠社会力量或公益基金支持，通过发挥社会各界和民间的力量，以独立的专业化研究和广泛的公众参与，以第三方身份来研究县域教育政策，评估教学质量和学业水平、建议发展规划决策、实施学校专项调研、促进民族教育立法等，为地方政府规划教育发展和文化传承提供决策依据，为全国人口较少民族教育发展和文化传承提供样本，为促进世界多元文化发展做出贡献。

　　而裕固语言的教育工作则主要在民族公园西北面的幼儿园和小学中进行。在红湾小学教学过程中，除了其他基础学习之外，裕固族小学生在一、二年级还必须接受裕固语的学习。基于裕固族只有语言没有文字，使其语言很难保存和持续，因此对裕固族语言的保护受到了政府、学者和当地民族传统文化保护者的极大重视。

图4—5　肃南县城民族公园，摄于2017年

红湾小学东边的县城中心小广场、对面的文化馆、西边的影剧院以及影剧院对面直至隆昌河北的红色记忆主题公园，共同成为县庆的主要展演地点。其中，红色记忆主题公园是县庆时篝火晚会的场地，在公园内有两个重要的建筑：一个是广场西侧的"西路军纪念塔"，和红西路军纪念馆；一个是坐落在公园中心的藏式佛塔"耶敦乔殿"和旁边的煨桑炉，这里也是人们日常生活中的运动场所。以 2014 年的 60 周年县庆和 2017 年的 63 周年县庆为例，如县庆大会是在影剧院召开的，文艺表演呈现于影剧院和中心小广场，各种资料、图片以及绘画作品的展演集中于文化馆之中，而红色记忆主题公园则是夜晚欢歌载舞的场所。

除了以上重要建筑之外，县城中县、镇党政机关、医院、邮电通信方便，商业网点布局合理，另有皮毛厂、食品加工、保健品制造等服务行业。县城的居住环境优良，多为近年来新建的多层楼房。

这里是县城的政治、文化、居住中心，这里就是整个舞台。走过每条街道，都能碰到亲人的寒暄和朋友的问候，日常生活和文艺表演错落有致，人们在这里生活、观看和回味。平日的安静和县庆的热闹、白天的宁静和夜晚的喧嚣形成了极具特色的县城生活。每一个建筑似乎都在表征着裕固族的特色，但细细回味每一个建筑的内部，又找不到能够承载民族内涵的传统价值所在。

三、县城西部：民族记忆

"当一个集团无法以目前拥有的资源去再生产自身的身份和地位时，他们就会面向过去。"[①] 在县城的西边，有肃南裕固族自治县民族博物馆、裕固族非物质文化遗产保护和传承中心、裕固族歌舞传承中心、游牧文化中心、中国少数民族特色村寨以及红湾寺，这些是展现裕固族传统的重要建筑物，当然也是当地的重要旅游景点。

---

① ［法］勒高夫：《历史与记忆》，［日］立川孝一译，日本法政大学出版社 1999 年版，第 40 页。

　　肃南裕固族自治县民族博物馆，成立于 1996 年 10 月，是国家三级博物馆。占地面积 3100 平方米，建筑面积 1594.86 平方米。现馆藏一级文物 33 件，二级文物 118 件，三级文物 84 件，民族文物 1880 余件，革命文物达 120 余件。珍藏有毛泽东、周恩来、江泽民、胡锦涛、吴仪等党和国家领导人接见各行业的裕固族代表及民族团结进步人士图片；收藏了 1984 年徐向前、李先念为建红西路军烈士纪念碑的题词和 1992 年江泽民视察肃南时的题词"祁连松柏挺拔俊秀　各族人民情深意长"原件。馆内设有"中国裕固族专题展""肃南历史文物精品展览""各民族团结""自然资源展"4 个基本展区。

　　其中，馆藏的西夏时期黑釉剔花缸是我国现存西夏瓷器中体积最大、保存最完整的西夏时期的瓷器；境内出土的唐代吐蕃时期的三足折叠盘、单耳带盖镶松石金壶，工艺精湛、造型优美，为稀世珍宝；康熙皇帝御赐给裕固族大头目的传世龙袍和乾隆皇帝御赐给马蹄寺的龙袍充分体现了封建王朝和边疆少数民族的密切关系。

　　长期以来，在每年的民族团结进步宣传月、宣传周和重大节庆活动，该馆组织各族干部群众、驻地官兵、中小学生、社会人士，开展红西路军浴血奋战河西走廊悲壮历程主题的爱国主义宣传教育活动；定期与县内"三校一园"联系，举行"民族团结进步联谊会""成人仪式""历史课堂"等教育活动；举办了"肃南县史前游牧文化印迹——榆木山岩画展""馆藏精品图片""民俗文化图片"等临时展览。2007 年，民族博物馆被张掖市委宣传部命名为市级爱国主义教育基地。2008 年被列入甘肃省首批免费开放的博物馆，全国重点文物保护单位；2011 年，"中国裕固族专题展览"在甘肃省首届陈列展览精品评选活动中获得"最佳内容设计奖"；2011 年，民族博物馆被甘肃省委宣传部命名为省级爱国主义教育基地。2011 年 6 月，被中国文物保护基金会授予"薪火相传——中国文化遗产保护杰出团队"荣誉称号。

　　博物馆作为历史的展示舞台正在全方位地展示裕固族的历史、生活、仪式、遗产、资源等，它成了认识裕固族的一个重要地点，也同时成了人们认识自己的一个重要地点。不过这些尘封事物已不能被今天和以后的生活所

图4—6　中国裕固族博物馆，摄于2018年

传承。

　　发展和创新的任务已经悄然转移到了博物馆旁的研究中心。在博物馆旁新建的非物质文化遗产保护和传承中心，其中包括裕固族歌舞传承中心、非物质文化遗产保护中心、游牧文化研究中心。

　　裕固族歌舞传承中心，也是肃南裕固族自治县民族歌舞团所在地，该团的标语是"裕固族歌舞从这里走向世界"，由赵新军担任团长，还有索卓玛、塔拉萨尔、白天杰、阿尔坦等声乐、舞蹈演员。该团创建于1974年，从成立之初至今一直在从事民族歌舞的编排、创作和对外演出工作，如创作了大型歌舞剧《天籁·裕固》，不仅在当地进行表演，并于2007年赴中央党校演出，2009年县庆55周年还在县影剧院专场演出；2012年参加央视《乡约》栏目；2014年赴泰国参加欢乐春节活动同泰国国家旅游体育部部长、中国文化部副部长合影留念；创作了裕固族大型音舞诗画《裕固族姑娘就是我》参加了县庆60周年的文艺表演。除此之外，该团还先后创作出裕固族音乐舞蹈《迎亲路上》《裕固婚礼》《祝福歌》等优秀剧目，整理创作了许多裕固族

图4—7　裕固族非物质文化遗产保护和传承中心，摄于2017年

民歌，如《牧人》《裕固萨尔》《家园》等歌曲。出版发行了《祝福草原》《飘香的草原》《裕固族姑娘就是我》《裕固家园》等歌曲光盘、磁带。

非物质文化遗产保护和传承中心中通过静态的展示和动态的表演全方位地呈现出传统的生产生活方式，尽可能全面地展示着所有的生产用具、生活用品、使用方法、仪式活动等。

博物馆和传承中心北面沿河而建的肃南私人博物馆和仿照的原始部落帐篷群落，现在已经被命名为中国少数民族特色村寨，这是肃南旅游局主持修建的"索朗格中华裕固园风情大观园"旅游景区建设的一部分，这也是笔者有幸参加的裕固族传统婚礼举行的地方。

2016年5月28日，中国裕固族特色村寨启动运营仪式在肃南裕固族自治县非遗文化广场举行。该项目是县委、县政府的重点工作，于2015年开工建设，当年年底基本完工，规划总面积2.8万平方米，概算总投资2692万元。已建成肃南裕固族特色村寨五个片区，即裕固族游牧民族生活展示区，主要展示裕固族游牧帐篷、畜牧环境；"非遗"手工技艺传承区，主要从事列入非物质文化遗产手工技艺的培训和传承；传统饮食传承展示区，主要开展传统民族特色饮食的传承、制作和加工；游牧生产体验区，主要让游客切身体验裕固游牧民族的生产生活；民族传统体育活动体验区，主要展示裕固族拉爬牛、顶杆子、摔跤等传统体育活动。

裕固族特色村寨与中国裕固族博物馆、裕固族非物质文化遗产保护和传承中心、裕固族歌舞传承中心、游牧文化中心浑然天成，南连石窝纪念馆、北靠红湾寺，构成了裕固族文化保护和传承发展产业园，成为充分展示裕固族悠久深厚的历史和独具特色的文化的展示场。县城最西边的红湾寺和县城东部的转经筒遥相呼应，展现着该地区民众浓厚的宗教信仰习俗和民间信仰力量，已然成了整个县城的名片，甚至是裕固族的名片。

所有的建筑都体现了肃南裕固族自治县的发展与进步，作为庆典中的一部分被不断地装饰和修缮，多侧面凸显出裕固族的民族特色，多角度讲述着裕固族自己的故事。庆典活动和县城建筑共同绘制着一幅裕固人繁荣发展的美好图景。的确，裕固族是在不断发展和进步，但每当被询问或感知自己的独特性的时候，除了舞台表演和外在的建筑图案，哪里能够有支撑文化认同的核心力量呢？那些真正直达人们内心的道德认知的状态并没有被完全表现出来，各种活动所表征出的只是一个外表，只有通过人们道德评判的审视才能真正体现出一个民族的核心认知。

第四节　部落庆典：东迁节

相对于县城庆典而言，虽然部落东迁节举行时间较短、规模较小，但它也是人们对民族传统的集体追忆，是对传统道德记忆的重申和重述过程，它通过道德记忆推动着人们思考如何去描绘自己的民族文化发展方向。

一、部落东迁节的由来

裕固族贺郎格部落在历史上又被称为"虎郎个""虎那朵""贺郎个"等

等。贺郎格部落与同操阿尔泰语族突厥语族语言的亚拉格部落相邻而居。一种观点认为贺郎格部落是由于明代哈密卫的内迁形成的；另一种观点认为该部落是在喀喇汗王朝推行伊斯兰教时，由喀什葛尔及巴拉沙等地东迁加入龟兹回鹘中的一支。

贺郎格部落的东迁节是在 H 老师的积极推动下而形成的。在 H 老师的论述中有过这么一段描述，"据裕固族老人说，20 世纪 50 年代以前，裕固人有一个传统民间节日活动，裕固语称'叶恩格温特'，意为'夏天的出行、出游'，类似今天的野餐活动，主要内容是一个部落的人或周围若干户人家约定个时间，到附近水草好的地方，带上食物、美酒，进行野餐。时间大概在农历五月初，且不固定，这个季节，正是牧区度过漫长的冬季，熬过了艰难的青黄不接的日子。据老人们回忆，在这个'出游'活动上，一定要带上'扫尔德'（羊的百叶填装碎肉炒面等），在活动上要专门点上一堆火，把切成片的'扫尔德'在火里扔几片烧掉"。

这段描述是东迁节形成的最初源头，但大多数人对描述中的这个传统活动几乎没有什么记忆。在笔者的访谈过程中，除了一位 H 姓的老人有一个简单的类似描述外，其他人对这段记忆是不了解的，或者说是没有这段记忆的。因此，大部分裕固族人对举办东迁节的理解是来自裕固族"西至哈至"的古老传说。

如今，广为流传的《西至哈至》歌曲成了人们对过去的回忆，而这首歌中所承载的民族来源问题应该要如何呈现呢？这个民族记忆要以怎样的方式被延续呢？这种延续是少数人在讲故事，还是能激起民众的一种文化认同呢？这个节日是对当地旅游业的一种推动，还是对民族记忆的深化呢？它是否能够起到强化民族凝聚力、教化青年一代的作用呢？

二、两届东迁节

2017 年 6 月 10 日是第一届东迁节举办的时间，并且从当年开始，在每年的 6 月 10 日左右举办东迁节，在访谈 H 老师时得知，第一次提出这个举办东迁节的提议是在 2017 年 4 月中旬，"我当时就在你现在所在的这个布置玛尼杆的位置和村里（湖边子村）的几个干部还有村民一起商量要举办一个东迁节。我本来是打算设立一个村子的东迁节的，但是村里人说这样影响太小了。他们说这附近的几个村落（贺家墩、黄土坡、湖边子和深井子）加起来差不多就是原来的贺郎格部落了，就以贺郎格部落的东迁节来命名吧。"很快，H老师的提议得到了大家的积极响应，举办东迁节的事宜被提上了日程。

2017年第一次东迁节的海报是在5月23日在网上发布的，海报内容为："为了纪念裕固族东迁历史，铭记先辈兴建家园艰辛历程，根据历史传统，特举办明花乡裕固族贺郎格部落东迁节，活动时间为2017年6月10日下午4点开始至11日凌晨，地点为莲花海子湖（西海子湖）。活动意义：敬重老人、纪念裕固族东迁历史、感怀先辈兴建家园艰辛历程、庆祝民族新生、通过东迁节，倡导敬老美德。"此次活动的费用来自民众的募捐。

整个仪式从准备到活动结束历时半月，从选择玛尼杆的位置到奠基，树立杆子，捆绑经文均由当地村民和H老师的部分学生来完成。

当天中午11点开始为老人们制作食物，并且制作祭祀用品"扫尔德"。

仪式正式开始的时候，伴随着一连串海螺声，人们从西海子边的沙漠中来到西北方沙丘高处，开始点火献祭。

祭奠结束后，人们围坐在一起听老人们讲述东迁的传说，年轻人为老人们合唱《裕固人来自西至哈至》。同时，开展了歌舞表演，一直延续到晚上的篝火晚会。据不完全统计，此次活动参加人员2000人左右[1]（在部分村民的回忆中达5000人，这和海子边众多的帐篷有直接的关系），除了附近村落的村民外，还有来自酒泉、张掖等地的市民。

第二年，也就是2018年。又一次东迁节开始筹备并如期展开。"为了纪念东迁历史，弘扬敬老爱老的民族精神，促进民族团结进步事业，发展本地区乡村旅游，特定于公元2018年6月9日（星期六），在莲花片西海子湖举

---

[1] 在甘肃张掖市人民门户网站上对此活动也有描述，6月10日，在肃南裕固族自治县明花乡莲花村沙漠明珠——西海子湖畔，由民间组织举行了裕固族东迁纪念活动，吸引了当地及张掖、酒泉等周边裕固族群众及游客数千人参加。http://hb.zhangye.gov.cn/205/131885.html。

办'2018年明花贺郎格部落东迁节'，欢迎社会各界、各民族人士前来参加东迁节。"此次活动的费用是上年结余下的3万元。此次活动没有组织准备食物的环节，祭祀品也都是自愿携带的。

大约从6月1日开始，L村主任和GQ就开始筹备东迁节的各项事宜了。7日开始，主要负责的村民进入东迁节祭祀场地开始规划和安排后续准备工作。因为今年的活动不再安排准备食物环节，再加上已经是第二次活动，相比较于第一次已经有了一些经验，所以在安排上相对更有秩序性。7日当天最重要的活动就是为玛尼杆更换经幡，整整一天的时间里顶着炎炎烈日，村民和H老师及其学生一起将玛尼杆下部分的经幡更换一新。8日一些村民已经将帐篷搭建在海子湖边，活动的组织者和一些志愿者也为前来参加活动的民众搭建了观看歌舞活动的休息处。玛尼杆、休息区和西海子，共同构成了东迁节活动的主要活动场域，并且依据地势而形成了阶梯式的错落布局，祭祀的场所、表演的舞台和生活的空间被有效地进行了区分。

9日一早，组织者和一部分远道而来的参加者已经驱车来到了西海子湖附近，由于东迁地点选择在了巴丹吉林沙漠的边缘，所以如果没有越野四驱车或者是拖拉机，是无法进入祭祀地点的，村民们在沙漠边上设立了停车场，参加节日的人们将车停好后一般步行走向祭祀地点。经过大约40分钟，一个沙漠中的海子便进入眼帘。由于活动是下午4时开始，所以提前而来的参加者要么搭建帐篷，要么就在附近照相和玩耍，当地村民也为参加者提供了骑骆驼、划船等收费活动。当然，此时也是聆听老人讲述贺郎格部落历史的好机会。

在H老师的安排下，一些高校的老师和学生也一同来到了海子湖边。H老师邀请了家族中的部分年长者和村里对本民族文化非常重视的村民一起聊天。HJR讲道："其实以前把老人留在路上就是不要老人的意思。"H老师说："是啊，也可以说是弃老吧！但事实上，没有老人的牺牲，年轻人怎么能逃过追打。"HJR道："是啊，现在的年轻人都不把老人当回事了，我们说的人家多不爱听，孩子们都爱玩手机。"HJX说道："那就在网上推广咱们民族的文化嘛，别看我岁数大，我在微信群里很活跃呢，多传播些民族的文化，孩子们也能多看到些。"

当笔者问到原来是否持续地有这种祭祀活动时，年轻人的回答是没有的，这是我们创造的，而 H 老师和 HJR 老人的回答是以前也有类似的家族活动，1958 年的时候都没有了。但可以肯定的是，在此之前并没有以部落的形式举行过这种节日活动。这些讨论和 H 老师的描述也是基本一致的，最初这种包涵民族记忆的活动只是少数几家人聚集在一起进行，而 H 老师通过一些老人的回忆强化了对裕固族东迁的记忆，进而也影响了部落中的中青年人。

在聊天的过程中，一些初次参加活动的人对裕固族的民族服饰、语言、舞蹈等产生了很大的兴趣，并且希望能够有更多这方面的展现。H 老师表示会在接近活动开始的时候驱车接老人和一些歌舞表演者。

接近仪式开始的时候，也应该是活动地点人最多的时候，但是从规模上来看此次的参加人员以附近的村民为主，参加人数并不多，帐篷仅仅搭建了十几个，与 2017 年相比有大幅度的减少。

节日仪式的基本程序和去年基本一致。阿卡是在距离仪式活动开始的半小时前来到祭祀地点的。阿卡来到玛尼杆前，先向玛尼杆敬献了哈达，然后开始准备诵经的物品，包括炒面、大米、水等。在下午 4 点整的时候伴随着海螺声人们逐渐汇集到玛尼杆的周围，伴随着阿卡的诵经开始焚香、祈福，并为玛尼杆献上哈达。

之后，在阿卡的带领下，人们向火堆中扔入"扫尔德"①。最后，组织者将众人集中到一起，由村里的老支书 H 书记给大家讲述一下举办此次活动的意义。他说道："在历史上，在尧熬尔民间，就有了用扫尔德祭祀先民的方式。我们今天仍要用这种方式来纪念为我们献出生命的祖先。……老人是民族传统的保护人，是民族智慧的传播者。举办东迁节就是要让我们铭记关于东迁的历史，铭记一代代裕固人爱老敬老的习俗，并代代相传。……西至哈至的老人们，我们没有忘记！没有忘记！"仪式结束后，老书记和笔者说：

---

① 这里的"扫尔德"不是统一制作的祭祀用品，主要是人们自己从家中带来的切好片的羊肉。

"其实，我这次来之前，乡上的人还问我，你们为什么要搞这个活动，我还说不清楚呢。现在看完 H 老师给我说的这些，我认为就是教育年轻人敬老爱老，这是非常有必要和有意义的。"当被问道是否可以多讲述一些东迁节的来历时，老书记回答道："东迁节对我来说还是新鲜的，应该更重要的是一种对于老人的重视吧，也让现在的年轻人不要忘记老人所做的贡献。"

离开沙丘高处的玛尼杆祭奠地点，人们来到了搭建好的歌舞表演场地，此地正好处于半山中腰，在简易的舞台对面，人们席地而坐开始观赏裕固族民族歌舞。歌舞表演从 6 点持续到 7 点结束，这期间已经有很多歌唱家反复登台表演了。约 7 点左右，篝火点燃了。但在篝火点燃的时候并没有民众自发或有组织地进行载歌载舞的篝火晚会，大部分村民纷纷离开沙漠回家了。小部分的村民来到西海子湖边购买一些食物或是陪孩子玩耍。人们回到帐篷中吃饭、闲聊。辛苦了一天的组织者也来到帐篷中休息。

三、民众眼中的东迁节

既然东迁节作为一个全新的民族节日出现在人们的生活中，那对民众来说东迁节意味着什么要远比这短短的一天节日安排重要得多，因此，笔者尝试尽可能地了解不同年龄段的人对东迁节的理解。

> 对这个节日我以前也不太清楚，主要目的是为了让年轻人孝敬老人吧。乡上的干部也挺关心我们这个节日的。①
>
> 东迁节的来历我也不太清楚，人家 H 老师是有文化人，请了很多人来的，大家也都挺喜欢去的。我们为了这个活动还排练了节目呢。②
>
> 我就是那个（在微信群里）爱宣传自己民族的老汉。哈哈。年轻人对自己民族的过去知道得太少了，就需要这样的节日来宣传

---

① 被访谈人：大草滩村 60 岁老书记 ZFS，访谈地点：被访者家中，访谈时间：2018 年 7 月 6 日。

② 被访谈人：大草滩村 62 岁 HCM，访谈地点：被访者家中，访谈时间：2018 年 7 月 5 日。

宣传。①

我认为东迁节是很有必要的，有助于我们更好地了解我们这个民族的历史和祖先的事迹，对于我们民族文化的传承有很大的帮助。②

这是我们自己的事情，我们已经忙活快十天了。除了我们两个负责的，其他的都是安排村里的年轻人，大家还都比较配合，也没什么报酬，都挺积极的。我们草原民族的人都比较热情。你好像也不止一次来了吧。③

这个节日是挺好的，家里的孩子都会尽量回来参加。去年来的人特别多。车停得到处都是。不过，活动结束后捡垃圾把我们累坏了。④

我是贺家墩村的，现在是县舞蹈团的演员，你知道那个《裕固族姑娘就是我》吗，我们几十个演员表演的那个节目。我这次是专门从县里赶回来参加东迁节的。很多关于我们民族的传说故事都是家里人经常说的，所以我们贺家墩对于传统文化是最重视的。去年来了很多人，今年周边市县的人来的少了，我认为对于他们来说是一次旅游，来一次就不感兴趣了，但是对我们意义不一样。这个海子是我从小长大的地方，这里对于我们这代人来说有着浓厚的回忆。我会坚持每年都来的，也欢迎你们经常来。⑤

我特别喜欢回来参加村里的活动，只要有时间就会回来参加，

---

① 被访谈人：大草滩村52岁T叔，访谈地点：东迁节举办地，访谈时间：2018年7月8日。

② 被访谈人：大草滩村41岁HDM，访谈地点：被访者家中，访谈时间：2018年7月5日。

③ 被访谈人：大草滩村38岁QG，访谈地点：东迁节举办地，访谈时间：2018年7月8日。

④ 被访谈人：大草滩村35岁HYJ，访谈地点：东迁节举办地，访谈时间：2018年7月8日。

⑤ 被访谈人：大草滩村27岁ZW，访谈地点：东迁节举办地，访谈时间：2018年7月8日。

我觉得传承文化是一代又一代人的事情。①

我是带孩子来玩的，他们弄了个节日挺好的，我就带孩子来看看。我住在张掖，明天就回去了。②

我是隔壁村的，和村里人来看看。挺热闹的，来看看，带孩子玩一玩。③

对于民众而言，东迁节是一个全新的弘扬民族传统的节日，但弘扬的是什么传统呢？对仪式过程本身，人们几乎没有什么能够说清的内容和形式。按照涂尔干的观点，仪式的核心价值就是为了凸显其中所蕴含的道德。④ 作为一种纪念仪式，其意义在于记录一个特殊的时间点发生的特殊事件，其核心应该是弘扬特殊事件所传达出的道德价值。只有道德价值能够推动一个民族节日长期持续的发展，而在第二届东迁节仪式中，笔者很难找到和民族道德传统相关的展演，因此也就出现了在人们的讨论中对节日所表达的内容很难描述清楚的现状。

第五节　民族庆典与牧区社区发展

当下所有庆典的最直接目的就是为了创造一个奇观，将一个个具有隐喻意义的现代神话楔入人们的心灵，使之在精神上、意识上对国家、社会和当下的价值观产生深刻共鸣。县城庆典和各个乡镇的一系列活动包含建筑一并构成了一幅裕固族民族特性的样貌图，成为裕固族实实在在的名片。政府做了大量的准备工作，进行了认真周全的工作安排，邀请了各级领导和大量专家学者莅临指导，安排了一系列的庆祝活动，为人们呈现出了一个蓬勃发展

① 被访谈人：大草滩村22岁DD，访谈地点：东迁节举办地，访谈时间：2018年7月8日。
② 被访谈人：60岁藏族H叔，访谈地点：东迁节举办地，访谈时间：2018年7月8日。
③ 被访谈人：50岁汉族WCL，访谈地点：东迁节举办地，访谈时间：2018年7月8日。
④ 陈涛：《道德的起源与变迁——涂尔干宗教研究的意图》，《社会学研究》2015年第3期。

的肃南裕固族自治县。裕固人欢聚一起共同纪念和庆祝自己的节日，"他者"则在这样的一种环境和氛围中去了解、认识裕固族。

一、县城庆典与牧区社区发展

自从 1954 年裕固族自治县成立以来，县庆就是肃南裕固族自治区的各民族共同庆祝自治县成立的日子，是当地民众的节日。在政府的主导下，各级各界人士通过各种表演形式来庆祝这个对当地人来说最为重要的节日。伴随着旅游业的不断发展和在草原最美时间举行的县城庆祝活动使得 7—8 月的裕固族自治县成了最为热闹的时候，人们欢聚一堂，载歌载舞，热闹而隆重地通过庆典仪式来记忆这个国家认可的重要时刻。

县城庆典的核心就是彰显国家力量的存在，是国家对于民族的一种认可，对于民族文化传承的认可。"仪式及其包含的符号是至关重要的，因为个人成其为个人，社会成其为社会，国家成其为国家并不是自然形成的，而是通过文化的认同而构成的，而这种认同又是通过符号和仪式的运作所造就的。"① 县城庆典的隆重庆祝形式、县城的穿靴戴帽工程、各乡镇的庆祝活动都将民族的文化展示成了一种外在特征，而能够影响人们日常生活的道德记忆却极少被重视，因此除了歌舞表演的形式之外，人们几乎很难再记起曾经参加过的县庆活动。庆典本该具有的凝聚力在活动结束之后随之逐渐消失。人们对庆典的记忆更多的是一种表演，是一个各民族共同繁荣发展的团结景象，而非明确自我文化认知的表征。以前政府表彰的是劳动能手，特别是牧业生产过程中的优秀牛羊饲养者，这些年政府重点表彰的是民族团结进步先进集体和先进个人，将文化认同转变为了地域认同。大街小巷播放着《我是肃南人，我是肃南人》的歌曲更是体现了这种凝聚核心的变化。这也就可以解释为什么裕固人会认为自己"没啥不一样"的认同趋势。国家的在场已经通过其意识形态和行政能力的渗透影响着人们的道德认知，正是道德记忆中人们关系的变化产生了这种认知的改变。

① Norbert Elias, *The Symbol Theory*, London Publishing House, 1991. pp.123-124.

歌曲、舞蹈、故事、历史、语言、生产、生活等各种关于文化认同的因素共同糅入到了艺术节的仪式当中，包含着对寺院活动的回忆，对草原生活的依依不舍，对集体生活的向往，人们努力地将传统拉回到舞台中来，寻找记忆中的民族样貌。但这种寻找过程本身就包含着各民族共同铸造民族历史的过程。在笔者田野调研过程中所参加的若干场为县庆而举办的文艺表演中，《裕固族姑娘就是我》的专场演出是影响最为深远的，它的基本曲调是在 1980 年后的采风中不断被重新创编而成，整个歌舞表演创作形成，是为了纪念 2014 年裕固族自治县成立 60 周年。它的成功恰恰是因为展现了裕固族在草原上生产生活的样貌，将裕固族的宗教、故事、诵词、体育运动、服饰等重要符号融入其中，讲述了一个历经沧桑而不断蓬勃发展的草原民族的故事。实际上，"庆典就是通过仪式或符号语言来描述当今的社会，从而让参观者感受到现实社会，只不过是形式化或艺术化了而已"[①]。无论是各民族的文化展演还是民族专场演出都在以当下为基准进行回忆和重述，其描述过程中的所有环节都依赖于人们对现实生活状况的真实感受。

县庆活动不仅是裕固族人的节日，也是裕固族地区各民族的节日，大量的县庆活动是以文艺汇演的形式出现的，这其中包含着当地各民族的歌舞表演。

赛马节、艺术节，都是在县庆前面举办，时间是在 7 月 27—28 日，这两天主要就是搞开幕式，舞蹈、唱歌的表演，由裕固族和藏族一起来表演。然后就是开始赛马，进入决赛的要从镇上到县上再去赛，然后就参加赛马会了。小的那种娱乐的就是拉爬牛，就是两边是一个圈，就是套牛的那种，套上就是一条绳子，然后就从裆下边穿过去，另一边也一样，就差不多拔河的那种。还有叫那个顶杠子的，我也不太清楚。我一般对那些没有兴趣，就不去看。还

---

① 薛亚利：《庆典：集体记忆和社会认同》，《中国农业大学学报（社会科学版）》2010 年第 2 期。

有就是那个拔杠，拔杠就是运动会的时候也有，然后就摔跤呀。我自己没看过，我艺术节的时候会去跳舞，反正也比较乱，各种吃的喝的，我就是去玩。①

以前在草原上没有县里有，修了一个国际马场，赛马用的，我们老乡去了，拿了个第14名，青海的也来，赛马厉害的民族都来了，之前还有拿第7名的。人家那个马，我们根本就比不了赛马完以后就摔跤比赛啊，顶杠子，拉爬牛，就是背对背，脖子上套了根绳子，然后到你那边，然后你脖子套一根绳子，然后你们俩趴在地上，谁厉害谁赢，我把你拉过去，拔河一样。就是挺好玩的。大家有时间都会去看看，图个热闹。②

对裕固族人来说，县庆举行于八月，肃南最美的季节；举行于县城，整个自治县的中心；县庆是所有人的节日，促使每个县城中人认识到自己的归属感。"个体认识到他属于特定的社会群体，同时也认识到作为群体成员带给他的情感和价值意义。"③ 各个乡、村的裕固族民众都会尽可能地前来参加县城的庆典活动。他们来到县城投奔亲朋好友的家中，县庆的日子不仅仅是县城的欢庆，也是很多家族的欢聚时节。

多元和融合已经成为县城庆典的主旋律，这是裕固族人在庆祝自己被国家认可而立于舞台之上的时刻，更多的展现的是各民族共同团结发展的景象。这些裕固族的专场演出和各民族的共同展演都在各种程度上诉说着不断融合的历史发展脉络。在道德关系的记忆中，裕固族与各民族之间的关系被一一呈现，如生产生活中汉族对其发展的大量介入，民族文化发展中藏族、蒙古族等多种民族元素的引入等，裕固族正在通过县城庆典展现出各民族共同发展生机勃勃的景象。在这个过程中所有的凸显都是为了表

---

① 被访谈人：康乐乡居民 AQ，访谈地点：被访者家中，访谈时间：2016 年 3 月 7 日。
② 被访谈人：县城居民 WXK，访谈地点：被访者家中，访谈时间：2017 年 6 月 7 日。
③ Tajfel H, *Differentiation Between Social Groups: Studies in the Social Psychology of intergroup Relations*, London: Academic Press, 1978. p.18.

明一种别样的依存关系，共同的价值评价已经让裕固族民众能和任何一个"他者"民族和谐共处。道德记忆中人与草原、人与首领、人与人的关系在这里进一步的融合，共同绘制了裕固族民众在国家在场的背景下所展现出的极大融合力，更进一步地推动裕固族民众更好地与"他者"和谐共处、共同发展。

二、部落东迁节与牧区发展

东迁节对于裕固族来说是一个全新的节日，对于贺郎格部落而言，它凸显了自己的部落特征，增强了村落之间的联系，从更广泛的意义来说也强化了裕固族对于民族祖先的追溯和重申。但是从活动的规模上来说，参加人数和活动浮动较大。比较一下两届东迁节，和第一届东迁节相比，第二届东迁节由于诸多原因减少了部分环节，其中包括为老人煮肉、听老人讲述东迁故事以及年轻人为老人献唱《西至哈至》等环节，这些环节是非常具体的裕固族道德关系的展现，恰恰是这些能够唤醒人们道德记忆的道德关系的呈现在吸引着人们驻足、停留、等待、参与和回忆。

在访谈中，也不时地听到人们对上一届东迁节的记忆，如"去年是专门开车接老人的"；"去年有专门为老人组织的活动"……这些印记恰恰表明了一种对于传统道德关系的认可，而这种对比凸显了道德记忆在民族节日中的价值。这并不是一个东迁节的特例，事实上所有的民族节日如果离开了道德记忆的环节仅剩下的就是政府的推动、市场的力量和民族建构的表征，并没有能够激起一个民族群众自发融入其中的核心推动力。"我通过我从何处说话，根据家谱、社会空间、社会地位和功能的地势、我所爱的与我关系密切的人，关键地还有在其中我最重要的规定关系得以出现的道德和精神方向感，来定义我是谁。"[1] 道德力量恰恰是推动人们进行自我认知的基础，也是民族节日能够起到民族凝聚力作用的核心。节日需要抽象的能够起到凝聚力

---

[1]　[加] 查尔斯·泰勒：《自我的根源：现代认同的形成》，韩震等译，译林出版社 2001 年版，第 49 页。

作用的道德记忆，才能推动其书写一个全新的历史印记。作为民族节日的纪念仪式的展演，它就是书写历史的一种新的形式，"一个'仪式'是对一个特殊庆典的（书写或其他形式）规定"①。这个活动本身的价值实质在于通过建构部落的道德记忆来强化部落认同、增强凝聚力。

构建一个仪式的核心就是如何更好地去展演这个仪式的正当性，这是仪式能否持续的基础。其一，正当性需要能够起到联系节日和日常的力量，这就是民族节日的来源：人们的传统。其实质就是希尔斯提到的"传统"，"它使代与代之间、一个历史阶段与另一个历史阶段之间保持了某种连续性和同一性，构成了一个社会创造与再创造自己的文化密码，并且给人类生存带来了秩序和意义"②。它需要寄托于明确的内容和一致的程序，从而将民族或部落中的道德关系呈现、重复、重申，最终刻画在每个人的生命之中。

其二，核心道德传统的展演需要通过具体道德关系的表演得以呈现，"仪式在建构特征上就是表演性的"③。如何去表演好一个仪式的核心规定性应该是建构仪式的核心。表演是必须的，但是表演的理性逻辑必须要有依托，它必须依托人们的日常生活，日常生活中的道德关系的集中呈现才能推动民族节日进入民众的深层记忆之中。如何去讲好这个民族节日的道德记忆故事应该是仪式活动安排的核心，只有通过具体的形式和元素才能够激起文化乡愁、感性情怀的人与人关系的展演，这种展演的核心就是人们道德关系的真实呈现，是真正能够引起人们的共鸣的道德认知，进而这些才能伴随着时间的沉淀而写入人们的生命历程，成为人们生活的必需。

仪式中需要通过讲述、展示、参与、实践的互构和联动，才能将人们日常生活中的道德传统，通过当下的道德关系的展示被铭记。两届东迁节恰恰为我们呈现了道德关系的展示在仪式中的重要作用，在对比中我们看到外在的规模缩小和时间的缩短，其实质是在对仪式中的道德关系表达的忽视。因

① 王霄冰：《仪式与信仰》，民族出版社 2008 年版，第 13 页。
② [美] 爱德华·希尔斯：《论传统》，上海人民出版社 2007 年版，第 3 页。
③ 王霄冰：《仪式与信仰》，民族出版社 2008 年版，第 17 页。

此可以说道德关系的展示与否不仅是一个民族节日是否在当时成功的关键，更是其能否长期存在于人们日常记忆中的关键。

道德价值就是一个民族节日的核心文化内涵。忽视了道德记忆的民族节日会成为一场没有灵魂的表演，重视道德记忆的展演才是民族节日能够长效持续的基础。而对道德记忆的重申必须基于人们当下真实的道德关系，才能在日常生活中扎根和延续。

东迁节是人们对民族传统记忆的强化表现，是人们对传统道德关系的回忆和重申，而这其中所主要表征的对老人的重视、尊重和当下的主流文化是非常一致的。裕固族人正在通过这样的形式推动着整个中华文化中孝文化的发展，只是这种孝文化不是一个家庭内部的孝道，而是整个部落乃至整个民族的孝道，这也是裕固族人在传统文化中对人与人关系的延续。正是在传统的人与人关系中，裕固族人大方、好客、重视集体的特性获得一种全新的表征形式，仪式庆典正在通过道德记忆的力量改变着人们对民族文化的认识，形成对当下社区发展的一种新构成。

三、庆典中的道德记忆与牧区社区发展

在社区庆典仪式中凸显着"国家在场"，这里展现了国家的符号，宣传国家的政策，实现国家与社区的共识，拓展了国家权力的新空间，更是以最高的形式将群体凝聚起来。

民族的庆典、部落的庆典重申着人们对于自身过去、现在、未来的认知，是人们记忆的发散场，是道德认知的宣传场。庆典的最大意义在于形成了对"我们"的认知，就如同爱泼斯坦所言的形成社会集体的因素：建立、持续、要素和事件，这些都可以在庆典中找到，而能够将"我们"凝聚在一起的就是大家所共同接受的道德记忆，是道德记忆在不断重申与重构。

福柯从古希伯来的牧领制度开始，分析了牧领制度的人的对象化，以善治为目的，以个人化为中心的特点都在人与群体的关系中得到展现。正是通过微观的人与神、人与人以及人与日常生活的各种仪式活动，人们才得以践行自身的道德认知。而在一次次的民族、县城、部落、村落的活动中，人们

才得以检验和重申自己的道德记忆，并以最为有效的方式予以传播。如若缺失了仪式，人们的群体生活就像失去了首领展开的场域，失去了记忆凝聚的力量。

在一次次的群体活动中，人们才能找到自身的方向，是这些方向决定着人们当下所从事的现实生活的诸多可能性。福柯在探讨了诸多关于知识、权力、真理等问题后提出了一个哲学的根本问题：我们当下是什么？"我叫做'自我技术'（technologies of the self）的总框架，是在 18 世纪末出现的问题，它势必要变成现代哲学的一极。这一问题大相径庭于我们称之为传统的哲学问题：世界是什么？人是什么？真理是什么？知识是什么？我们如何认识事物？等等。"① 福柯所指的自我技术正是要通过行动和现实构建人类的治理方式，他赋予了权力、主体更宽广的内涵，将这种自我的认知置于更为广阔的空间之中。

福柯在宣布"人也死了"的那一刻起，"我们"的治理方式就呈现出了诸多可能性，而这其中个人如何把自己构建成为自身行动的伦理主体的自我技术，依赖于人们对自身道德记忆的追寻，和对未来道德认知的建构。而建构这一道德认知的过程是艰辛的，是需要几代人，甚至几十代人为之不懈努力的，而只要它一旦形成，其所具有的群体凝聚能力将是最为牢固的，也是进行社区治理的最有效的和最为有力的保障。

集体仪式是社会道德的具体展现，集体仪式作为最隆重的庆典活动在人们的记忆中不断被强调，不论是地域化的仪式，还是民族记忆的仪式都在向人们重申着自身的身份特性，而这一过程就是集体凝聚力和生命力的体现。在仪式过程中，人们或以小群体，或以大群体的方式有效地构建社会组织的过程，它可以为实现民众参与提供平台和有效组织形式，多元化地推动民众对地域事务、基层社会事务的参与和治理，为真正推动牧区社区的高质量发展提供新的发展平台。

---

① 汪民安编：《福柯读本》，北京大学出版社 2020 年版，第 267 页。

第五章　道德记忆与仪式庆典重构

　　用裕固人自己的评价来说:"这几十年间我们的生活发生了翻天覆地的变化。"其实何止是一个民族而言,整个中国在这几十年间都在经历着沧海桑田的巨变,但无论何时,人们都始终不忘去思考一个核心问题:我们究竟是谁?我们所认同的是什么?是什么推动着人们不断地充满活力地在现实生活中努力向前发展?怎样的秩序才能推动人们的生活不但充满活力而且和谐有序?越是要面对多元的世界时,我们越应该对自我有更清醒的认识,知道我们从哪儿来、要到哪儿去,对影响我们向前发展的核心力量和治理社会的终极目标有清晰的认识。在裕固族中,对宗教和民间信仰看法的转变,对仪式中所塑造的首领人物的不同诠释,对家庭及社会生活中仪式渗透的教养方式的接纳与否,共同推动了人们成为自己所期望的样子,进而形成独具魅力的民族文化,成为人们能够清晰自我定位的基础,也是民众不断努力发展的力量根源。

　　那么,是什么力量在支撑着人们要遵循自己民族的印记,并在此基础上不断发展呢?根基论或工具论都在尝试给出自己的答案,或是出于来源的认知或是基于现实的利益,一方过度地强化传统而另一方却强化当下。但现实并不仅仅是当下的结果,它更是融合着过去走到现在的过程,而这个过程中恰恰未曾中断的延续是道德的力量在支撑着人们的生存所为。"现在的生活方式是全新的,好比拼图进行了重新组合或者在很大程度上进行了改变和扩展。对于父辈的生活方式我们几乎完全没有传承下来——除了道德。因为道德的基本原则不受时间的限制,也必然不受时间的限制。"① 道德是一个不断

---

① 　[德]莱纳·艾尔林格:《生活中的道德怪圈》,刘菲菲译,中信出版集团 2015 年版,第 7 页。

延续的过程，它存在于人们的记忆之中，是人们对道德关系的最基本记忆。

道德记忆就是对人们道德生活中道德关系的记忆，通过仪式庆典得以不断彰显且融合于人们的日常实践活动中，是人们成为自己希望的"人"的实践过程。这一过程是支撑人们不断要求自身铭记历史，找寻自己的核心力量的过程。仪式庆典的最大价值就在于唤醒这种道德力量。道德力量通过仪式庆典的不断展演而存在于人们的信仰、故事、传说和日常生活中，而仪式庆典之所以能起作用恰恰在于其中道德记忆的延续。

虽然道德是人类行为的基本纬度之一，但是在人类学研究中道德视角却往往被主动遗忘。回顾经典人类学家及其著作，除了本尼迪克特的《菊与刀》和埃文斯·普里查德的《阿赞德人的巫术、神谕与魔法》外，很难再找到对道德的深度探讨。由于缺少了道德的系统研究，导致相当长的一段时间内的社会理论"试图用参与者的需求或意图来解释深厚的文化传统或整套实践，并且将意图简化为利益、冲动、义务、竞争或模仿……行动在这种解释里变得要么是过于机械，要么是工于心计，要么是太过自觉，要么是纯粹功利，但从来不是严肃的、复杂的、明智审慎的、热情激昂的，甚至是没有矛盾的。"[1] 迪迪埃·法桑曾非常犀利地说道："由于道德是需要谨慎对待的话题，研究者轻易不敢冒天下之大不韪来开展可能会被指责为进行价值判断的道德研究，可也正是这种回避中隐藏了某种'人类学不能承受之轻'"[2]。

道德记忆研究视角的提出，不仅要改变单纯基于社会性或集体性规范的讨论，更要进行自身反思的研究，转向对日常道德实践的反思，进而推动基层社会治理得以有效开展，将社会发展作为民众自我的行为认知而非单纯的被动管理。

---

① Lambek, Michael,"Toward an Ethics of Acts." *In Ordinary Ethics: Anthropology, Language and Action*, Edited by Michael Lambek, New York: Fordham University Press,2010. p.40.

② Fassion, Didier. *Beyond Good and Evil? Questioning the Anthropological Discomfort with Morals*, Anthropological Theory,2008. pp.333-344.

第一节　道德记忆的弱化导致被动发展

我们如何看待人们——无论他们是积极的还是消极的——主要取决于道德品质的评估，而不是他们的智力、知识或其他人格特质。道德对于认同至关重要的概念被恰当地称为基本道德自我假设，这种假设就是人们在道德生活中习得的善与恶。这种评判对于形成一个怎样的"人"至关重要，而"人"的逐渐形成过程只有通过文化中的道德核心才能塑造，其所展示的场域正是人们生活中必不可少的仪式庆典。人类精神得到自由时刻都是人们值得庆祝的时刻。在每一次的仪式庆典活动中，人们都是从总结出发走向展望，从历史出发走向未来。因此，从个人到家庭、社区到民族，甚至国家和世界，不同领域的道德标准都是在宗教、首领、他人以及集体所起作用的仪式庆典中对个体道德生活产生影响。也是在这样的道德记忆中，人们去理解和参与日常社会生活，去和他人、群体、社会发生关系，进而影响人与他者、民族、国家之间的认知关系。

一、宗教影响下的人与万物的共生关系

在裕固族的道德基本原则中充满了萨满教和藏传佛教的共同影响，其中很多关于人与神以及人与万物关系的描述经常会在诸多宗教仪式中予以体现。

首先，在裕固族人的生命来源框架中是神创世界和人类的，因此人与万物皆来自自然神，万物共生且平等。神不仅是万物的来源，也是惩恶扬善的道德评判力量，并且神通常是通过转化为动物，在人类道德生活中发挥惩恶扬善、匡扶正义的权威作用。当藏传佛教进入裕固族地区后，其思想中的"此有故彼有，此生故彼生"的生存智慧，同萨满教的自然观思想相融合，并深入裕固族人的道德规训框架之中。

其次，传统仪式中体现了神与人的生活息息相关，"因为你们在东迁的路上，历尽千辛万苦，吃尽了苦头，你们的神随着无数东迁途中死亡的人而

远去了。我为你们送来了祈祷神灵所需要的一切。"仪式中的故事表述了人们对于萨满教神灵的遗忘和记忆，并进一步重申祖先的道德规训方式，即对恩赐的感谢："曲拉尔其把奶盆摆放在左上方，叩头祈祷"。

在萨满教中，不仅有尊重还有秩序：萨满教中的萨满法师是有身份等级地位的；请点格尔汗这家人的主人也是有身份地位等级不同，对应着不同的祭祀器物；无论是上下、左右、方位、老少、男女等秩序体系都是在祭祀仪式过程中形成的。从萨满教的祭天仪式开始，后来的藏传佛教的诵经仪式等都共筑了人们最直接的道德基本原则，并且在无数次的仪式活动中被强化和铭记，从而在日常生活中成为规训自己行为的道德准则。

再次，对于动物的重视也是宗教给予人类道德生活的一个重要指向："老人把自己已白发苍苍的额头轻轻叩在牛腹上，这是牧人对牲畜养人的感激之情"；"白马是神的坐骑，要用鲜奶和清水为它沐浴"等，裕固族为牛、羊祈福，像看待自己的孩子一样看待和爱护它们，已经固化到在裕固人的道德记忆系统中。

最后，还有一点就是，反面形象即坏人的特点，在裕固族人的故事和仪式中所表现出来的并不突出，一般就是"念黑经"①或者最多不过是蟒蛇之类的描述，似乎没有十恶不赦的坏人形象。虽然在裕固族的历史发展过程中经历了无数次的战争和迁徙，但是人们更多的是记忆恩赐而淡化仇恨。宗教思想和仪式更多的是去帮助人们走向更好的生活。这表明裕固族人的生活智慧是高超的，这种思维方式帮助了裕固族这个人口较少的民族能够同其他人口较多民族长期共存。在历史的长河中，裕固族的每一次迁徙都和其他民族之间有着重要的关系，如维吾尔族、藏族、蒙古族等民族都在裕固族的东迁过程中对该民族产生过重大影响，但最终都没有将这个民族完全同化。当下，裕固族与藏族、蒙古族、汉族等民族共同在这片土地上生活，具有开放包容精神的裕固族人不断与他民族学习和交往，但始终保持了本民族多元柔

---

① 注：黑经是指一些对于天地、人与万物不好的经文，或是一些含有诅咒意味的表达方式。此解释基于访谈中部分老人的描述。

和的特性。记得在参加一次活动中和当地的藏族朋友聊天,他告诉我:"我就喜欢参加他们(裕固族)的活动,他们除了和我们(藏族)一样热情好客之外,还总让我觉得和他们在一起特别快乐!"[①]这些感受都通过仪式过程中的一系列具体的行为而传达,成为人们道德评判的根源。

道德评判的日常陈述是一个人应该怎么做,而应该的内容最初就是来自人们的信仰体系。虽然一些传统的宗教仪式已经遗失了,但是宗教中的权威力量并没有消失,特别在当下的祭祀鄂博仪式中,萨满教和藏传佛教思想共同指引着人们的思想和行为。如在祭祀鄂博之前,人们都会精心挑选为献祭而准备的幡杆,按照既定的顺序绑上经幡,并且准备足够的其他献祭食品等。这些献祭物品的准备来源于对神灵的敬畏,更是描述了一种日常生活中的应然。通过祭祀鄂博仪式的呈现,道德也在人们的生活中成为一种应然,人与神的相处方式成为了人们道德生活的一部分,一年又一年的仪式程序的重复自然成为了道德记忆不断延续的过程,在仪式与仪式之间,在人们经过仪式场域之时,道德记忆提醒着人们对于神灵、自然和人类的尊重。

这份尊重印证了裕固族作为草原民族一分子的民族性,也强化了人们对于自身在整个中华民族文化中的价值,这也是影响裕固族最深处的道德认知。这种人与万物、人与他者的共生关系,应该被更为广泛地推进到日常生活的治理中。作为草原民族所具有的糅合、兼容、共生的道德记忆,是帮助人们积极参与当地基层社会治理的直接精神动力。

二、对于首领记忆的遗失

小孩剃头、剪马鬃、选头羊仪式中最一致的表现就是对成为首领的追求、对成才的渴望。这既是人们的道德期望,也是人们道德实践的过程。

在裕固族的仪式过程中没有特别具有侵略性的英雄人物的出现,他们唯一记忆犹新的英雄人物是曾经战胜过自己祖先的藏族首领格萨尔王。虽然在

---

① 被访谈人:肃南县城藏族居民 52 岁 HXG,访谈地点:去张掖途中,访谈时间:2019 年 6 月 20 日。

人们的记忆中裕固族战败了，但是他们并不因此而否定格萨尔王的英雄力量，这种崇拜在裕固族人的道德记忆中形成了对首领的记忆，并以此形成了一系列仪式活动。

孩子成年的剃头礼，是希望孩子成才的道德期望，更是希望孩子成为首领的美好祝愿以及作为一个家庭的期待，如剃头时的唱词"兄弟姊妹亲密和睦，孝敬父母养育之恩……"不仅延续着期望也同时强化着教导。一个裕固人的成长也恰恰是从这个仪式开始的。但遗憾的是，现在这个仪式已经不是普遍存在了，虽有复苏的迹象但仍旧不能成为生活的必然，甚至有人认为这成了一种人际交际的一般方式，丧失了本身所具有的道德蕴含。

更令人感到遗憾的是，剪马鬃和选头羊仪式现在主要是作为历史遗产，呈现在县城的非物质文化遗产研究中心橱窗里，或者是偶尔的几次文艺表演活动中，人们虽然在有意识地恢复中，但是只重视过程忽略了意义讲述的仪式已经丧失了本身所承载的首领意涵，而成了单纯的民族特色表演。

实际上，这种希望孩子、自己所养育的马匹等成才的仪式恰恰表现的是日常生活中人们最重要的道德评判标准的习得过程。这种向上的拉力是需要被弘扬的，它是一种目标。人们的日常活动应该是在这样的一种目标牵引中向上发展，忽视了首领的道德生活将失去目标，也失去了方向，因此也就可能模糊自己的定位。

在人与首领之间，裕固人曾经拥有着美好的向往，并且一次一次地通过仪式教育人们对于首领意义的表征。但是由于其间道德意蕴的丧失、生产方式的变化，这些仪式活动或者失传或者变形，祝福的意蕴超过了仪式本身承载的人与人之间、不同群体之间的道德记忆强化。取而代之的是人们在各种多元文化中所记忆的共同首领，更好的学习、体面的工作等成为对孩童新的希望，裕固人在面对孩子的未来成长中所注入的新的道德认知已经在起作用。现实生活中已经没有了对草原首领的期待，更多的是对未来城镇生活的向往。由于道德关系的变化所导致的价值判断的变化也进一步推动选头羊、剪马鬃仪式的丧失和剃头礼仪式意蕴的变化，进而形成了社区文化发展方向的变化。实际上，人们需要这样的首领记忆，需要被人带领，需要对成人认知的深刻意蕴的日常融入，这样才能形成主动的治理意识，从内心深处形成共建牧区社区治理的基层架构。

三、日常生活中道德评判的变化

众所周知，每个人的道德观是在生命的早期学到的，并在我们成熟时指导我们的目的、信念和判断。因此，家庭和村落是价值增长和道德领导的起点。而在家庭和村落生活中不是说教而是行为，即人们的日常交往行为，这些实践活动形成了道德的基本原则。日常生活的交往是由人与人的关系产生的，而这种关系就是由共同的道德观维持的。我们是在生活过程中与他人合作的背景下找到意义和目的，婚丧嫁娶、饮食生活自然成了人们传承道德评判标准的重要领域。

首先，在裕固族地区，很多村落中的人际关系以血缘关系为基础，一个村落里的人大多都是亲戚，因此容易形成共同的价值标准。如对于好人的理解比较统一：好人一定是勤俭的，早出晚归地放牧，认真地照看动物。而对于不好的孩子的评价就是不孝顺的、不善待老人的。不好的成人就是以利益为中心的、不能与他人和谐相处、不讲礼貌等。现在，由于生产生活的变化，人们的对于好孩子的标准也在发生着变化，学校里的学习成绩成为评价孩子的一个新标准，甚至与很多地方一样，成为最重要的标准之一。

其次，传统婚礼仪式中不断重申着对女性和家庭的重视。从婚礼仪式中的彩礼到仪式过程都体现了对女性的尊重，当然仪式活动中对初为人妻的新娘子的说教也是裕固族仪式中道德传承的一个重要特色。整个仪式过程的尊卑顺序都源自长期以来道德记忆中所形成的秩序系统，对女性、对娘家人、对长者的尊重更是蕴含了一个家庭未来发展的一切前提基础，特别是传统仪式中的射箭等活动更是将人们的日常生活与传统道德规训中的隐忍、勇敢、团结、保护、热爱等联系在了一起。离开了传统婚礼仪式，这些蕴含着丰富道德记忆的内容无处展现，现在人们对于婚礼举办的好与不好的标准更多的是婚礼仪式气派与否，而缺失了对家庭生活中道德关系的重视。

再次，从传统丧葬仪式上看，裕固族的丧葬活动最直接的两个道德评判标准就是秩序和孝道。在对大量的裕固族女性的访谈过程中发现，她们对家庭中丧葬仪式的描述总是片面的，或者说是不全面的，这是因为很多家庭的丧葬仪式是不允许女性参加的，这种秩序感在丧葬的祭祀仪式中被不断强化。孝敬是更为明显的另一个道德标准，在仪式过程中裕固人是提倡不哭丧的。记得在县城时碰到了一个出殡的场景，当我正要准备去进行仔细地了解和观察时，身旁的 D 叔告诉我，这一定不是我们裕固族的人在办丧事。我惊讶地询问缘由，D 叔说："这么大声哭丧的一定不是我们裕固族的。"D 叔的说法在我的田野过程中也被很多裕固人证实。对于裕固人来说，真正的孝顺是在生前而非死后，死后的大声哭泣是不会让已故之人好好地开始新生活的，是一种不好的行为。

不过当下，丧葬仪式也在发生着变换，追忆就是裕固族丧葬仪式的一个新的特点。过去由于草原民族的特性，人们是没有固定的居住地点的，而且为了保护草原环境，很少会有墓碑和坟墓，但是现在人们不论是从事什么行业和领域的都会有固定居所。因此，也就有了可以建造坟墓、树碑立文的条件。在以前，裕固族人只有在过年前的腊月二十九前后追忆故人，且追忆的是整个民族的故人；而今天追忆的频次增多，且对象范围缩小，仅仅是本家族的祖先。

最后，从节日以及聚会的家族仪式活动中来看，实际上在草原民族传统习俗中春节并非主要节日，因为这是建立在农田耕作的节气上，不符合游牧生产的时间规律，但融合已经或者说一直都在发生。在过去关于春节的记忆中，不仅仅有庆祝，更多的还是一种秩序的延续，如春节中给大头目拜年的传统；传统的家族磕头仪式中，长者要扶起磕头的年轻人训话等，这些道德规训在传统节日中被一再强化。不过在现在的节日活动中因为这些传统活动的消失，已经失去了这些对道德秩序的重申过程。

在裕固族的道德记忆中，可以清晰地分辨出人们道德关系的变化，从最初的单纯草原民族的生活方式，到现在对其他文化的主动吸纳和不断践行，这些变化的实质就是由于人们对道德关系的认知发生了变化。这其中对草原情怀的不变和对人际关系的融合，共筑了裕固人的日常道德生活。

在婚礼、节庆和葬礼中，趋同性已经大大超过了记忆中的独特性，裕固族人能够很好地同各民族共同交往并且和谐共处。因此，在人与人的层面，裕固族民众认同中华民族和中华文化，积极融入和参与，愿意贡献自己文化中的特色部分到整体文化的发展中。婚礼中的婚姻程序、节日庆典中的表达方式以及丧葬形式的变化都在将裕固族人的道德记忆不断推演，从草原民族发展到能够适应各种生活方式的定居民族。

四、社区庆典中道德认知的转变

除了要面对我们的信仰体系和"他人"之外，现代记忆中的复杂性和连贯性倾向于要求人们要对应于社会层面的复杂性和连贯性。因此，现在需要重视的是"不仅是共同价值观和情感的权威表达，还有政府的创造性艺术"①。这里不仅包含有裕固族对于本民族的看法，还大量包含着对其他民族以及对国家的看法。作为一个以裕固族为主兼有多民族共同居住的裕固族自治县，如何在凸显自己民族特色的同时还要考虑其他民族成为政府需要考虑的重要问题。因此，县城中的结构布局、建筑风格，庆典活动中的编排与安排都在呈现政府的各种考虑，既要突出特色又要各方面兼顾。所以，作为规模最大的自治县的仪式庆典活动并不构成一个民族自我凸显的表征，而是一个各民族和谐相处的展演舞台。

县城庆典是时代变化的产物，它们是民族传统文化的全新组织形式和排列方式，其中进行了大量的艺术化加工。在仪式庆典的时空场域内容易唤醒民众的共同民族记忆，提高民族自信心和自豪感。但是如果没有很好地引导，加之不同倡导力量之间对民族性理解的差异，尤其是受到商业资本的强大推动和刺激，仪式上所搭载的民族道德记忆可能会被现代多元化和外来因素所同化或取代。如若在后继的仪式中迷失了原有的民族性，也有可能因此丧失民众的参与积极性，进一步有可能会挫伤民族情感，造成边界更加模

---

① Cotterrell. R., *Emile Durkheim: Law in a Moral Domain*, Edinburgh: Edinburgh University Press,1999. p.62.

糊，更无法让民众更加深刻体会自身在整个中华文化中的定位和价值。

东迁节的兴起、发展再一次证明了对仪式庆典中道德关系弘扬的重要性，离开了道德关系的展演，人们失去了道德记忆的推动就会使得本身有意义的活动成为一种形式而缺失凝聚力。

国家、地方已经成为人们全新的集体认知标准，面对集体道德记忆的变化，裕固族人已经将国家给予的民族庆典和地方性的族群庆典标记成为自己的身份象征，并以此来确定自己的身份。因此，国家、地方的重要性已经在裕固族地区的发展中占有举足轻重的地位。

五、道德记忆的弱化导致社区治理无根溯源

仪式庆典能够让人们将日常生活中的烦恼抛开，有时甚至连经济的困窘和生活的艰辛都能被忘记，而积极投入到喜庆的活动之中。仪式之所以具有如此强大的生命力，就是因为其与人自身以及人类社会的本质有关，与人类的认同相关，是道德记忆的力量推动了仪式庆典承担如此重要的责任。杨圣敏曾经说道："就我的研究而言，从总体上可以说任何一个民族的民众的基本人性都是一致的，都是向善的。"[①] 这就是在通过道德的视角对中华民族的每一个组成部分进行分析，只有对人性进行了解了，才能够更好地认识自己、认识他人。

实际上，从道德记忆的路径出发，从人们不同时期对不同的道德关系的认知以及所形成的价值评价系统的认可和执行，是能够清晰地看到该民族同其他民族是和谐共荣，还是孤立独处的发展模式。就裕固族而言，在其历史发展的任何时期都始终伴随着其他民族的影子，汉族、藏族、蒙古族等民族在裕固族的成长和发展过程中都扮演了非常重要的角色，离开了其他民族的裕固族是不完整的，因此在不同时期的人与神、人与首领、人与人以及人与群体的认知关系中一直包含着对其他文化的认可和接纳。而这种认可并非被动的，裕固族人以其博大的胸怀接纳着其他民族中的价值评判，并结合自身

---

① 杨圣敏：《如何认识当代中国的民族问题》，《西北民族研究》2015 年第 3 期。

情况不断调整，使其能适应自身的生产生活条件，不断融合和内嵌在自我道德记忆中。

德性恰恰是在每一次的仪式庆典活动中得以重申、习得、强化和融入，仪式庆典中道德关系的展示是最能够推动人们形成民族性的关键所在。这种道德核心要素就是需要年复一年的不断重申才能将其融入人们的日常行为之中，才能真正地将仪式庆典与日常生活紧密相连。如此人们对自己民族文化的认识才能够深入细致，并且融于心、践于行，否则，不论从外部来看民族文化发展得多么丰富多彩，其在日常生活中所起的凝聚作用都会大打折扣。

道德是文化的核心，是一个地域治理的基础。对于自身文化的认可是一个民族自我定位的基础，也是一个人希望自己成为怎样的"人"的基础。要知道自己是一个什么样的人，或者说希望自己成为一个什么样的人都是建立在对于自己要如何去做和如何不去做的基础之上的。因此，道德记忆的弱化会造成人们无法准确找寻自身文化中的民族性，面对他者无所适从，无法确定在中华民族整体中自己的位置。从道德记忆的视角审视裕固族道德关系的变化，就可以清晰地看到他们对于事物的判断基准，是道德关系的变化决定了人们对于任何事物的评价标准的变化，是道德关系的认知决定着人们的价值评判。

但伴随着道德记忆的弱化，人们对于自然、首领、他人和群体的关系不再受到强烈的道德规训的束缚，对村落社会事务也丧失了本该有的责任感和使命感，人们逐渐遗忘了自己是如何发展至今的道德传统。在所有仪式活动的过程中，裕固族人都体现出了对于日常生活中具体事务的热情，然而一旦回到现实生活中，人们就将仪式中的道德记忆遗忘了。现实生活本应该是践行仪式价值的生活领域，人们却对仪式活动逐渐淡忘了。因此就造成了人们失去了仪式活动中的热情，更失去了参与其中的积极性，将本该不断地在日常生活中推进的社会德治的道德根源遗留在了仪式庆典之中。仪式庆典也失去了本该具有的推动基层社会治理的重要意蕴。人们不能仅仅将仪式活动作为一个简单的仪式，更应该将其作为自身发展的一个重要过程。在这个过程中人们所践行的一切都是对日常生活的最直接指导，更是对一代又一代年轻人的道德教育场，正是这些蕴含在仪式庆典中的道德记忆推动着这个民族不断地积极主动地向前发展，这些道德认知应该是人们认知自身、认识社会的基础，更是该地区得以有效地进行社会治理的基础。对于该地的牧区而言，只有牧民真正认识到自己与自然、首领、他人和群体之间深刻的关联性，才能整体上促进该地区人与自然、政府、他人以及其他各民族之间的和谐有序发展。丧失了这些道德传统，人们对于治理只能是被动的认识，不能形成有效的主动认知，同时，治理的过程也会是照搬他地的模式而非真正地域性的自我发展。只有将道德记忆融入人们日常生活之中，才能够真正推动地方治理走入人心，让民众将自己的热爱和信念共同融入地方经济社会发展过程中。

第二节　仪式庆典的多元化加速道德记忆的淡化

裕固族主要活动的历史和现实舞台是河西走廊，它一直以来就是多民族历史文化交流、融合区域，同时又是各种文化的边缘区。该区域的北部是蒙古文化，西部是被伊斯兰化的回鹘、突厥文化，南部是以藏族为代表的藏文化，东部是以汉民族为代表的儒家文化。而裕固族的文化就是在这样的空间环境中形成和演变的，它自始至终都具有明显的复合型特征。因而，必须明确地了解其文化内部的核心价值认知，才能够将其民族文化状态得以清晰化描述。

人们不断地交往和交流加速了各种文化之间的融合和发展，因此也影响着人们仪式庆典的展演。与过去相比，各种仪式庆典越来越丰富化，多种表现形式贯彻于仪式过程中，让人们很难清晰化地认识仪式中所宣扬的核心意义，这也许恰恰就是涂尔干对宗教生活最基本形式的探讨初衷。由于仪式形式的变化必然导致人们对仪式记忆的变化，在现在的传统婚礼中不停地会听到老人们说"以前不是这样的"等，但深入追问后，人们对原初的仪式规则的记忆并不完整，更多的是铭记住了仪式中哪些该做、哪些不该做的道德规则。人们对仪式的认识其实所在乎的并不仅仅是简单的形式，更多的是根植于仪式本身所要呈现的道德内涵，如"以前要让长辈先走的"，"以前都是要遵循固定的路线的，不能这样随便走的"等。

但仪式形式的变化必然会导致人们对仪式意义的模糊，这一点也增加了人们迫切希望将仪式庆典保护起来的意识。但对于如何保护的问题，现有的重要措施就是将人们的传统仪式通过现有的多媒体设备记录和固定化。但这种方式本身就存在一个潜在的危险，就是人们认为保留住了仪式过程就是保护了仪式，实际上如同人们的日常生活一样，那些在日常生活中反复实践的东西才能被记住并不断内化，停留在书本、录像中的形式是很难有现实的展示空间的，那些感觉被记住和固定的形式，其实往往逐渐被遗忘。

一、从民族性到遗产性的发展

伴随着对传统仪式各项保护工作的开展，越来越多的仪式庆典活动在不久的将来都会留在被保护的遗产名录之中。现在，裕固族民歌属于第一批国家级非物质文化遗产保护名录。裕固族婚礼被列入第三批国家级非物质文化遗产名录。裕固族剃头仪式、裕固族剪马鬃仪式、裕固族口述文学与语言、裕固族织褐子、裕固族刺绣被列入省级非物质文化遗产名录。裕固族留头羊习俗被列入市级非物质文化遗产名录。同时，以保护和传承少数民族文化为目的构建裕固族非物质遗产文化体系为核心的一系列工作稳步展开：如建立了积极培养申报，确保传承延续的目标，裕固族成功申报国家级非物质文化遗产 3 项，省级非物质文化遗产 9 项，市级非物质文化遗产 17 项；培养国家级非物质文化遗产传承人 2 人，省级非物质文化遗产传承人 14 人，公布了第一批县级非物质文化遗产保护名录代表性传承人 96 名，使得文化保护传承"后继有人"。

裕固族地区已经形成了遗产性的自我保护体系。"历史的民族将细致的叙事、细心的保养、宏大的规模和纪念的时刻托付给了具体的场所、确定的环境、固定的日期、列入保护名单的古迹以及程序化的仪式。"① 人们对仪式意义的记忆已经远远被形式的记忆所掩盖。

未来还将有更多的民族仪式会成为国家遗产，这繁荣的景象、丰富的民族味道，掩盖不了其中能够融入生活的鲜活民族特色被削弱的本质。在当下，我们已经不是研究一个民族的本性了，更多的是去研究和关注民族的仪式程序，是一个已经从主动走向被动的时代，在这里"自发的记忆不再存在，应该创建档案，应该维持周年纪念活动，组织庆典、发表葬礼演讲，对文件进行公证，因为这些活动已不再是自然的了。"② 我们努力地把自己生活中具有意义的充满道德记忆的仪式，变成了没有灵魂的程序、服饰等要素，再将它们记录、整理、分类，然后存放。人们究竟是在害怕遗忘而改变了仪式的本质，还是在不断推进这种遗忘本身呢？

二、不停被"保护"的民族仪式

近些年来除了将民族文化遗产化外，裕固族地区还开展了其他方面的大规模民族文化保护工作。

2003 年成立了裕固族文化研究室，研究室同时也是肃南县县志编撰办公室。研究机构成立后主要开展了如下工作：一是收集和整理裕固语词汇、民歌、民间故事、史诗；二是编撰《东、西部裕固语——汉语词典》《裕固语汉语词典》《裕固族原生态民歌档案》；三是编辑出版《裕固族民间文学作品选》《裕固族文艺作品选》等一系列文献；四是编印刊物。2004 年开始不定期编印内部发行刊物《尧熬尔文化》，至 2014 年已经编辑出版共 7 期；五是拍摄裕固族文化影视资料，与相关机构合作拍摄了《裕固族游牧生活》纪录片、《裕固族民歌及民间歌手音视档案》；六是积极参与裕固族语言教育和传承工作，如指导幼儿园、各中学编写裕固语校本教材，自己编写教材并在牧区开办了裕固族语言培训班。从 2013 年开始，每年举办"裕固族文化进

---

① ［法］皮埃尔·诺拉：《记忆之场》，黄艳红译，南京大学出版社 2015 年版，第 65 页。
② ［法］皮埃尔·诺拉：《记忆之场》，黄艳红译，南京大学出版社 2015 年版，第 11 页。

校园师资培训班"解决裕固语师资缺少的问题；七是积极进行对外合作研究，裕固族文化研究室近年来积极与国内外研究团体、高校、传媒机构合作，进行文化抢救和保护工作。

2012 年成立肃南县裕固族研究会，目的在于开展整理、挖掘、研究裕固族的历史演变、民族语言、民族传统、生活习俗、民间神话传说、民歌民谣、民族工艺、民族服饰等工作。一是编撰裕固历史文化的词典、书籍；二是成立肃南裕固族歌舞团创编反映裕固族文化的剧目：复原天鹅琴、牛角鼓等裕固族传统乐器；三是策划创编了《天籁·裕固》《裕固族姑娘就是我》等精品剧目；四是出版和拍摄裕固族文化的音像制品，如《裕固族民间歌谣谚语集》《裕固族原生态民歌档案》《祝福草原》《裕固家园》等歌曲光盘；四是收集、整理并出版由裕固族学者、作家、文艺工作者等撰写的论文、诗歌、散文等；五是依托互联网构建全方位的网络宣传体系对裕固族仪式进行传播和推广。

通过这一系列的工作和努力，裕固人的仪式活动成了裕固族地区对外宣传的靓丽名片。本来通过仪式所应该呈现出来的是一个充满道德记忆的现实社会，但现在已经成为一套符号体系。人们对仪式的记忆更多的停留在被保护的服饰、音乐、舞蹈、著作等方面。再加上裕固族本身的地域差异性特点，以及现实状况的不同和人们有选择的记忆，造成了裕固族地区东西部仪式的差异性，人们对这些差异性的关注也导致了裕固人对治理方式的模糊概念。

三、道德记忆被淡化

仪式活动作为人类智慧的结晶，本身是具有对日常生活的规训和提升能力的，而今天的民族仪式明显出现了仪式和生活的断裂。"因为一切都被投入对工业性能和体育记录的崇拜。从牺牲的、阴郁的、防备性的变成了愉悦的、好奇的甚至旅游观光。本来是教育性的，现在变成了媒体宣传；本来是集体的，现在是个人的，甚至个人主义的。"① 这种断裂就是由于人们自我文

---

① [法]皮埃尔·诺拉：《记忆之场》，黄艳红译，南京大学出版社 2015 年版，第 85 页。

化认同的模糊性而造成的，参加仪式就意味着要穿上民族服装、使用民族语言从而展现形式化的民族特色，但抛开这些形式化的元素后，仪式还剩下什么呢？在日常生活的返璞归真后，仪式仅仅成了过去岁月在现在的展演。仪式本该承载和诉说的道德观念、评判标准、处事原则等，都如同表演后脱去的演出服一样，被挂起来并遗忘在角落里。

在笔者的田野时光中总是有着这样的时刻，看着人们将自己喜爱的民族服饰从箱子、柜子、包裹里取出，认认真真地穿戴整齐参加仪式活动，然后仔仔细细地叠好，再放回去！这就是仪式为生活留下的一点痕迹。面对现实生活，人们对本民族的民族性认知仍旧模糊。这种模糊不仅造成了人们不能清晰认识自己，更无法很好地认识周边民族，以及自己在整个中华民族中的位置。

面对全球化的发展，人与人之间的关系变得越来越密不可分，各种仪式庆典之中也会不断互相吸收和融合。不仅仅是裕固族，在各民族的仪式庆典活动中都可以看到其他民族的影子，这是人们不断互动的必然结果。但这种互动真正能起作用的核心并不是形式的变化，而是人们道德认知的变化，是仪式庆典中多元的道德关系的展演推动了人们对自身道德认知的调整与确认，并进而形成影响人们日常生活的道德判断，最终导致了人们成为自己希望的"人"的内涵过程发生了改变。

第三节　道德记忆是仪式庆典重构的关键

在对裕固族的仪式庆典进行分析后，人们可以看到其中所呈现出来的裕固族人道德记忆脉络，即裕固族人对自然的热爱、对动物的爱护、对秩序的要求、对成才的渴望、对孝道的重视以及对集体生活的喜爱等。这一脉络就是裕固族人与神、人与首领、人与人以及人与集体关系的彰显。而这一切无不包含着裕固族文化同其他民族文化的融合过程，正是这种多元的融合式发展形成了裕固族当下的样貌。当人们提到任何一个集合概念的时候，一定是蕴含了强烈的道德评判基础在其中，这种图景化的认识构成了裕固族地区的道德记忆框架，这些道德关系的呈现正是在每一次的仪式庆典活动中被不断重申。

但是，当下由于人们遗忘了仪式本身的使命：一个仪式首要的任务就是应该唤醒道德的力量，记忆中所承载的应该是"一个社群被提请注意其由支配话语（master narrative）表现并在其中讲述的认同特征。它的支配性话语并不仅仅是讲故事和加以回味；它是对崇拜对象的扮演"①。这种身份的确认和道德的记忆是融为一体的，恰恰是道德记忆推动仪式庆典刻画着人们对自己所居住的地域文化的认定。

在人与神的关系中，世俗化的倾向已经更为明显，神的权威更多体现在祈福之中，而非评判能力。在人与首领的关系中，首领仪式的可有可无，成为抹杀人们首领记忆的一种强有力的方式，这一仪式的消失正在使道德拉力失去方向。在人与人的关系中，对仪式形式的过分重视，使得其中与道德关系的阐述被忽视。在集体活动的庆典中，地域的记忆已经在掩盖民族的印记，对整个裕固族地区发展的不全面理解导致了人们无法清晰地看到自己所处的不同发展阶段。反思自身后不难发现，裕固人早已将自身文化和整个中华文化融为一体，这种潜移默化的吸纳、接受、融合和适应过程与裕固族人的道德记忆中对不同关系之间的道德评价的转变是一致和同步的，恰恰是道德关系的变迁，才能真正引起人们对自身乃至社区的思考，才是人们认可治理形式的关键。

事实上，当人们仍在不断寻找自身独特性的时候，也就意味着人们已经处在一致性高于特殊性的现实状况之中了。生产生活方式的不断接近，使得人们所要面对的问题在不断同质化，因此所要面对的价值评判在不断地趋同。裕固族道德关系在人们道德记忆中的不断变化过程，正好呈现出了人们如何与其他民族不断融合发展的过程。

---

① ［美］保罗·康纳顿：《社会如何记忆》，纳日碧力戈译，上海人民出版社 2000 年版，第 81 页。

　　裕固族人的仪式庆典给我们展示了一个多维度的人际空间，这里有地域的特点，也有东、中、西的些许差异。要对该民族地区做一个整体性的把握，就必须了解其东、中、西的不同的实质。

　　实际上，在人与神的道德记忆中，裕固族各地区的仪式活动是类似的：在人与"首领"的关系中，虽然西部明花乡没有剃头仪式，但也在很长一段时间传唱着首领的故事；在人与人的关系上，节日、聚会，人们的欢庆方式是一样的，但是丧葬方式的固定化趋势实际上代表了人们更多的吸收外来文化，以改变自己原有道德记忆的开始。其实这不是简单的地域差异，其实质是生产方式的变化所引起的不同发展阶段道德关系的呈现，是游牧经济到半农半牧经济的发展变化所带来道德记忆的变迁。从东部地区到西部地区，再到今天的县城，这是一个整体的不同发展阶段的现实体现，最终人们的记忆都将凝结在对当下生活的记忆中，因此要明确影响自身的核心因素就在于道德记忆本身，在于人们道德记忆中的道德关系及其秩序，人类就是在各种关系中认识自身的。道德记忆并非简单的是对传统的回忆，更重要的是将传统与当下连接，为自身找到生命之根。基于道德记忆的视角，才能在整体上对自己的地域和民族有一个全面的理解和把握，才能更好地将民族文化传承和发展。

　　由于道德"必然也必须将人与超越个人利益范围的目标联系起来"①，所以道德共识的存在肯定了集体认同的延续，推动了人们不断传承和发展自己的文化特色。道德记忆通过仪式的团结功能使得人们不断地"增加他们之间的关系，使他们彼此更亲密"②。通过强化人们的共同道德记忆，仪式也在强化着人们所有的共同意识。道德记忆通过仪式庆典，维护和发展了民族的传统，并将其价值观传递给后代。

　　而传统对于当下而言，其显著之处并不在于它们是被发现的，实质上它们几乎都在某种程度上被构造出来，但是为什么它们中的许多都起作用并被

---

① Durkheim, E., *Moral Education*, trans., E. K. Wilson, New York: Free Press, 1961. p.65.

② ［法］埃米尔·涂尔干：《宗教生活的基本形式》，渠东、汲喆译，上海人民出版社1999年版，第456页。

接受为"真实的",这恰恰是其中的道德记忆在起作用。重申和重构的道德关系的传承都是通过礼节的实践、仪式的演说和庆典的展演来推动的,这种道德根基的认知才能被拿来不断纪念那些在人们眼里与众不同的、富有特殊意义的事件。我们要恢复人们对自身历史的敬重感、经验感和解释力,而其中的解释维度应该是基于人们共同的道德记忆。当然这里还有一个重要的问题应该被重视,那就是谁来重申甚至重构人们的道德记忆,谁也许就能够影响这个民族的发展。这更进一步的证明如何引领一个民族的道德记忆极为重要。"历史已经确定,除了在异常情况下,每个社会都有一个适合它的道德,任何其他社会不仅不可能,而且对试图追随它的社会也是致命的。"①道德记忆对于人类的身份至关重要,因为它们为人类提供了一种构建和理解自己作为某种"人"的方式。这恰恰就是福柯所提出的"自我技术":当人参与社会活动之时就"涉及的是人应该怎样在社会、公民的和政治的活动整体中把自己塑造成道德主体的方式。……它涉及的还有人在实践中必须运用的规则,为了在其他人中间有地位,人控制自我的正当方式,强调权威的合法部分的正当方式,以及在复杂的和多变的统治与屈从的关系游戏中自我定位的正当方式。"②所以这种正当方式就是一个人努力使自己成为自己希望的那样的过程,将外在的道德规训融入自身的德性塑造过程,而这一过程始终是伴随着道德记忆的发展而不断推演的。

事实上,是什么让人们成为他们所期望的"人",这一直是哲学家、心理学家、人类学家努力回答的基本问题。美国杜克大学的研究员们正在努力借助其他学科方法证明道德记忆对于人类的价值。如杜克大学研究员弗拉德·图(Vlad Chituc)和耶鲁大学研究员施特罗辛格(Strohminger)通过对一系列病人的观察提出:"让我们成为现实的是我们的道德品质——我们是

---

① Durkheim, E., *Sociology and Philosophy*, trans.,D. F. Pocock. introd. J. G. Peristiany, New York: Free Press,1974. p.56.
② [法]米歇尔·福柯:《性经验史》,佘碧平译,上海人民出版社2005年版,第369页。

否诚实，我们重视什么样的事物，以及我们如何善待我们的孙子孙女。"① 人们是通过一个人的道德评判来认识一个人的，或者说以此来确定一个人的身份的。最近杜克大学哲学系的副教授德布里加德将哲学与神经科学进行交叉分析后，通过实验研究的方法表明，人们通常会做出初步的道德决定，然后通过偏见和动机的推理来确定该决定的有效性。因此，人们很少改变他们的道德决定。然而，这只是故事的一部分，更重要的是记忆在人们保持道德决策的过程中所起到的关键作用，同时，伴随着时间的发展，这种道德认知以及道德决策所产生的固定性倾向所起的作用越发明显。② 道德记忆对人们行为方式起决定性作用，道德的习得就是通过道德记忆影响日常生活。

将记忆转化为身份构成的道德力量，就是道德对身份负责，即通过一种合理地将过去合并到一个仪式的记忆的方式，来对一个人的过去负责。在重塑自我认知的同时，就不可避免地要重建过去的意义的行动，而仪式庆典就是最为有效的一种途径。这种负责任的状态才是人们主动认识地区社会治理重要性的基础。

仪式庆典通过帮助人们建立和维持作为人类自身的民族历史文化，使得美德的塑造成为人们日常生活中有效的道德基本准则。一个民族的宗教仪式、首领仪式、人生仪式以及集体仪式就是一个民族文化表征的有机体，离开了任何一部分的认知都是不完整的。这四个部分共同形成了道德记忆中的推力和拉力，一方面是由宗教、首领的叙事框架而来的道德期望力量的推力，另一方面是人与人、人与集体之间的德性塑造过程的拉力，这两种力量共同形成人们进行道德评判的基础。道德记忆影响着人们对善与恶、义与利的评判，进而形成了一个民族所特有的精神根基。道德记忆就是对人们道德

① Vlad Chituc,"Would You Rather Lose Your Morals or Your Memory?" *The New Republic*, Aug.23，2015.（Newspaper）

② Felipe De Brigard,"Remember Why You Should Do It? Memory and Reasons in Moral Decision-making（2018—2019）".https://bassconnections.duke.edu/project-teams/remember-why-you-should-do-it-memory-and-reasons-moral-decision-making-2018–2019.

关系的展示和延续，是人们认知民族文化的基础，促使人们有能力认识到自己民族作为整个中华文化一分子的重要价值，促进不同民族之间更为和谐并相互融合。重视仪式庆典中的道德记忆，知道自己在社区、民族发展中所处的位置，有自我认知的重心，才能够有坚定的信念来治理他人，才有能力在社会发展中不断明晰自己追求自身和社会发展的最终目的，不但要使得社区充满活力，还要实现和谐有序的社区治理目标。

只有人们认识到自己的价值，认识到人类在历史长河中所起到的作用，才能够有信心、有能力承担起推动社会不断向前发展的责任感和使命感。经济、政治、文化共同构成了社会发展的多样性，但这种多样性所围绕的目标是一致的，即都是为了让人们生活得更好，而更好的最终目标就是社会的公平，要达到的最终效果就是善治的实现，每个人都能认识到自己的价值感和使命感。而这一过程的实现不是仅仅依托于党和国家，还要建立在所有民众身上对于地方发展的投入上，这种投入首先起于精神，然后融于行动。正是在人类道德记忆展开的仪式庆典的平台中，这些能够推动社会治理有效发展的道德认知得以不断推广。道德虽然没有经济发展那样清晰可见，却一定是人类社会经济发展的基础。虽然人们对亚当·斯密（Adam Smith）的"看不见的手"的隐喻都十分了解，但是人们却忽视了他经济论著的核心目的是为了讨论道德认知。"看不见的手"这一隐喻的第一次出现是在他的著作《道德情操论》中，其目的是揭示出人类社会赖以维系、和谐发展的基础以及人的行为应遵循的一般道德准则。1976 年诺贝尔经济学奖得主米尔顿·弗里德曼就曾经说过"不读《国富论》不知道怎样才叫'利己'，读了《道德情操论》才知道'利他'才是问心无愧的'利己'。"经济史专家埃里克·罗尔说："我们不能忘记《国富论》的笔者就是《道德情操论》的笔者。如果我们不了解后者的一些哲学知识，就不可能理解前者的经济思想。"

道德记忆就是人们生命的开端，也将伴随着人类发展的一生。要想实现经济、政治、文化和社会的全面发展，是不能够离开人类的道德精神的。这种道德认知一旦确立，将帮助我们真正实现人类共建共治共享的社会道德治理空间，将每一个个体融入到社会发展的浪潮中来。牧民不是任由现代化发展浪潮侵蚀而妥协的群体，他们是守护在人类与生态最前沿的保卫者，他们通过自己的力量在守护着自然。面对市场化和现代化的发展，如何让经济相对落后的民族牧区得到有效的发展，不单单要重视经济指标的建立，更重要的是要有长效的可持续发展的战略布局，让道德的血液融入每一个牧民的身体中，如此才能真正有效地推动该地区的发展，且不会出现将发展与治理相割裂的状态。通过仪式庆典的重构，牧民有理由、有信念相信自己是能够通过有效的问题解决机制和合理的社会组织形成具有自身道德记忆的牧区社区治理模式的。

第六章　道德记忆与人类未来

第一节　道德记忆：社区德治的根基

一、道德人类学与社区德治

理论和实践的研究总是相辅相成的。本书致力于通过以仪式庆典为切入点，从道德记忆视角来讨论当下社区治理问题，是有理论回应和现实期待的。笔者的这一研究和当下国内外学术界关于道德人类学的理论分析和现实关怀一脉相承。

以道德实践为主要研究领域的道德人类学一致致力于道德与社会发展之间的联系。道德人类学的研究是从涂尔干开始的。早在1911年涂尔干的讲稿中就对道德问题做了深入的分析，在涂尔干《宗教生活的基本形式》和在他生命最后期所留下的《论道德》导论中，都在尝试提出建立一门研究现实中的风俗、道德和法律的实证道德科学。从涂尔干开始，道德的研究被定调于研究群体生活："每个民族在其历史中的既定时期都有一种道德，这对所有属于一个集体的个体来说都是共同的……尽管每个人的道德良知都以自己特有的方式来表达集体道德，但个人道德良知的多样性恰恰表明我们不能利用它们来理解道德本身。"[①] "在涂尔干那里，社会的本性蕴含着道德，否认

---

① ［法］埃米尔·涂尔干：《社会学与哲学》，梁栋译，上海人民出版社2002年版，第37—67页。

社会推崇的道德，就会否认社会本性，结果只是否认个人自身。"①涂尔干将道德与社会紧密联系起来。

1955年里德（Read）的《Gahuku Gama 中的道德和人的概念》第一次出版。虽然是一篇比较伦理学的文章，但他解决的问题是一个道德实践性的问题，即了解一个不识字的人的道德方法，他的研究方法也同样被当今的大多数人所认可，即个体通过直接的身体接触来认识他人，有的道德是社会角色、社会关系来确定的。

在早期的土著宗教研究也涉及了道德，虽然当时道德并没有作为一个核心问题去讨论，例如 Evans-Pritchard 和 Lienhardt 分别研究了 Nuer（1956年）和 Dinka（1961年）的宗教概念和实践，Leenhardt 研究 Do Kamo（1979年）关于新喀里多尼亚卡纳克人的人格，以及 Griaule（1965年）和 Dieterlin（1973年）关于 Dogon 的宇宙学。

1959年，一部名为《人类学与伦理学》的开创性著作问世。这是亚伯拉罕·埃德尔写的，他既是人类学家，也是道德哲学家。

在之后的道德人类学研究中，福柯被视为道德人类学研究的奠基者②，他对道德的研究在《伦理学：福柯1954—1984年的基本著作》③和1984年出版的《性经验史（第二卷）》中被集中探讨，虽然这一研究不是福柯一直以来的研究课题，却是福柯晚期最为关注的问题。在福柯看来，道德的历史叙事中不再仅仅是各种规则的历史，还包含了个体以怎样的方式把自己塑造成为道德主体的历史。因此，他提出了通过"自我技术"来实现人们自我塑造的过程，也就是人们希望自己成为怎样的人的过程，而这一过程和社会生活息息相关。

道德人类学的研究视角不仅关心理论，更关心实践。1994年欧洲社会

---

① 李荣荣：《伦理探究：道德人类学的反思》，《社会学评论》2017年第5期。

② James D.Faubion, *An Anthropology of Ethics*, New York: Cambridge University Press,2011,p.11.

③ Foucault, Michel. *Ethics: Essential Works of Foucault 1954—1984*. Edited by Paul Rabinow, Translated by Robert Hurley and others. London: Penguin Books.2000.

人类学家协会会议上召开题为"道德的民族志"的全体会议。会议在挪威的奥斯陆举行，总标题是道德观、知识观和权力观。其后道德研究开始进入人类学家的研究领域。在道德人类学的研究路径上，奈杰尔·拉默特（Nigel Rapport）将道德表达为"正义的愤怒感"，他将研究对象界定为农村社区中人们对于外来人的道德话语分析。爱德华多·阿切蒂（Eduardo Archetti）着重于关注阿根廷男性对国家足球运动的态度。卡罗琳·汉弗莱（Caroline Humphrey）在对蒙古语的研究中选择了历史、传奇或当代名人名言作为道德分析的样本。安妮塔·雅各布森·维丁（Anita Jacobson Widding）在对津巴布韦的研究中，通过分析当地的"文化剧本"，也就是一些核心的历史名著来分析研究人们的道德，这和特里·埃文斯（Terry Evens）做的工作是一致的。斯特拉森·史珊和玛莉特·梅尔许斯提出了性别与道德的双重标准。

人类学家所面临的挑战，正是要辨明从更大的形而上学整体衍生出来的价值观与实际行为和实践之间的联系。道德价值观与实践表现为一种动态的关系。价值观通过实际的选择和实践不断改变和适应，同时，它们继续影响和塑造选择和实践。伦理知识是如何建立起来的？什么构成了违反道德的行为？违反道德的行为，或积极的异议，能告诉我们什么？"应该"的力量是什么？各种道德规范性的话语是如何制定和合法化的？谁来定义和执行什么是对的，什么是错的？哪些社会领域最能深刻地表达道德价值观，哪些受道德价值观影响最大（或最小）？这些问题以及相关的问题，都是道德人类学需要讨论的。

迪迪埃·法桑（Didier Fassin）提出用"道德人类学"（Moral Anthropology）来统称人类学近20年来对道德的关注，特别是在《道德人类学指南》一书中，他指出："人类学的道德转向本身亦是道德人类学的反思课题。"①

道德人类学家迈克尔·兰贝克分析了当下道德人类学的发展历程之后，指出当代道德人类学的发展趋势中很明显表现出了"在任何情况下，研究者

① Didier Fassion,"*Introducton: Toward a Critical Moral Anthropology*", In A Companion to Moral Anthropology, Edited by Di- dier Fassion, Wiley-Blackwell,2012，pp.1-17.

从康德理性和伦理命题的客观化出发，尝试回到亚里士多德所定位的实践中的伦理和行为，并尝试回避康德的感性与理性之间的对立"①。现代道德人类学也受到以麦金泰尔为代表的美德伦理学家的影响，从康德的道义论转向亚里士多德的美德论。在麦金泰尔看来，"德性是一种习得而来的人类品质，对它的拥有和践行倾向于使我们获得内在于实践的善，而对它的缺乏则会严重地妨碍我们对任何这样的善的获得"②。一个人应该如何生活的问题就是人获得德性的过程；德性的获得是和人在社会中的参与分不开的，因此对人的道德的研究必须从对人的德性的研究入手，而对德性的分析是和人们的日常实践息息相关的。"理解道德需要解释具体德性，而解释具体德性又需要'深描'道德生活"，而道德生活呈现的则是依据人们长久以来的道德记忆所形成的较为固定的道德实践场域。道德记忆是道德生活中的线性路径，它引导道德生活有序展开，它决定社会德性的走向，更是整个社会道德的基础。

除了对道德人类学诸多涉及文化领域的分析外，在众多的研究中，笔者还发现一些颇为有趣的研究趋势，道德不仅与文化有关，也与体质有关。1944年5月24日《纽约时报》科学版的一个标题是《老事故指向大脑的道德中心》。简而言之，这篇文章涉及一个铁路工人。1848年，他被一根长金属棒击中，金属棒从他的左脸颊下进入他的左眼后面，从他的大脑顶部穿过。他活了下来，仍然能够做出理性的决定，但他是一个"不同的人"，因为他已经变得"无法做出道德判断"。一位哲学家和一位认知科学家借助"先进的计算机脑成像技术"对他头骨进行了检查，并声称提供了解释依据。

令人信服的证据表明，人类大脑有一个专门的区域来做出个人和社会的决定，这个区域位于大脑顶部的额叶，与储存情感记忆的更深的大脑区域相连。当这个高级大脑区域以某种方式受损时，一个人会经历人格的改变，不再能做出道德决定。据进一步报道："我们需要重新审视我们对道德品质、同理心的看法，以及在选择对错、愚蠢和理智时的决定因素。"

---

① Alasdair MacIntyre, *After Virtue, Notre Dame*, Indiana: University of Notre Dame Press, Second Editon,1984, p.191.

② 李荣荣：《伦理探究：道德人类学的反思》，《社会学评论》2017年第5期。

　　虽然很少有人类学家会接受这种实证主义的方法来处理有关人类认知、推理、情感或道德的敏感而复杂的问题，但这个例子确实提出了有关人类普遍性和原始特征的问题。它还提出了一个问题，即人们可以在多大程度上从人类努力、思想和价值观的整个范围内界定所谓的"道德"，以及是否可以重新界定道德人类学。这些证明道德人类学所涉及的领域足以影响人们的实际生活，并能够为人类未来生活的发展趋势提供各种有力的解释。而实际上能够将道德人类学所涉及的各个方面联系起来的，能够承载为个人与行动的实际关系的线索，只能是源于人们对道德恒久以来的记忆认知。

　　道德记忆是对人们道德生活中的道德关系的记忆，它通过仪式庆典得以不断彰显，并且融合于人们的日常实践活动中，是人们成为自己希望的"人"的实践过程。那么，以道德记忆为依托的社区应该和哪些维度相结合呢？在迪迪埃·法桑的分析框架中，道德人类学涉及贫穷、关心、平等、性别、哀悼、宗教、慈善、药物、科学、时政、法律、人权、战争、暴力、惩罚、身体、语言、叙述等。① 这里面涵盖了人的一生，人与自己、人与他人以及人与环境，共同构建了一个道德人的过程，就是自我建构的过程。自我价值问题的重要方面，即在违法和秩序之间建立一种可管理的关系，这种通过过去走向未来的道德认知必然拓宽到资本交换、积累和管理以及未来发展方面的选择。人们对工作的看法会随着环境和个人的变化而变化，无论是游牧抑或农耕，它们在道德上的意义远比个人对现代社会中努力和报酬之间联系的认识要深刻得多，这种联系往往是不明确和不对称的，却是最根本的。正是道德记忆通过实践不断地影响人们在一个群体中位置的变化，也进而影响人们对社区、社会乃至国家发展方向的关注。

　　牧区现代化进程中的特殊性，要求我们去重新审视游牧民族的文化特性，重新思考不同于传统农业文化的牧业精神。法兰西科学院和政治科学与伦理科学院的两院院士阿兰·佩雷菲特先生在其《论经济"奇迹"》一书中

---

① Didier Fassin,"*A Companion to Moral Anthropology*" A John Wiley & Sons, Ltd., Publication,2012.

提出："文化因素的影响是不是导致经济进步或经济落后，政治危机或政治平衡的一个原因呢？文化因素当然不是唯一的原因，但文化因素是决定性的原因。"① 在全球一体化的浪潮中，游牧生活在不断被人淡忘，城镇化的定居生活正在改变着人们对生活的认知，但是游牧人对草原的情感是难以磨灭的，对草原的记忆与向往的根本依托正是基于人们千百年来对自己生活过的草地的朴素道德情感。"与自然相对，文化或者是人们按照预计目的直接生产出来的，或者是虽然已经是现成的，但至少是由于它所固有的价值而为人们特意地保存着的。"② 这种文化精髓——道德牵引着人们对草原生活的依恋，也影响着人们对草原儿女的期待，更是呈现在一次次的仪式庆典之中并被不断传承。

这里还需要解决的一个问题是，以道德作为研究对象的社区治理方式是否可能具有普遍性。2019 年 2 月 21 日，牛津大学人类学家研究了 60 个社会，发现了七条普遍的道德准则。"虽然道德可能不一定是天生的，但他们所分析的每一种文化似乎都受到相同的道德规范的统治。"这几个普遍准则为家庭价值（family values）、团体忠诚（group loyalty）、互惠（reciprocity）、勇敢（bravery）、尊重（respect）、公平（fairness）、财产权利（property rights）。但这些共同道德的表现形式是不同的，他们如何通过不同的形式实现了人类的合作精神是非常值得深入研究的。这从另一个侧面也重复证明了人类形成命运共同体的可能性，正是基于道德认同，人类才能最终得以融合发展。

二、道德记忆与社区德治的融合

党的十九大报告中明确指出，中国特色社会主义进入新时代，我国社会主要矛盾已经转化为人民日益增长的美好生活需要和不平衡、不充分的发展之间的矛盾。人的需要是要最直接面对的社会问题，但这种需要要以怎样的

---

① ［法］阿兰·佩雷菲特：《论经济"奇迹"》，中国发展出版社 2001 年版，第 24 页。
② ［德］李凯尔特：《文化科学和自然科学》，商务印书馆 1986 年版，第 21 页。

顺序去实现，"最适合于规定需要满足先后顺序的系统是通过公众民主的争论来使决定本身制度化那样的系统。在这样的争论中，代表了相同的现实的需要的社会力量决定何种需要应该优先于其他需要的满足。因而顺序的建立并不与任何方式意见一致的民主原理相冲突。"① 这种需要的顺序是同民主发展相一致的，它是有不同发展阶段的，具有地方特点，受到地方记忆所影响。

道德"一方面对置身于这一文化之中个体的生存具有决定性的制约作用，它像血脉一样构成人存在的灵魂；另一方面，它构成了社会运行的内在机理，从深层制约着社会经济、政治和其他领域的发展。"② 道德进入社会治理的核心领域所要解决的问题，就是当面对矛盾的生活时，道德是如何形成、行动和解决问题的，包括当信仰和现实之间出现脱节时，人们如何形成对社会的认识并充满自信。

即使在一个小村庄里，人们对道德和社会的相互理解也会随着他们自己的社会、政治和文化信仰而发生变化。以经济与道德的关系为例，当人们考虑到信任在经济交易中的重要作用和促进经济生活的共同道德准则的迫切需要时，经济社会与道德发生最直接的联动关系。同样，经济和政治关系决定了恢复和重建精神生活的可能性条件。罗杰斯为道德共同体的构建及其形式论证确定了两个场所：一个是"社会"，既包括苏维埃时代集体农场所能提供的经济和组织资源，也包括从苏维埃时代继承下来的动员力量，关于与人民合作建设"社会"的价值论述；另一个是"文化"的概念，尤其是"传统文化"，通过支持国家和地方的宗教传统提供了道德权威的来源。经济、政治、文化共同推动着人们的道德发展。道德认知正是在这样的发展过程中不断被记忆的，但这种记忆往往会被日常生活所磨碎，让人们忘记了影响自己行为判断的道德核心。而仪式庆典恰恰能在这时呼唤人们的记忆，追寻着这样的道德呼唤，人们的道德认知才一次又一次地被记忆和强化，与之相对应

---

① ［德］卡凯特琳·勒德雷尔：《人的需要》，辽宁大学出版社 1988 年版，第 236 页。

② 衣俊卿：《论文化的内涵与社会历史方位——为文化哲学立言》，《天津社会科学》2002 年第 3 期。

的社会秩序也才得以在社会发展中起到应有的作用。因此，对基层社会发展而言，并不是某一种发展模式，而一定是一种综合型的发展，是一种以社会道德认知为基础的全方位发展。因此，要实现道德记忆与社会德治的有机融合，方式就是要创建社区，这种创建就是要将社区德治通过道德记忆的联系融入到社区的经济、政治、文化生活中，社区是社会德治的最小单位，是进行社会治理推动社会发展的基础。

在 20 世纪早期的社会学代表中，查尔斯·库利（Charles Cooley，1864—1929 年）就提出更加有效地理解社会的方式应该是从社区开始，他认为应该从小的社会单元开始进行研究，特别是亲密的、面对面的群体，如家庭、邻里等。这些群体塑造了人们的理念、信仰和价值观。当时还有一些社会学家致力于社会的改革，同样也把社区作为研究的实践分析点，如简·亚当斯（Jane Adams,1860—1935 年）既致力于对社会进行系统的研究，又对社区实践非常重视，积极参与社区各种活动，甚至成为"社区睦邻中心"（settlement houses）的负责人，他与友人在芝加哥社区形成的睦邻中心名为"赫尔会馆"（Hull House）。布迪厄描述不同形式的资本在代际变化中如何支撑个人和家庭，除了物质资源外，文化资本（家庭背景等）、社会资本（建立在互信基础上的社会网络利益集合）的作用。桑普森（Sampson，1997 年）等人研究了芝加哥的一些街区，提出了集体效能的例子，并证明集体效能直接影响了当地环境和社区特征。正如罗伯特·普特南和其他人所强调的，"社区"更好地抓住了善政的各个方面，解释了社会资本的受欢迎程度，因为它关注的是群体做什么，而不是人们拥有什么。

在社区中，人们的理念、信念和价值观来源于道德记忆的重述，这些又反过来不断影响着人们对未来的认知。在田野中，由于一些个人或者家庭的原因，人们正在改变着自己的生产生活方式，而这种改变正在培养一种不同于游牧生活的道德文化，这些文化似曾相识又似是而非，他们模仿着现代经济模式的运转方式来建构一种陌生的生存空间，人与人之间的距离被拉大，最终变成了回不去的草原和到不了的远方。

只有脚踏实地的社区道德建设才能在源头解决治理的基本问题——人的

问题；只有回答了我们当下是什么的问题，才能找到治理的根源。回到问题本身，让我们重新思考人与神、首领、他人以及与群体之间的道德记忆，重述民众之间的道德认知，共筑人们对于自然、英雄、亲情和友情的传统认知是人类实践活动的基础，更是人们坚定地知道自己的定位基础。作为中华民族的一员，每一个人都应该铭记历史，从而展望未来。只有在具体的社区仪式活动中，人们才能清晰地了解自己的定位，认识到自己对于家庭、邻里、社区乃至国家的意义，也只有在这种认知的培养过程中，才能形成对于小至社区大至国家的公众事务的参与，才能有信心、有能力成为公众事务的参与者，进而有底气地站在自己的背景下推动地方的发展。

在社会实践过程中，人们为了理解自身的文化、个体生活和社会组织之间的关系所形成的所有行动过程，都是系统地将其思维活动与其行为的道德和规范价值联系起来的。这一点很重要，正是人们的道德记忆将人们的行为与价值联系起来，并最终成为个人的成就感，而如果人们能在社区生活中将这种成就感与集体价值感链接，就会将个人事务和公共事务的相关性进行关联，也就能够积极主动地为社会事务服务，形成具有自发性的公众参与意愿。道德记忆所形成的人类道德轨迹应被视为人类发展的规则起点，以此为基础的持久但也不断变化的道德价值观会影响人们的决策，特别是自我组织和集体选择领域的决策，并进而推动地方社会的发展。

在仪式组织的过程中，民众自发形成的社会组织所构成的治理过程，没有任何更高一级别的组织监督，全靠民众监督和执行，在没有任何形式和法律的要求情况下，只有道德方面的规则才能鼓励组织的合理运行。民众也是基于对于组织的正确性认识，才会追随组织的行为，并愿意推动组织仪式的发展，而这些伴随着时间等其他非物质性因素的发展，终将内化为民众的道德价值观，并形成影响人们日常生活判断的基础。

这样社会发展就建立在了道德激励的基础上，人们对社会治理的认可不再是因为愤怒、敌意、社会孤立、孤独、排斥等否定的被动意识，而是建立在人类追求赞美和亲密基础上的主动实践。而在此基础上所建立起的持久可靠的社会关系和频繁接触的漫长过程，通常具有最强的效果，足以推动人们实际生活中的共享行为。将道德后果与社会后果结合起来，可以有效提高社会治理水平。

对基层社会治理者而言，一幅激励互动图景浮现出来。必须认识到，物质后果并不是鼓励遵守一个组织的唯一动机，更应该认识到道德激励的力量。在治理过程中，应回答以下问题：

在特定的地方，哪些道德价值观依附于特定的事物？

哪些道德核心因素在影响着人们对于自我认知的确立？

在什么条件下，人们期望互动产生实际的效果并检验人们的道德认知？

根据这些问题的答案调整政策，可以帮助各种集体选择领域的行动者改进对组织的认识，并调整其策略。

要充分调动牧民积极性，发挥集体效应所产生的强烈集体道德意识，推动牧民社区构建和形成有效的社会组织。在各种社会组织内部，要形成具有实际管理能力的相关机构、管理条例、监测体制，进而推动牧民有效开展和日常道德生活相关的各项工作，最终实现牧民以德治涵养自治的发展模式。例如，对在牧民社区如何建立信任体系，如何构建有效的承诺等进行讨论，并督促其践行，从而推动当地社区管理水平建设和区域经济发展。同时，政府在此过程中可建立有效的可靠承诺，或应要求提供法律服务，作为牧民权益提供有效保障的组织机构，并且进行组织、监督和执行。那些拒绝在内化道德价值观的基础上遵守集体管理规定的、对社会后果不以为然的成员必须意识到他们将有可能面临的后果。通过道德激励，牧区社会就可以构建起以德治、法治、自治相结合的有效基层治理模式，自下而上的自治和自上而下的体制就能够推动其实现可持续发展。

第二节　道德记忆与人类的明天

"由于现代化的激励，全球政治正沿着文化的界限重构。文化相似的民族和国家走到一起，文化不同的民族和国家则分道扬镳。以意识形态和超级大国关系确定的结盟让位于以文化和文明确定的结盟，重新划分的政治界线越来越与种族、宗教、文明等文化的界限趋于一致，文化共同体正在取代冷战阵营，文明间的断层线正在成为全球政治冲突中的国界线。"① 道德作为文化的核心成为人类明天发展中的核心环节，它通过对食物、社会以及教育的影响来改变着整个世界的格局。

一、道德记忆与食物

世界经济研究所和地球政策研究所创始人勒斯特·布朗曾说过："我们研究了那些古文明，其衰落大都与食物系统失调相关。比如苏美尔人，6000年前，他们有一种既巧妙又有效的灌溉系统：从河流处挖掘水渠，把水引到内陆。但时间流逝，水淹河岸并漫灌了土壤。随着水分蒸发，水里的盐分便在地表堆积，改变了土壤的构成。土地生产率不可避免地下滑，而苏美尔人却不知道问题出在哪里。对于中美洲的玛雅人，很明显，是焚林耕作和土壤侵蚀减少了他们的粮食产量。玛雅人也从未成功阻止这个现象，他们曾经孕育过繁荣文明的地方，现在已被丛林覆盖。"② 这位思想家被《华盛顿邮报》称为"当今最具影响力的思想家之一"。他将人类的发展直接和食物链接起来。

民以食为天，足以证明食物对于人类的重要性，人类发展至今不仅仅是在解决基本的温饱问题，当下更多的是一种对于美食的追求。游牧生活所培育的牛羊以味道鲜美、营养价值高，而成为人们所推崇的佳肴。虽然从经济效益考虑游牧生活不是一种最为合理的生产方式，却是人们所追求的健康饮食的重要来源。面对日益发展的现实问题本身就存在着两种解决的路径，一种是工业型答案，就是开发有效的科学技术、不断形成标准化生产，并得以不断在全球范围内推广，这就是机械化的牧业生产的思路；另一种是整体论

---

① ［美］萨缪尔·亨廷顿：《文明的冲突与世界秩序的重建》，周琪等译，新华出版社2002年版，第129页。

② ［法］席里尔·迪翁：《人类的明天》，蒋枋栖译，北京联合出版社2018年版，第25—26页。

的答案，这是一种尝试哪些机制、哪些模式能让我们走出当下困境的思考方式。整体论的思路以站得更高、更全面的视角来分析人类的未来，将食物看作文化的一个要素，并重新审视我们的生活方式。

游牧民族的生活方式一直以来就与草地生态系统的万物息息相关。裕固族老人多次给我讲过一个类似的故事：将树枝比喻为人的手指。张爷爷给笔者讲过这样一个故事。小的时候有一次折了一根树枝来玩，被父亲看到后非常地生气，拿起他的手要折断手指，并且说树枝就是树的手指头，你折断了树的手指头，我就折断你的手指头。虽说只是吓唬，但孩子早已吓得不敢再这么做了。张爷爷说，小的时候如果自己敢伤害自然中的树木，一定会被家人严惩。直至今日，80岁的张爷爷说起这些事还绘声绘色。但当说起现在是否会给孩子讲这些事情时，却表现得非常无奈。张爷爷说现在的孙子已经不喜欢听关于草原的故事了，繁忙的学业和手机游戏已经占据了孩子绝大部分空闲时间。

自古而来，草原民族的人们早已将自己勤俭节约的道德特性融入到对食物的制作中。血肠就是其中的一个例子。在一次莘鄂博祭祀的仪式过程中，人们在现场制作了这一美味的食物：宰羊时，用大盆装些盐水接血，然后搅拌血液不使其凝固，拌上剁碎的羊肉和盐、姜粉、胡椒粉等调料后灌肠，扎紧捆实，放入锅中煮制即成。切片后趁热食用，血肠味道浓香、油而不腻。这道菜成为接待亲朋好友的首选，也体现了人们对于食物的爱惜。如果离开了游牧生活，人们是否还会坚持这样一种美食的制作；如果我们的未来只有机械化大生产的产品，那美食的记忆就会丧失殆尽；如果未来没有了游牧的生活方式，那对于牛羊的感情也就无从谈起，如同当下的肉鸡一样仅仅是案板上的食材，与萝卜、西红柿似乎没有多大分别。

牛羊对草原民族来说是食物，也是朋友。他们共同生活在草原上，共同守护着这里的生态系统。对于很多定居后的人们来说，一到假日里，他们对大城市的灯红酒绿并没有多么向往，更多的是对草原深深地眷恋。有过放牧经历的或是在牧场长大的人，在假日里最爱去的地方仍然是草原。在他们的带领下，他们的下一代也会被耳濡目染。回到草原，这里有的不仅仅是风景，更有故事。有记忆的草原才是人们的心之所向。这里有鲜活的记忆，有对于草原中一草一木、一牲一畜的描述，有对于草原特有食物的回忆，这些掺杂着人们对于如何成为当下人的道德印记，而一同带入了未来的生活，食物就自然而然地成为一切故事的开始。

食物可以被称之为和所有人的生活都有关系的重要因素，人们可以讨论食物、购买食物、喜爱或者讨厌食物，它确实是一个可以和任何陌生人聊起的话题。食物不仅和过去、当下有关，更关乎人类的未来。

面对创造食物的重要责任，人们有能力选择更有效的和合理的社会组织和治理策略。真正能引导变革的，就是将牧民和消费者以及当地政府联合起来，以找到新的消费的生产方式。政府的角色，应该是陪伴这场过渡，而不仅仅是站在高处发号施令。适合实际情况的经济规章和经济鼓励政策对当地来说显得尤为重要，面对有可能会消失的生命依托，当地牧民应该决定他们想要依赖怎样的食品系统。从整体论上而言，应鼓励当地的食物制作方式，延续我们多样化的食物系统，而这种公民参与感的培养，更多的是来自对食物的记忆依恋。

共享，是一种新型的经济方式，也是一种生活方式。游牧生活的生产方式也可以通过建构共享组织来将其扩大化。2011 年在托德莫登（英国约克郡的一个城市），潘·瓦赫思特和玛丽两位普通女性发起了一场后来登上国际舞台的运动——"不可思议的食物"。她们以"你愿意通过食物，给下一代创造一个不同的未来吗？"为标题来吸引人们进行讨论食物的现状。在这场讨论的过程中，人们以讲故事的方式实现了心灵与头脑的对话，以道德记忆的线索重述了对于食物的情感。接着，玛丽将自家的花园变为第一块试验田。就是把自家花园变成公共空间，并立了牌子"共享食物"。等食物成熟了有几个人去采摘了一些。后来加入的人越来越多。生物化学家博士尼克·格林曾是一名企业家，现在是这项活动的出纳。他说参加这项活动之前，他总是担忧年轻人的未来，而现在他在做着积极的事情，"我所做的一切，都是为做一件积极的事情而考虑的。"尼克建立了"不可思议的农场"，并在几年内培养了几百人，还建立了相关的分支机构。这股浪潮首先是在英国吸引了更多的人加入，80多个城市跟随了托德莫登的脚步。然后在法国，400多个城市和村庄行动了。其后，尼日尔、澳大利亚、俄罗斯、阿根廷、墨西哥、南非、菲律宾……超过800个地方开始了这种生活模式。正如玛丽所说："我们这个理念不以赚钱为目的，我们又不想打造商业帝国。重要的是，普通人想要参与这个运动，想要汇聚在一起，想要增强他们的能力。我们既没有政府的权力也没有它的钱，但我们拥有美好事物的力量。"①

这个项目不仅改变了当地人对食物的认识，也给他们带了新的东西，比如旅游业的发展。人们对这种共享食物产生了兴趣，他们来到这里，在这里游览生活，不仅仅要知道一些种植的技术，更重要的是要了解如何建立团体，团体内的成员是如何面对问题，他们是如何面对、分享和互相帮助，这些成为了旅游文化的精髓。

还有一个方面的变化更值得深思，那就是在托德莫登食物系统和旅游业发展起来的同时，当地人的不文明行为和破坏公共设施的行为减少了18%。②面对这一系列的变化，潘·瓦赫思特骄傲地说："我们丧失了相信自己能改变世界的能力。有时我们似乎忘记了是我们建立了目前的系统，建立了经济和金融，建立了社会模式……是我们让这一切运转起来，并相信自己做出了最好的选择。如今，我们的系统出现了故障。如果一个系统无法维持，那么就要建立另一个！这并没有那么难。只要找到往正确方向思考的方法，我们就完全有足够的精力和能力。但我们却总是忘了这一点。我们抚养了一代受害者，一代感觉自己无可给予的人，一代不知道从哪儿做起才能让世界更美好的人。但如果大家从最小的事情做起，比如食物，那么这代人就不再会害怕。他们会一点一点地重新定义自己的生活空间。当人们在后花园或大街上种粮食的时候，当这微不足道的行为汇入整个社区的行为之中，当它能让人们汇集、分享的时候，信心就回来了。所有这些人又开始相信自

---

① [法]席里尔·迪翁：《人类的明天》，蒋枋栖译，北京联合出版社2018年版，第68页。
② [法]席里尔·迪翁：《人类的明天》，蒋枋栖译，北京联合出版社2018年版，第68页。

己，感觉自己什么都能做到。"①

既然农业可以采用这样的方式，那畜牧业为何不可以尝试？某种程度上说，畜牧业的流动性和对于定居点城镇化的建设更有利于形成这种共享经济。以村落或者更小的单位为依托形成的互助组织可以有助于人们形成一个有效的组织团体，轮流的流动放牧模式可以更好地解决陪伴子女读书的难题。只要下一代的父母还能从事牧业生产，那子女对畜牧生活就不会感到陌生和违和。除去学习的时间，可以更多地了解自己的价值和自己的家庭。

在田野点的日子里，在和已经禁牧的家人聊天中，人们往往都会说："现在连肉都吃不上了。""现在一年能吃几次肉啊……"食物对于人们不仅仅是生存所需，更是人们的记忆所在。禁牧后，安叔还是习惯住在距离牧场最近的村子里。他说自己真的很喜欢在牧场，一有时间就想回来看看。虽然定居点什么都有，但就是觉得不适应。习惯地去看看自己的牧场，也习惯地去想如果有一天能够再放牧的生活。问他要怎么安排自己的生活和子女的未来，安叔说："有一天可能自己的孙娃子都不知道放牧是什么样了，也不知道自己所养的牛羊的味道了。"其实不仅如此，下一代或者再下一代可能会忘记自己与草原之间本该固有的联系，实际上，生态问题、社会问题和经济问题是环环相扣、密切相关的。

如果共享牧业能够被建立，那么还有一个需要解决的问题就是，怎样去创立一个更高效且有利于生态保护的循环系统。这里我们可以借鉴朴门永续农业的一些想法，即受大自然启发的人类设计系统：它致力于重建生态系统中丰富多样性和互相依赖性；每一种元素都会对其他元素有利，而其自身也会从整体中获取养分；这是一种循环模式，不产生任何废物。这种理念既基于人类几个世纪以来的实践智慧，也基于近50年来的生命科学教育所带来的一切知识。"世界上几乎所有的可耕种土地都是森林产生的。树根在地下带来了有机物质，菌根、小蘑菇寄居其上，与树根形成共生关系，是土

---

① 　[法]席里尔·迪翁：《人类的明天》，蒋枋栖译，北京联合出版社2018年版，第68—69页。

壤肥沃的重要保证……"① 这里没有耗费石油、没有土地作业、没有机械化，坚持的是土垄种植，产生了丰富的生命。"在美国，45 年来，人们仔细研究了土垄种植的生产率，并且得出了惊人的数据：增加土壤浓度、改善土壤环境，其产量能比相同面积的土地多 6 倍、7 倍、8 倍，甚至对于某些作物来说，能提高 30 倍。"② 这种可持续的生产模式可将牛羊所食用的物种的产量提高，使得在有限的牧场里创造更可观的载畜量成为可能。

生态牧业将是人类对生产生活技术的积累和对未来的有效探索，其核心是生态系统的再生，这种遵循大自然启发的生态设计需要人们为之付出诸多的艰辛努力，但他所带来的成效却是造福无限未来的。理智和道德回答了人们对食物变化的担忧，它要求我们在每一寸土地上建立自主的生态系统，而要想实现这一点，需要我们对社会有一个全新的认识。

二、道德记忆与社会

经过改革开放 40 年的发展，中国政府不断地调动经济治理主体的积极性和主动性，极大地促进了生产力的迅速发展，建立了具有中国特色的社会主义市场经济，并用实践证明这一模式是合理且有效的。但是，中国的治理目的不仅仅是建立一个有效的经济体制，更是要建立一个更加公正的社会制度。"仅有市场经济制度仍然是一个残缺不全的国家制度，只有建立更加公正、和谐的社会制度才是我们所追求的社会主义基本制度。"③

2013 年 11 月 9 日至 12 日，中国召开了十八届三中全会，该会议通过了《中共中央关于全面深化改革若干重大问题的决定》，提出了十一个方面的体制改革：经济、政治、社会、财税、行政、行政执法、医药卫生、文化、司法、科技、生态文明。其中社会体制改革主要涉及的内容为紧紧围绕

① ［法］席里尔·迪翁：《人类的明天》，蒋枋栖译，北京联合出版社 2018 年版，第 71 页。
② ［法］席里尔·迪翁：《人类的明天》，蒋枋栖译，北京联合出版社 2018 年版，第 72—73 页。
③ 王绍光：《安邦之道——国家转型的目标与途径》，生活·读书·新知三联书店 2007 年版，第 1—8 页。

更好地保障和改善民生、促进社会公平正义深化社会体制改革，改革收入分配制度、促进社会公平正义深化社会体制改革，改革收入分配制度，促进共同富裕，推进社会领域制度创新，推进基本公共服务均等化，加快形成科学有效的社会治理体制，确保社会既充满活力又和谐有序。该会议提出"社会治理"这一概念，这一概念被视为政府和民间团体之间的关系进一步的转向参与和合作的标志。"社会治理"概念的出现就伴随着政府和民间的关系转向开始。此次会议还提出了改进社会治理方式，创新社会治理体制。

在对社会认识的不断深入过程中，我党在十九大报告中对社会治理又进一步地提出了内涵要求，即改进社会治理方式；激发治理主体活力；创新解决社会矛盾机制；健全公共安全体系。这也是全面建设社会主义现代化的基本要求。实现这四个步骤的最终目的就是要实现把中国特色社会主义各方面的制度优势转化为治理社会的效能，这一实现的路径必须是在人民群众日常生活中，必须是以民生为出发点，因此它的落实必须要在社区中。

落实到社区中相对应的四个基本内涵就是：改进社区治理方式；激发居民作为治理主体的活力；创新解决社区矛盾的机制；健全支撑公共安全体系的社区文化。

改进社区治理方式，就是对原有的社区治理模式的反思，在中国长期的自上而下的社区治理模式中，人们长期对于管理的认识高过了对于治理的理解。改革开放以后，离开了单位和公社的城乡居民如何寻找自身的位置成为一个悬在人们心中的疑惑。伴随着经济的发展，人们物质生活水平不断提高的同时，人民对于自身位置的寻找不但没有减弱，反而不断加强。按照马斯洛的需求理论，人类在满足了自身的生理需求、安全需求之后所追求的一定是情感的、被尊重的和自我实现的需要。在社区生活中，除了基本的生存和安全需要可以在自己的家庭中解决，更大意义上的情感、尊重和自我实现都要在与"他人"接触后才能被满足，这一满足的过程最直接的就是在人们所居住的社区中。这就必然涉及解决社区公共事务的问题。

激发居民作为治理主体的活力的实质就是推动公众参与。公众参与是实现共建共治共享的根本保障。创新解决社区矛盾的机制就是要积极培育社区中的社会组织。社会组织是推动公众参与向更为有效的方面发展的制度保障。通过居民的积极参与可以形成以共同体认知为基础的道德认知，并形成基础的社会秩序，在此基础上，人们根据自身意愿和社会发展需要形成社区自治组织，以解决国家与个人事务之间的鸿沟，进而推动社区治理模式的有效开展。健全支撑公共安全体系的社区文化，就是在培养居民的公众参与意愿、参与能力，培育积极的社区内社会组织时所必须要良好打造的社区文化。文化的核心就是道德，只有道德才能形成长效的凝聚力，才能具有独特的社区魅力。同时，一旦形成了社区文化后，这种文化会反过来加强和推动该社区的公众参与和组织培育，双向加强社区的现代化发展。

这种体制的建构就是为了保证人们的意愿能够达成，就是为了推动人民从事社会生产、生活，将民众的积极性发挥和调动起来，形成根植于内心的凝聚力。这种体制的形成既是国家对民众参与社区治理的自上而下的支撑，也是民众投身于社会事务的基本保证。

而要真正全面的实现社区治理的发展，基础在于要让人们意识到社区发展和自身的德行养成是息息相关的，德治是修养和秩序培养的结合体，是社会发展的基础。新型的社区治理模式是面对人的个体化的、以善治为目标的。个体在面对神、面对首领、面对亲友和面对群体的仪式中认识自己未来发展的目标，并在自我认知的过程中不断重述和被重述，以道德记忆牵引着人们对于自身行为的规训，推动着人们向自己所希望的那样发展，实践着人类自身的"自我技术"。在人类实现自身价值的同时，社会的良性发展也得以有道可循，得以秩序化、规范化发展。

面对道德与治理之间的紧密联系，福柯提出了"观照自己"和"直言"的生存方式，其目的在于关注自我并回应时代。他将道德人类学的视域与社会直接相连，将自我的认知与他人的认知相连。要想实现治理模式的变迁、推动人们有积极主动的公众参与意愿，并形成有效组织最终推动社区文化的再造，就要基于人们自身的伦理实践和对他人的伦理治理。在道德记忆中，个体总是要和他人发生关系才得以呈现人的价值，如何去将自己的洞见与他人分享并最终形成有效的影响，就是"直言"所要达到的目的。

"直言"就是"说出一切"①。福柯在对古希腊—罗马时期大量的古代戏剧文本进行仔细研究的基础上，提出了一个关于治理形式对话的历史，即直言在古希腊—罗马时期的目的在于更好地为城邦服务，它必须具有坦诚、真实、承担风险、批判性和义务感。在古希腊—罗马时期，"直言"既是一种道德品行也是治理的基础。纵观我国历朝历代都有不惜冒着生命危险而建言献策之士人，如长沙王太傅贾谊、太史令司马迁、博士官董仲舒，这些汉代的士人都有着直言敢谏的道德品行，将自我人格和社会政治态度相结合于个人的品格中。在观照自我的基础上，对自我的批判和反思并通过直言的方式来影响他人，就是一种将自我培养与治理他人相结合的治理方式。这种治理方式是人们道德记忆在现实生活中的延展，人们通过各种形式将这种治理方式在生活中延展开，言传身教无疑是最为直接的"直言"，并在此基础上敢于将真实的状况呈现于更多人的面前，推动社区、社会乃至国家发展。

当下，人们似乎忘却了自己对社会的价值，"直言"似乎也消失了，"现代话语体系中居然找不到一种能够对应这种'说出一切'的行动者的角色。"②这种品质的消失不仅仅是人们对他人治理能力的消失，更是对社会治理能力的否定。因此，回到道德记忆中去寻找能够影响人类过去、现在以及未来的德治思路是对人类有效的治理智慧。道德记忆是值得人们用各种形式保存并不断延续的，它虽无形却是最为有效、最为直接的治理理念，是最能够深入人心的治理方式。思想统一是行动统一的前提，只有形成有效的道德认知才能推动人们对道德的践行。

从社会层面真正实现体制上的保证是人们得以持续发展的基础。道德的真正发力点和着力点就是社会本身，我们在社会中，通过各种不同的形式实

① Foucault Michel,"*The Government of self and others: Lectures at the College de France 1982—1983*", New York: Pal-grave Macillan,2010, p.66.
② 朱雯琤：《"福柯说真话"——"直言"的自我、他人与现代伦理》，《道德与文明》2019 年第 2 期。

现着自身的价值，但与此同时，我们必须要保证这种实现和社会的需求是相一致的。社区治理模式的提出形成了一个有效的保障模式，其价值在于从根本上推动人们对自身事务的热情，对他人、自然的"直言"精神。

三、道德记忆与教育

在笔者研究过程中，人们最终都会谈到教育问题，谈到教育的模式和方式改变了人与草原的关系等，人们对待教育的态度总是模棱两可。一方面，众多的牧民认识到科学技术为人类生活所带来的诸多改变，也不停地鼓励孩子接受各种先进的知识和文化；另一方面，他们也看到了孩子因为学业的压力往往不能够回到草原，成为牧业生产生活的继承者，人们担心几十年后畜牧业在当地消失，更担心的是草原文化的消失。

教育从词源学上来说源于拉丁语"educare"，其本意是引导出来的意思。教育的核心应该是发掘个体优势，但现在的教育更多的是把学生当成空罐子来填知识，教育等同于学习、成绩和工作。

2006 年，"为表彰他们从社会底层推动经济和社会发展的努力"，穆罕默德·尤努斯获得诺贝尔和平奖。他对于当代的教育有着深刻的洞见："我们能教授数学、物理、化学、历史，却不能帮助年轻人去发掘自己是谁或者他们在这个世界可以扮演的角色。如今，学校那些不言自明的目标可以总结成以下几点：努力学习，取得好成绩，不断奋斗，获得最好的工作。这个目标对于一个人来说，似乎有些狭隘。人生的目的，并不仅仅是为他人工作、赚钱，他也是充满创造物的世界里独一无二的创造物。而这独一无二的特性却被排斥、压碎、模式化。教育者应该对孩子说：你是充满潜力的存在，你有成为自己想要的样子和做自己想做的事情的能力。在这里，你有几万种选择。你想生活在哪种世界？你想参与建设什么样的社会？现在的教育，就好像是我们给每个学生一个剧本，要求他们好好扮演自己的角色。我们大部分教育机构让学生变成了机械和机器人。我们应当改变这一切。"①

---

① [法]席里尔·迪翁：《人类的明天》，蒋枋栖译，北京联合出版社 2018 年版，第 316 页。

学校是社会的反映，我们在学校要培养的儿童是社会利益相关者，是能够对社会治理具有"直言"品质的人。21世纪的儿童出生在网络时代，出生在自然资源枯竭的时代，出生在需要重新审视自己是谁、自己在这个世界应该扮演何种角色的时代。他们更需要创新而非守旧，过去的教育模式已经不适应于当下的时代。现在需要人们有对社会的责任感和使命感，有对人类发展负责任的精神。

我们这个时代经历的深刻危机和必须的变革并不是物质不足造成的。危机的根源是我们自己，我们如何去决定我们的世界观以及我们同他人、自然的关系。为了要实现真正的改变需要塑造一种不同的存在，一种有意识和同情心的存在，一种通过智慧想象和双手向生命致敬的存在，而这种存在本身就是生命最精致、最灵活、最负责任感的表达方式。为了塑造这样的存在，教育至关重要。

21世纪的人们需要资源，但这种资源不仅仅是由理论知识所创造的，更应该是由将自己与自然作为一个互相依赖的整体而构建的。这就要求我们发展道德认知，通过道德记忆的重申来阐述人与自然之间的共情和合作的能力，人们有理由有能力选择一种新的游牧生活。然而，阻止这些能力发展的最大障碍莫过于人们生存的不适应和生活的不幸。因此，教育的目的应该在于排除这些障碍以重建人类所需要的资源。因此，"为了让我们的孩子能够找到资源，创建一个生态的合作的、公平的社会，我们必须帮助他们形成让自己幸福、让自己发展、让自己获得知识的能力，也必须帮助他们找到自己的才能和兴趣，以及将自己的才能和兴趣用于服务人类集体、服务他们所在的社会的方式。"①

十多年以来，芬兰的教育模式被看作是整个西方世界的榜样。这源于两个根本性的原因：其一在于在回答教育系统的重心是学生还是知识的时候，芬兰的教育系统选择了前者，"每个学生都很重要"。在芬兰，"快乐的、全

---

① ［法］席里尔·迪翁：《人类的明天》，蒋枋栖译，北京联合出版社2018年版，第319—320页。

面的、进步的、按照自己的节奏成长的学生能够更轻松地习得基础知识"①。另外一点也至关重要的一点是信任,从国家、市政府、学校领导、老师之间都秉持着信任的原则。在人类的交往过程中,信任是人与人关系的基础,在教育中,在芬兰的教育体系中,教育部信任地方当局,地方当局信任校长,校长信任老师,老师信任学生。教育者之间通过交流、学习和自我评估来不断改善自己的教学实践。老师的权威不但来自知识,更重要的是来自尊重,是人类自古有之的对教育的尊重,人类对知识的渴望,也是不断推动人类向前思索的道德品格。鼓励孩子自己做决定,更多地去引导孩子让他们有合作的意愿。在芬兰的教育体系中大概有八九年的时间是培养孩子阅读的,在这个过程中不断地培养孩子的好奇心、灵活度和开发自己的能力。

芬兰一所学校的校长卡里认为:"学校应该让学生为人生的下一阶段做好准备,不仅仅为了找到一份工作,更是为了学会包容、理解、了解差异和不同。探索和欣赏每一种文化、所有的颜色……理解每个人都很重要,但一些人需要更多的帮助。学会互爱。我希望,这是他们在离开学校的时候,已经学会的东西……"②

尊重、信任这些长期存在于人们道德记忆的资源应该给予当代教育以新的方向。通过阅读来引导孩子自己解决问题的能力,帮助他们实现自己的选择,让他们能够具有关爱自己和他人的能力应该是未来教育的根本。面对复杂多变的世界,我们更应该从人类的道德记忆中寻找能够支撑自身的信念,并重新思考人类的明天,从现在开始将自己作为社会发展的一部分,重新思索自己与社会的关系,将自己和当地发展紧密联系起来,让自己更有创造性,从而为解决当下的问题寻找新的思路,而教育恰恰能为我们创造这样的平台。

人类最大的挑战不是我们所面对的问题,而是将大家组织在一起去解决问题的能力,道德记忆是能够深入人心的,它将人类的一切串联起来,并可

---

① [法]席里尔·迪翁:《人类的明天》,蒋枋栖译,北京联合出版社2018年版,第322页。
② [法]席里尔·迪翁:《人类的明天》,蒋枋栖译,北京联合出版社2018年版,第334页。

通过各种新的思路和方法引导人们从被动变为主动，在人类不断重复着工业化发展的今天，以微观的形式深入到道德记忆所呈现的道德生活中来，重新审视游牧民族的未来发展，创建一种有利于牧区治理的方式方法显得尤为重要。

仪式庆典作为道德生活的核心场域恰恰蕴含了这样一种能力，它可以通过具体的形式、有效的程序和特定的内容呈现人们的道德记忆，并将人们的日常生活与人们的价值期望对接。在这其中，人们的饮食风俗、体制框架、教育状态都被呈现出来，道德记忆遵循着时间、空间和特殊的节点在人们的实际生活中不断发酵，并持续影响着人们的生活，它决定着我们与过去的联系，也将决定着我们未来的发展。

参考文献

一、中文著作

安维武：《裕固家园》，甘肃文化出版社 2008 年版。

才让丹珍：《天鹅琴的故乡》，甘肃少年儿童出版社 1987 年版。

才让丹珍：《裕固族风俗志》，天津古籍出版社 1994 年版。

岑家梧：《图腾艺术史》，商务印书馆 1937 年版。

陈宗振：《西部裕固语中的早期汉语借词》，《中国突厥语研究论文集》，民族出版社 1991 年版。

陈宗振、雷选春：《西部裕固语简志》，民族出版社 1985 版。

陈宗振：《西部裕固语研究》，中国民族摄影艺术出版社 2004 年版。

邓正来：《国家与社会——中国市民社会研究》，北京大学出版社 2008 年版。

《费孝通文集》（第五卷），群言出版社 1999 年版。

范玉梅等：《裕固族简史》，甘肃人民出版社 1983 年版。

范玉梅：《裕固族》，民族出版社 1986 年版。

费孝通：《费孝通民族研究文集》，民族出版社 1988 年版。

《概况》编写组：《肃南裕固族自治县概况》，甘肃民族出版社 1984 年版。

甘肃少数民族社会历史调查组：《裕固族东乡族保安族社会历史调查》，民族出版社 2009 年版。

甘肃省肃南裕固族自治县地方志编纂委员会：《肃南裕固族自治县志》，甘肃民族出版社 1994 年版。

高林俊主编：《中国裕固族传统文化图鉴》，民族出版社 2010 年版。

高自厚、贺红梅：《裕固族通史》，甘肃人民出版社 2003 年版。

郭梅、钟进文：《中国裕固族》，宁夏人民出版社 2012 年版。

郭于华：《仪式与社会变迁导论》，社会科学文献出版社 2000 年版。

贺麟：《文化与人生》，商务印书馆 1988 年版。

贺卫光：《多民族关系中的裕固族及其当代社会研究》，民族出版社 2011 年版。

贺卫光：《裕固族文化形态与古籍文存》，甘肃人民出版社 2002 年版。

贺卫光：《裕固族仪式研究》，民族出版社 2015 年版。

贺卫光、钟福祖：《裕固族民俗文化研究》，民族出版社 2000 年版。

蒋璟萍：《礼仪的伦理学视角》，中国社会科学出版社 2007 年版。

景军：《神堂记忆》，福建教育出版社 2013 年版。

李静、祁进玉：《群体身份与多元认同：基于三个土族社区的人类学对比研究》，社会科学文献出版社 2008 年版。

李天雪：《裕固族民族过程研究》，民族出版社 2009 年版。

《梁漱溟全集》（第三卷），山东人民出版社 2006 年版。

刘郁采：《中国裕固族》，甘肃人民出版社 1997 年版。

《马克思恩格斯选集》（第一卷），中央编译局译，人民出版社 1972 年版。

马克思：《1844 年政治经济学手稿》，中央编译局译，人民出版社 2000 年版。

马曼丽：《甘肃民族史入门》，青海人民出版社 1988 年版。

马盛德、曹娅丽，《人神共舞：青海宗教祭祀仪式及其音乐的人类学研究》，文化艺术出版社 2005 年版。

毛寿龙：《西方政府的治道变革》，中国人民大学出版社 1998 年版。

《明史》卷 330《西域传》，中华书局 2015 年版。

南朝宋·范晔：《后汉书·皇后纪上·明德马皇后》，中华书局 2012 年版。

彭兆荣：《人类学仪式的理论与实践》，民俗出版社 2007 年版。

《亲征平定朔漠方略》卷 30，中国藏学出版社 1994 年版。

《清实录》卷 176，中华书局 1986 年版。

祁勇、赵德兴：《中国乡村治理模式研究》，山东人民出版社 2014 年版。

肃南县地方志编纂委员会：《肃南裕固族自治县志》，甘肃民族出版社 1994 年版。

肃南县纪念册编辑室：《裕固之歌》，肃南县纪念册编辑室 1984 年版。

肃南县人民政府：《肃南裕固族自治县地名资料汇编》，1987 年版。

（唐）房玄龄：《晋书·卷四十一·列传第十一》，中华书局 2015 年版。

田自成、多红斌：《裕固族风情》，甘肃文化出版社 1994 年版。

田自成、杨进禄主编：《裕固族民间故事》，肃南县文化馆 1990 年版。

田自成：《裕固族民间故事集》，香港天马图书有限公司 2002 年版。

铁穆尔：《裕固民族——尧熬尔千年史》，民族出版社 1999 年版。

图齐：《喜马拉雅的人与神》，向红茄译，中国藏学出版社 2005 年版。

王海飞：《文化传播与人口较少民族文化变迁——裕固族 30 年来文化变迁的民族志阐释》，民族出版社 2010 年版。

王建娥、陈建抛等：《族际政治与现代民族国家》，社会科学文献出版社 2004 年版。

王明珂：《羌在汉藏之间》，联经出版公司 2003 年版。

王明珂：《游牧者的抉择》，广西师范大学出版社 2008 年版。

王霄冰：《仪式与信仰》，民族出版社 2008 年版。

王绍光：《安邦之道——国家转型的目标与途径》，生活·读书·新知三联书店 2007 年版。

汪民安编：《福柯读本》，北京大学出版社 2020 年版。

汪民安、陈永国、马海良编：《福柯的面孔》，北京文化艺术出版社 2001 年版。

夏建中：《文化人类学理论学派》，中国人民大学出版社 1997 年版。

渠敬东：《缺席与断裂》，上海人民出版社 1999 年版。

荀丽丽：《"失序"的自然》，社会科学文献出版社 2012 年版。

薛艺兵：《神圣的娱乐——中国民间祭祀仪式及其音乐的人类学研究》，方志出版社 2003 年版。

杨富学、牛汝极：《沙州回鹘及其文献》，甘肃文化出版社 1995 年版。

杨民康：《贝叶礼赞——傣族南传佛教节庆仪式音乐研究》，宗教文化出版社 2003 年版。

杨建新：《中国西北少数民族史》，民族出版社 2009 年版。

杨进智主编：《裕固族研究论文集》，兰州大学出版社 1996 年版。

杨堃：《民族学概论》，中国社会科学出版社 1984 年版。

姚宝瑄：《中国各民族神话》，书海出版社 2014 年版。

《〈孝经〉序》，徐艳华译，北京联合出版公司 2015 年版。

裕固族简史编写组：《裕固族简史》，甘肃人民出版社 1983 年版。

詹小美：《民族文化认同论》，人民出版社 2014 年版。

张海洋：《中国的多元文化与中国人的认同》，民族出版社 2006 年版。

张志纯主编：《甘肃裕固族史话》，甘肃文化出版社 2009 年版。

郑筱筠、高自厚：《裕固族：甘肃肃南县大草滩村调查》，云南大学出版社 2004 年版。

钟进文、巴战龙：《中国裕固族研究（第二辑）》，中央民族大学出版社 2013 年版。

钟进文：《裕固族研究集成》，民族出版社 2002 年版。

钟进文：《中国裕固族研究（第一辑）》，中央民族大学出版社 2011 年版。

钟进文：《西部裕固语描写研究》，民族出版社 2009 年版。

钟进文主编：《国外裕固族研究文集》，中央民族大学出版社 2008 年版。

周星：《民族学新论》，陕西人民出版社 1992 年版。

赵静蓉：《文化记忆与身份认同》，上海三联书店 2015 年版。

二、中文译著

[法]阿诺德·范·杰内普：《过渡仪式》，张举文译，商务印书馆 2010 年版。

[法]阿兰·佩雷菲特：《论经济"奇迹"》，中国发展出版社 2001 年版。

[英]阿拉斯代尔·麦金泰尔：《德性之后》，龚群、戴扬毅译，中国社会科学出版社 1995 年版。

［英］阿拉斯代尔·麦金泰尔：《谁之正义？何种合理性?》，万俊人译，中国当代出版社 1996 年版。

［法］埃米尔·涂尔干：《宗教生活的基本形式》，渠东、汲喆译，上海人民出版社 1999 年版。

［法］埃米尔·涂尔干：《社会分工论》，渠东译，上海人民出版社 2000 年版。

［法］埃米尔·涂尔干：《自杀论》，冯韵文译，商务印书馆 1999 年版。

［法］埃米尔·涂尔干：《职业伦理与公民道德》，渠东、付德根译，上海人民出版社 2006 年版。

［法］埃米尔·涂尔干：《社会学与哲学》，梁栋译，上海人民出版社 2002 年版。

［美］爱德华·希尔斯：《论传统》，上海人民出版社 2007 年版。

［美］保罗·康纳顿：《社会如何记忆》，纳日碧力戈译，上海人民出版社 2000 年版。

［加］查尔斯·泰勒：《自我的根源：现代认同的形成》，韩震等译，译林出版社 2001 年版。

［德］费尔巴哈：《宗教的本质》，商务印书馆 1999 年版。

［挪威］弗里德里克·巴斯：《族群与边界——文化差异下的社会组织》，商务印书馆 2014 年版。

［德］弗里德里希·威廉·尼采：《查拉图斯特拉如是说》，钱春琦译，生活·读书·新知三联书店 2014 年版。

［德］弗里德里希·威廉·尼采：《道德的谱系》，梁锡江译，华东师范大学出版社 2015 年版。

［德］弗里德里希·威廉·尼采：《上帝死了》，戚仁译，生活·读书·新知三联书店 1997 年版。

［德］弗里德里希·威廉·尼采：《作为教育家的叔本华》，周国平译，译林出版社 2012 年版。

［德］胡塞尔：《欧洲科学的危机与先验现象学》，张庆熊译，上海译文出版社 1988 年版。

[英]霍布斯鲍姆：《传统的发明》，顾杭、庞冠群译，译林出版社2004年版。

[英] 杰弗里·利奇：《缅甸高地诸政治制度——对克钦社会结构的一项研究》，杨春宇等译，商务印书馆2010年版。

[英] 卡尔·波兰尼：《大转型——我们时代的政治和经济起源》，冯刚、刘阳译，浙江人民出版社2007年版。

[德] 卡凯特琳·勒德雷尔：《人的需要》，辽宁大学出版社1988年版。

[美] 克利福德·格尔茨·尼加拉：《十九世纪巴里剧场国家》，赵丙祥译，上海人民出版社1999年版。

[美] 克利福德·格尔茨：《文化的解释》，韩莉译，译林出版社2008年版。

[德] 莱纳·艾尔林格：《生活中的道德怪圈》，刘菲菲译，中信出版集团2015年版。

[德] 李凯尔特：《文化科学和自然科学》，商务印书馆1986年版。

[美]理查德·博克斯：《公民治理：引领21世纪的美国社区》，孙柏瑛等译，中国人民大学出版社2005年版。

[法] 勒高夫：《历史与记忆》，[日] 立川孝一译，日本法政大学出版社1999年版。

[英] 马林诺夫斯基：《文化论》，费孝通等译，中国民间文艺出版社1987年版。

[英] 马林诺夫斯基：《西太平洋上的航海者》，弓秀英译，商务印书馆2016年版。

[德] 马克斯·韦伯：《新教伦理与资本主义精神》，康乐、简惠美译，广西师范大学出版社2007年版。

[德] 马克斯·韦伯：《经济与社会》，林荣远译，商务出版社1997年版。

[德] 马克斯·韦伯：《韦伯作品集：学术与政治》，钱永祥等译，广西师范大学出版社2004年版。

[英]玛丽·道格拉斯：《洁净与危险》，黄剑波等译，民族出版社2008年版。

[加] 玛丽·乔·梅多、[加] 理查德·德·卡霍：《宗教心理学》，四川人民出版社1990年版。

［法］米歇尔·福柯：《词与物》，上海三联书店 2016 年版。

［法］米歇尔·福柯：《性经验史》，佘碧平译，上海人民出版社 2005 年版。

［法］米歇尔·福柯：《安全、领土与人口》，钱翰、陈晓径译，上海人民出版社 2010 年版。

［法］皮埃尔·诺拉：《记忆之场》，黄艳红译，南京大学出版社 2015 年版。

［美］萨缪尔·亨廷顿：《文明的冲突与世界秩序的重建》，周淇等译，新华出版社 2002 年版。

［苏］维克多·特纳：《戏剧、场景及隐喻：人类社会的象征性行为》，刘珩、石毅译，民族出版社 2007 年版。

［苏］维克多·特纳：《象征之林：恩登布人仪式散论》，赵玉燕译，商务印书馆 2006 年版。

［苏］维克多·特纳：《仪式过程：结构与反结构》，黄剑波、柳传赞译，中国人民大学出版社 2006 年版。

［法］席里尔·迪翁：《人类的明天》，蒋枋栖译，北京联合出版社 2018 年版。

［美］詹姆斯·N.罗泽瑙：《没有政府的治理》，江西人民出版社 2001 年版。

［美］詹姆斯·麦格雷戈·伯恩斯：《领袖论》，中国社会科学出版社 1996 年版。

三、期刊报纸

李晓蓓：《民族道德生活的呈现空间研究》，《甘肃理论学刊》2015 年第 2 期。

阿尔斯兰：《裕固族民间文学整理研究的成就及问题》，《河西学院学报》2014 年第 1 期。

安玉红：《东部裕固族仪式祝词收集整理研究》，《西北民族大学学报》2008 年第 4 期。

巴战龙：《裕固族儿童剃头仪式的教育人类学研究》，《河西学院学报》2012 年第 3 期。

白玲、张晓武：《肃南裕固族婚嫁礼仪文化探析》，《中央民族大学学报》2007 年第 4 期。

［瑞士］彼埃尔·德·塞纳克伦斯：《治理与国际调节机制的危机》，冯炳昆译，《国际社会科学杂志（中文版）》1999 年第 1 期。

曹海峰：《全球化、文化认同与民族文化产业的创新发展》，《兰州学刊》2017 年第 8 期。

陈涛：《道德的起源与变迁——涂尔干宗教研究的意图》，《社会学研究》2015 年第 3 期。

陈宗振：《关于裕固族的族称及语言名称》，《民族研究》1990 年第 6 期。

陈家喜：《反思中国城市社区治理结构》，《武汉大学学报》2015 第 1 期。

陈炳辉、王菁：《"社区再造"的原则与战略》，《行政论坛》2010 第 3 期。

陈涛：《道德的起源与变迁——涂尔干宗教研究的意图》，《社会学研究》2015 年第 3 期。

戴建国、李咏：《水族民族认同构建机理分析——民间仪式视角的审视》，《黔南民族师范学院学报》2016 年第 3 期。

陈文江、李晓蓓：《道德生活的内涵与特征》，《道德与文明》2013 年第 2 期。

冯丕红、李建华：《论道德传统》，《南昌大学学报（人文社会科学版）》2016 年第 3 期。

付诚、王一：《新公共管理视角下的社区社会管理创新研究》，《社会科学展现》2011 年第 11 期。

季丽新：《中国乡村治理模式的创新》，《中国行政管理》2012 第 2 期。

高启安：《关于裕固族东迁传说的研究》，《甘肃理论学刊》1990 年第 3 期。

高启安：《裕固族的几种礼仪及赞辞》，《社科纵横》1991 年第 5 期。

高启安：《裕固族解放前的婚俗》，《西北民族学院学报》1986 年第 2 期。

高启安：《裕固族珍贵的文化遗产——裕固族创世史诗的调查和介绍》，《民族文学研究》1990 年第 3 期。

高自厚：《今日"药罗葛"——裕固族社会调查》，《西北民族研究》1989 年第 12 期。

高自厚：《裕固族社会制度的特征》，《西北民族研究》1993 年第 3 期。

胡锦涛：《在省部级主要领导干部提高构建社会主义和谐社会能力专题研讨

班开班式上的讲话》,《人民日报》2005 年 2 月 20 日。

何叔涛:《民族过程中的同化与认同》,《云南民族大学学报(哲学社会科学版)》2005 年第 1 期。

郝苏民编:《东乡族保安族裕固族民间故事选》,上海文艺出版社 1987 年版。

贺卫光:《裕固族地区的"荤祭"鄂博祭祀活动调查研究》,《河西学院学报》2016 年第 1 期。

贺卫光:《裕固族地区祭鄂博仪式中参与者的行为逻辑分析》,《兰州大学学报(社会科学版)》2016 年第 6 期。

贺卫光:《裕固族婚俗中"道尔朗"的民族学透视》,《西北民族学院学报》1995 年第 4 期。

贺卫光:《裕固族婚俗中的尧达及〈尧达曲格尔〉》,《西北民族研究》1997 年第 1 期。

贾雪峰、钟梅燕:《1978 年以来国内裕固族婚姻研究文献综述》,《西北民族大学学报》2010 年第 2 期。

贾雪峰、钟梅燕:《20 世纪 50 年代以来裕固族藏传佛教信仰变迁及原因探析》,《世界宗教文化》2013 年第 5 期。

菅志翔:《仪式和庆典中的族群身份表达——以保安族为例》,《云南民族大学学报(哲学社会科学版)》2007 年第 4 期。

蒋立松:《苗族"鼓社祭"中的族群认同整合——以黔东南 J 村为例》,《原生态民族文化学刊》2015 年第 2 期。

金德楠:《论中华优秀传统文化认同的建构逻辑》,《湖北民族学院院报(哲学社会科学版)》2018 年第 2 期。

蓝江:《从记忆之场到仪式——现代装置之下文化记忆的可能性》,《国外理论动态》2017 年第 12 期。

李昌平:《增强各民族文化认同,夯实"同心共筑中国梦"的思想基础》,《民族论坛》2018 年第 1 期。

李荣荣:《伦理探究:道德人类学的反思》,《社会学评论》2017 年第 5 期。

李友梅:《社区治理:公民社会的微观基础》,《社会》2001 年第 2 期。

李勇华：《乡村治理与村民自治的双重转型》，《浙江社会科学》2015 第 11 期。

李毓堂：《解放前裕固族牧区的封建关系》，《民族团结》1962 年第 12 期。

栗志刚：《民族认同的精神文化内涵》，《世界民族》2010 年第 2 期。

林彦虎：《论民族文化认同的价值共识建构的双重动力》，《新疆大学学报（哲学人文社会科学版）》2018 年第 3 期。

林彦虎：《民族文化认同的意识形态主导取向、深层动力及构建路径》，《新疆社会科学》2017 年第 6 期。

刘飞：《道德记忆视域下的道德文化自信》，《渭南师范学院学报》2019 年第 3 期。

刘飞：《道德记忆与道德责任关系辨析》，《南昌师范学院学报（社会科学版）》2019 年第 1 期。

刘秋芝：《裕固族礼的仪歌及其功能解读》，《青海民族研究》2004 年第 3 期。

缪自锋：《裕固族的婚嫁仪式及其文化内涵》，《山东省农业干部管理学院学报》2008 年第 2 期。

缪自锋：《裕固族剃头仪式及其文化内涵》，《甘肃政法成人教育学院学报》2007 年第 5 期。

莫伟民：《从尼采的"上帝之死"到福柯的"人之死"》，《哲学研究》1994 年第 3 期。

牛汝极：《敦煌吐鲁番佛教文献与回鹘语大藏经》，《西域研究》2002 年第 2 期。

彭兆荣：《人类学仪式研究评述》，《民族研究》2002 年第 2 期。

苏泽宇：《民族文化认同当代建构的应然向度》，《广西社会科学》2016 年第 4 期。

唐景福：《甘南、肃南地区藏传佛教的现状调查》，《西北民族研究》1999 年第 2 期。

田自成：《别具风采的裕固族婚礼》，《丝绸之路》2005 年第 8 期。

田自成：《裕固族的原始信仰萨满文化刍议》，《牧笛》2014 年第 3 期。

汪玺、铁穆尔、张德罡、师尚礼：《裕固族的草原游牧文化Ⅳ——裕固族的生活文化》，《草原与草坪》2012 年第 3 期。

王百玲：《裕固族传统婚俗的社会性别分析》，《西北民族研究》2013 年第 3 期。

王文焕：《一次推行民族区域自治的重要会议——肃南裕固族自治区诞生经过》，《酒泉文史（第一辑）》1988 年。

王希恩：《民族认同与民族意识》，《民族研究》1995 年第 6 期。

王兴先：《藏、土、裕固族〈格萨尔〉比较研究》，《西北民族研究》1990 年第 1 期。

王兴先：《〈格萨尔〉在裕固族地区》，《民族文学研究》1988 年第 4 期。

王筑生、杨慧：《人类学的文化概念与人类学理论的发展》，《广西民族学院学报（哲学社会科学版）》1998 年第 4 期。

王露璐：《经济能人·政治权威·道德权威》，《道德与文明》2010 年第 2 期。

武文：《浅论裕固族民间叙事体长诗》，《西北民族学院学报》1985 年第 3 期。

武文：《宇宙建构的奇妙幻想——裕固族创世神话漫议》，《民族文学研究》1996 年第 1 期。

武文：《裕固族〈格萨尔故事〉内涵及其原型》，《民间文学论坛》1991 年第 3 期。

武文：《裕固族民间习俗中的宗教主体》，《西北民族研究》1990 年第 2 期。

武文：《裕固族民间叙事诗中的民族自我意识——再评〈尧乎尔来自西州哈卓〉》，《民族文学研究》1993 年第 2 期。

武文：《裕固族神话中的原始宗教"基因"于民俗中的遗传》，《民族文学研究》1991 年第 4 期。

文兴吾：《中国西部农牧区现代化发展道路思考》，《学术论坛》2021 年第 2 期。

魏娜：《我国城市社区治理模式：发展演变与制度创新》，《中国人民大学学报》2003 第 1 期。

夏建中：《治理理论的特点与社区治理研究》，《黑龙江社会科学》2010 年第 2 期。

薛亚利：《庆典：集体记忆和社会认同》，《中国农业大学学报（社会科学版）》2010 年第 2 期。

向玉乔：《道德记忆的价值维度》，《道德与文明》2018 年第 1 期。

向玉乔：《国家治理的道德记忆基础》，《光明日报》2016 年 6 月 22 日。

向玉乔：《家庭伦理与家庭道德记忆》，《伦理学研究》2019 年第 1 期。

向玉乔、刘飞：《人类的道德记忆》，《湖南师范大学社会科学学报》2015 年第 2 期。

徐勇：《挣脱土地束缚之后的乡村困境及应对》，《华中师范大学学报（社会科学版）》2000 年第 2 期。

熊庭、何平：《论民族文化认同与国家文化认同——以英国文化认同的形成与发展为例》，《新疆社会科学》2017 年第 1 期。

衣俊卿：《论文化的内涵与社会历史方位——为文化哲学立言》，《天津社会科学》2002 年第 3 期。

俞可平：《全球治理引论》，《政治学》（人大复印报刊资料）2002 年第 3 期。

杨圣敏：《如何认识当代中国的民族问题》，《西北民族研究》2015 年第 3 期。

杨富学：《回鹘宗教史上的萨满巫术》，《世界宗教研究》2004 年第 3 期。

杨平坦：《祁连山下一新村——裕固族牧民定居的第一个村庄》，《民族团结》1958 年第 6 期。

[英] 杰弗里·利奇：《从概念及社会的发展看人的仪式化》，《伦敦皇家学会哲学学报》B 辑 1966 年 251 卷 722 号。

詹小美：《历史记忆固基文化自信、文化认同的逻辑展演》，《思想理论教育》2017 年第 9 期。

詹小美、王仕民：《论民族文化认同的基础与条件》，《哲学研究》2011 年第 12 期。

张锦鹏：《中华民族文化认同之管见》，《云南社会科学》2018 年第 6 期。

张林：《装扮的传统与民族文化认同——从新宾满族自治县赫图阿拉城的"萨满"谈起》，《民族艺术研究》2017 年第 11 期。

张平、隋永强：《一元多核》，《江苏行政学院学报》2015 第 5 期。

张举文:《重认"过渡礼仪"模式中的"边缘礼仪"》,《民间文化论坛》2006年第3期。

张汝伦:《伽达默尔和哲学》,《安徽师范大学学报(人文社会科学版)》2002年第5期。

张严峻:《白俄罗斯民族文化认同的历史流变与现实境遇》,《俄罗斯研究》2018年第4期。

赵锦山、徐平:《广西壮族自治区民族文化认同调查研究》,《中南民族大学学报(人文社会科学版)》2014年第3期。

赵静蓉:《记忆的德性及其与中国记忆伦理化的现实路径》,《文学于文化》2015年第1期。

郑晓云:《中华民族认同与中华民族21世纪的强盛——兼论祖国统一》,《云南社会科学》2002年第6期。

钟进文:《萨满教信仰与裕固族民间文学》,《西北民族大学学报(哲学社会科学版)》1993年第1期。

钟进文:《裕固人悄然回首从传统中求发展》,《中国民族》2004年第2期。

钟进文:《裕固族与匈牙利民间故事比较研究》,《民族文学研究》1992年第4期。

钟进文:《裕固族宗教的历史演变》,《西北民族研究》1991年第1期。

钟梅燕:《当代裕固族族际婚姻——以肃南县红湾寺镇和明花乡为例》,《云南民族大学学报》2012年第3期。

钟梅燕、贾学锋:《试论当前裕固族地区宗教复兴现象及其原因》,《青海民族研究》2013年第1期。

钟梅燕:《裕固族鄂博祭祀的当代变迁与社会功能》,《中国民族》2010年第3期。

周传斌、韩学谋:《剧场、仪式与认同——西北民族走廊唐氏"家神"信仰的人类学考察》,《西南民族大学学报(人文社会科学版)》2016年第6期。

朱雯珍:《"福柯说真话"——"直言"的自我、他人与现代伦理》,《道德与文明》2019年第2期。

四、英文文献

Alasdair MacIntyre, *After Virtue*, Notre Dame, Indiana: University of Notre Dame Press, Second Editon,1984.

Avishai Margalit, *The Ethics of Memory*, Cambridge Mass:Harvard University Press,2009.

Bell.C., *Ritual Theory, Ritual Practice*, New York & Oxford: Oxford University Press,1922.

Barth and Fredrik, *Ethnic groups and boundaries*, Little Brown,1969.

Bloch and Maurice, *From Blessing to Violence*. Cambridge University Press.1986.

Cohen Abner, *Custom & politics in urban Africa: a study of Hausa migrants in Yoruba towns*, Routledge & K, Paul,1969.

Cotterrell R., *Emile Durkheim, Law in a Moral Domain*, Edinburgh University Press,1999.

Durkheim E., *Sociology and Philosophy*. trans., D.F. Po. cock, introd. J.G. Peristiany, New York: Free Press,1974.

Durkheim E., *Moral Education*. trans., E. K. Wilson, New York: Free Press,1961.

Durkheim E., *Elementary Forms of the Religious Life*. trans., J.W. Swain, New York: Free Press,1976.

Durkheim E., *The Division of Labor in Society*. trans., G. Simpson. New York: Free Press,1964.

Didier Fassion,"Introducton: Toward a Critical Moral Anthropology", In *A Companion to Moral Anthropology*, Edited by Di- dier Fassion, Wiley-Blackwell,2012.

Elias Norbert. *The Symbol Theory*. London.1991.

Ernst. Cassirer, *Philosophie der Symbolischen Formen*. WBG,1955.

Foucault Michel, *What is Enlightenment? In The Essential Works of Michel Foucault,1954–1984*. vol.1: Ethics: Subjectivity and Truth. ed. Paul Rabinow. trans.,

Robert Hurleyet al. New York: New Press,1997.

Foucault Miche, *The Order of Things*, Vintage,1994.

Foucault, Michel. *Ethics: Essential Works of Foucault 1954-1984*. Edited by Paul Rabinow, Translated by Robert Hurley and others. London: Penguin Books.2000.

Foucault Michel,"*The Government of self and others: Lectures at the College de France 1982-1983*", New York: Pal-grave Macillan,2010.

Feldman, Steven P. Moral Memory: Why and How Moral Companies Manage Tradition. *Journal of Business Ethics*, 2007.

Fassion Didier, *Beyond Good and Evil? Questioning the Anthropological Discomfort with Morals,* Anthropological Theory,2008.

Fassion Didier, *Introducton: Toward a Critical Moral Anthropology, In A Companion to Moral Anthropology,* Edited by Didier Fassion, Wiley-Blackwell,2012.

Felipe De Brigard,"Remember Why You Should Do It? Memory and Reasons in Moral Decision-making（2018-2019）" https://bassconnections.duke.edu/project-teams/remember-why-you-should-do-it-memory-and-reasons-moral-decision-making-2018-2019.

Geertz Clifford, *The Integrative Revolution: Primordial Sentiments and Circumcision Ritual of the Merina*. Cambridge University Press.1996.

James D.Faubion, *An Anthropology of Ethics*, New York: Cambridge University Press, 2011.

Jan Assmann, *Moses the Egyptian: The Memory of Egypt in Western Monotheism*, Cambridge: Harvard University Press,1977.

Jan Assmann, *Religion and Cultural Memory: Ten Studies*, Trans., Rodney Livingstone, California: Stanford University Press,2006.

Jeffrey Bluster, *The Moral Demands of Memory*, Cambridge New York:Cambridge University Press,2008.

Jürgen Habermas, *Post Metaphysical ThinkingsII*, trans., Ciaran Cronin, Cambridge UK: Polity,2017.

Lambek Michael,"Toward an Ethics of Acts." *In Ordinary Ethics: Anthropology, Language, and Action*, Edited by Michael Lambek, New York: Fordham University Press,2010.

Hans -Georg Gadamer ."*Rituale sind wichtig*" . ü berChancen und Grenzen der Philosophie . Der Spiegel.21.2.2000.

Kotwic z. *La Langue mongole. parle'e par Les Ouigours Jaunes prèsde kantcheou*. RO16.1953.

Laroche, M., Kim, C. and Tomiuk, M,"Test of nonlinear relationship between linguistic acculturation and ethnic identification" *Journal of Cross-Cultural Psychology*,1998.

Mccowan C.J. and Alston R.J., "Racial Identity African Self -Consciousness and Career Decision Making in African American College Women", *Journal of Multicultural Counseling and Development*,1998.

Moerman M., "Ethnic Identification in a Complex Civilization: Who Are the Lue?", *American Anthropologist*,1965.

Malow,S. E. Jazyk eltyx ujgurow. slower I grammatika. Alma Ata,1957.

Nikolas Rose. *Powers of Freedom:Reframing Political Thought*. Cambridge University Press,1999.

Nagata Judith,"What is a Malay? situational selection of ethnic identity in a plural society" *American Ethnologist*,1974.

Norbert Elias, *The Symbol Theory*, London: publishing house,1991.

Patrick H. Hutton,"Collective Memory and Collective Mentalities", *Historical Reflections* 1988.

Phinney J.S., "Ethnic identity in adolescents and adults: review of research", *Psychological bulletin*,1990.

Phinney J.S., "Ethnic identity and self -esteem: A review and integration", *Hispanic Journal of Behavioral Sciences*,1991.

Phinney J.S. and Ong A.D., "Conceptualization and measurement of ethnic identity: Current status and future directions", *Journal of Counseling Psychology*,2007.

Steven P. Feldman. Moral Memory: Why and How Moral Companies Manage Tradition, *Journal of Business Ethics*, 2007.

Tenišew,E. R.（with Todaewa,B. X.）:Jazyk želtyx ujgrow,p40,Moscow,1966.

Tajfel H., *Differentiation Between Social Groups: Studies in the Social Psychology of intergroup Relations*, London: Academic Press,1978.

Vlad Chituc,"Would You Rather Lose Your Morals or Your Memory?" *The New Republic*, Aug,2015.

后 记

　　本书的研究内容是在博士学位论文的基础上，对问题的重新梳理修改而成的。作为一项研究而言，这本书并不是一份研究的完结，而是一个新的开始。本书所研究的内容源于 2013 年我所参与的国家社科重大项目"我国多民族道德生活史系列研究"的启发，通过 6 年的田野实践取得了一些成果，并形成了自己的研究问题和研究思路。2019 年 6 月，我的博士学位论文顺利通过了答辩，但我所思索的问题并没有完结，它推动我不断深入研究。2020 年的夏天，虽然已经没有了博士阶段田野实践的要求，但我还是多次来到肃南裕固族地区，凝望着这片不断变化的草原，我深感自身的渺小，但这也推动了我加深学术研究的步伐。

　　这一路走来，感慨良多，想要和需要感谢的人也太多太多。恩师、同窗、亲友，是你们各方面的帮助和关怀才使我能够一路坚持下来，也正因为有你们的陪伴，我的学术旅途才充满着绚丽的色彩。

　　首先要感谢我的博士导师陈文江教授，能够成为他的学生是我一生的荣幸。陈老师对学术的认真执着、广博的专业学识、敏锐的学术洞察力、严谨的治学态度，忘我的工作精神、诚信的处事风范为我树立了需要一辈子学习的典范。在求学的过程中，当我彷徨的时候，老师会如灯塔一样给我指引方向，让我能够迷途知返，找准自己科研、学术研究与人生的方向。陈老师的教诲始终激励我在研究和教学的道路上开拓进取。

　　在此也要向我生活学习了 6 年的兰州大学致谢，这所扎根在西部的双一流大学给予了我不断向前进取的信心。向培育我不断进行研究的西北少数民族中心致谢。感谢西北民族研究中心的每一位老师：赵利生教授、杨文炯教授、王建新教授、王海飞教授等等。正是各位授我以业的老师所传授的专业知识成为了我人生极为宝贵的财富，并给予了我完成本书的动力和信心。

感谢我的硕士导师刘开会教授，刘老师从我成为他的硕士开始到我博士毕业，都始终关心着我的学习与生活。虽然每次与刘老师的见面总是那么短暂，但每次与他的交谈都是一次学术的心灵之旅。

感谢在本书撰写过程中给予帮助和支持的裕固族朋友。对我而言，你们不仅是我的朋友，更是我的家人，是你们无私的帮助支撑着我的各项研究工作。

感谢我的同门师兄师弟和师妹，你们的支持是我能在学术道路上不断努力向前的重要保障。

深深感谢我的爱人、孩子以及父母、公婆等家人给予我的支持和理解，他们无私的爱是我奋进的坚实后盾。亦感谢身边的各位好友和我的老师、同学，感谢你们的支持、鼓励、关爱和陪伴。

感谢武丛伟编辑及各位评审为本书的辛勤付出，是你们的建设性意见推动了本书的不断完善。

衷心祝愿我爱的人和爱我的人在今后的人生道路上一切顺遂！

李晓蓓

2021 年 8 月

责任编辑：武丛伟

封面设计：王欢欢

图书在版编目（CIP）数据

道德记忆与仪式庆典：一个肃南草原牧区的道德图像／李晓蓓 著 . —北京：
人民出版社，2022.3

ISBN 978－7－01－024525－6

I.①道…　II.①李…　III.①道德－影响－牧区－区域生态环境－研究－
肃南裕固族自治县　IV.① B82

中国版本图书馆 CIP 数据核字（2022）第 023909 号

道德记忆与仪式庆典
DAODE JIYI YU YISHI QINGDIAN
—— 一个肃南草原牧区的道德图像

李晓蓓　著

人民出版社 出版发行
（100706　北京市东城区隆福寺街 99 号）

中煤（北京）印务有限公司印刷　新华书店经销

2022 年 3 月第 1 版　2022 年 3 月北京第 1 次印刷
开本：710 毫米 ×1000 毫米 1/16　印张：16.75
字数：251 千字

ISBN 978－7－01－024525－6　定价：56.00 元

邮购地址 100706　北京市东城区隆福寺街 99 号
人民东方图书销售中心　电话（010）65250042　65289539